易渍农田治理技术与资源利用

·郑州·

主编　温　季　王修贵　张纯鑫　孔　东

黄河水利出版社
·郑州·

内 容 提 要

我国涝渍田主要分布在北方地区的东北三江平原和松嫩平原、辽河中下游平原、黄淮海平原等,南方地区的沿江平原圩区、滨湖地区临海地区,珠江三角洲以及山丘区的冲垄地等。涝渍灾害已成为我国农业生产不稳定的主要原因,农田渍害严重制约着区域经济的发展,开展易渍农田治理技术与资源利用研究,对提高全社会防御灾害事件的能力和水平,改善生态环境,保持农业持续发展具有重要意义。

本书分析了渍害田的现状和成因,针对典型区渍害田提出了相应的治理对策和建议,提出了农田排水资源化利用方案和措施,可供相关技术人员参考。

图书在版编目(CIP)数据

易渍农田治理技术与资源利用/温季等主编. —郑州:
黄河水利出版社,2019.8
ISBN 978 – 7 – 5509 – 2500 – 7

Ⅰ.①易…　Ⅱ.①温…　Ⅲ.①农田 – 综合治理②农
田 – 资源利用　Ⅳ.①S28

中国版本图书馆 CIP 数据核字(2019)第 201357 号

组稿编辑:李洪良　电话:0371 – 66026352　E-mail:hongliang0013@163.com

出 版 社:黄河水利出版社　　　　　　　　网址:www.yrcp.com
　　　　　地址:河南省郑州市顺河路黄委会综合楼14层　邮政编码:450003
发行单位:黄河水利出版社
　　　　　发行部电话:0371 – 66026940、66020550、66028024、66022620(传真)
　　　　　E-mail:hhslcbs@126.com
承印单位:虎彩印艺股份有限公司
开本:787 mm × 1 092 mm　1/16
印张:13.75
字数:318 千字　　　　　　　　　　　印数:1—1 000
版次:2019 年 8 月第 1 版　　　　　　　印次:2019 年 8 月第 1 次印刷

定价:60.00 元

《易渍农田治理技术与资源利用》
编委会

前　言

　　随着人口剧增和经济高速发展,用于工业、交通和城市建设用地的日益增多,耕地面积逐年减少,在可垦耕地后备资源不足的情况下,充分发挥中低产田的增产潜力,提高单产,已成为解决粮食问题所采取的战略措施之一。渍害中低产田水土环境恶劣,作物产量不高,成为制约我国一些地方农业生产发展、农村经济增长和农民脱贫致富的重要制约因素,渍害中低产田分布范围广、面积较大。在耕地面积有限的情况下,改造现有中低产田是增加粮食单产、提高粮食生产水平的有效措施。

　　渍害标准的制定对渍害田治理规划而言十分重要,完善的渍害评价体系是权衡各区域渍害程度,进而制定各尺度下治理规划的重要理论依据。农作物设计排渍深度是指控制农作物不受渍害的农田地下水排降深度,控盐地下水临界深度是指在改良盐碱地或防止土壤次生盐碱化的地区应在返盐季节前将地下水控制在此临界深度以下。防渍排水深度的确定根据控制盐碱化地下水临界深度和作物设计排渍深度来确定,当同一区域既有盐碱化问题又有作物分布时,比较二者排水深度大小,取最大值为排水深度;同样,当某一区域有多种作物分布时,取其中设计排渍深度最大值为排水深度,依此类推,可以确定各区域的防渍排水深度。针对现行渍害影响下作物产量模型(Hiler 模型)存在的问题,借鉴灌溉条件下作物产量模型的结构形式,通过对渍害影响下作物水分状况与土壤适宜通气状况的分析,以 SEW_x 作为参变量,建立了渍害影响下的作物产量模型,利用实测资料率定了模型的参数,分析了有关参数的变化规律,充实了渍害影响下作物产量模型的种类。

　　我国涝渍田主要分布在北方地区的东北三江平原和松嫩平原、辽河中下游平原、黄淮海平原等,南方地区的沿江平原圩区、滨湖地区临海地区,珠江三角洲以及山丘区的冲垄地等,这些地区是我国粮棉油的生产基地。在全国渍害低产田的成因与分布研究成果的基础上,选择典型地区,对涝渍灾害的伴生特性开展研究,分析涝渍灾害治理现状与存在问题,提出涝渍灾害的治理标准及措施,为提高综合防灾减灾能力提供技术支撑。基于此,开展涝渍灾害时空分布规律及治理措施研究,分析涝渍变化规律以及未来涝渍变化趋势等方面的分析研究,对我国水资源的合理开发与利用,提高农业产量,农业现代化发展和农民脱贫致富,缓解人多地少的人地矛盾,改善生态环境,保持农业持续发展具有重要意义。

　　农田排水技术是调节农田水分状况的重要措施,它是通过排水系统将农田多余的地面水和地下水排入承泄区,使农田处于适宜的水分状况。农田排水在起到防御涝渍盐碱灾害、改善中低产田作用的同时,也成了农业非点源污染物进入水体的主要传输途径,对地下水和地表水环境都产生极为不利的影响。农田控制排水是通过在农田排水出口修建控制建筑物来控制农田排水量,从而达到减少污染量的目的,同时还可以适当抬高地下水位,便于作物吸收利用这部分地下水,达到增产的效果。由于控制排水提高了地下水位,较为湿润的土壤环境既能促进作物对氮素的吸收,也能促进反硝化作用的发生。农田控制排水对提高水资源利用率、保护农田水环境等都具有十分重要的意义。

全书共分八章。摘要由温季编写;第一章概述,由王修贵、吴卫星编写;第二章渍害田的成因分析及治理技术研究进展,由张纯鑫、郭树龙、程顺中、常君洁、姜新编写;第三章涝渍灾害综合控制标准研究,由孔东、袁宾、郭树龙、许伟伟、程顺中、陈利利、吕志栋、高然军编写;第四章典型区涝渍灾害分析及治理措施,由周新国、王修贵、文维、贾宪武、郭冬冬、罗文兵、张华彬、李娜、袁吉娜、温婧编写;第五章渍害治理技术及涝渍关系分析,由许伟伟、周新国、高然军、程顺中、吴卫星、罗文兵、张华彬、李娜编写;第六章组合排水工程形式优化配置,由贾宪武、郭树龙、姜新、陈利利、冯云峰编写;第七章涝渍兼治排水系统优化与效果分析,由文维、张纯鑫、闫苏予、温婧、郭冬冬编写;第八章农田排水调控装置,由袁宾、温季、程顺中、闫苏予、常君洁编写。

全书由温季、王修贵、周新国、郭树龙统稿,由温婧、闫苏予、冯云峰、袁吉娜担任绘图工作。本书由"国家重点研发计划项目(2018YFC1508301)""雨洪涝区农田渍害防御技术研究(水规计〔2013〕127号)"和中国农业科学院科技创新工程"农田排水技术与产品"资助完成。

本书的出版得到了相关专家和领导的大力支持和帮助,在此表示衷心的感谢!

作　者
2019 年 6 月

目 录

第 1 章 概 述

1.1 洪涝渍灾害及其伴随特性

1.1.1 洪涝渍灾害及其危害

我国是世界上洪涝渍灾害发生最为频繁的国家之一,洪涝灾害对人民生命财产安全和社会稳定构成威胁,涝渍灾害对农业生产带来严重的损失。据统计,我国约有 2/3 的资产、1/2 的人口、1/3 的耕地分布在受洪涝灾害威胁的区域内。从图 1-1 可知,近 22 年来随着我国经济的发展,洪涝灾害造成的绝对损失额较历史年份有逐渐增加的趋势,但洪涝灾害损失占 GDP 的比重即相对损失却呈现明显的下降趋势(见图 1-2)。其原因在于随着我国 GDP 总量的快速增长,国家在防洪抗涝方面实施的有效措施使我国洪涝灾害直接损失减少。

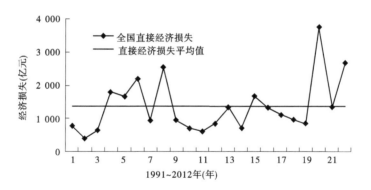

图 1-1　全国洪涝灾害直接经济损失变化图

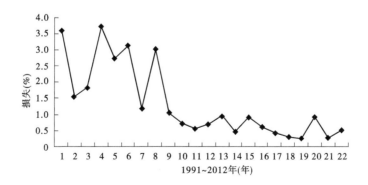

图 1-2　全国洪涝灾害直接经济损失占 GDP 比值变化图

全国有易涝耕地 2.44 千万 hm^2，渍害田的面积 2.47 万万 hm^2，每年因涝渍灾害造成的农作物减产约占总产的 5%。严重的暴雨洪水常常造成大面积农田被淹、作物被毁，致使作物减产甚至绝收。1991～2012 年的 22 年中，全国平均农田受灾面积 13 536.93 千 hm^2，成灾 7 538.07 千 hm^2。2010 年全国和各省、自治区、直辖市农业受灾情况如表 1-1 所示。其中，农作物受灾面积、成灾面积和绝收面积分别占当年耕地面积的 15%、7% 和 2%。

从农田受灾率来看，不同省（直辖市、自治区）的农作物受灾面积与耕地面积的平均比率（即农田受灾率）具有很大的差异，全国呈现出自西向东、由北向南逐渐升高的趋势，东南部大部分地区的农田受灾率都高于 5%，特别是湖南、湖北和江西等 3 个易涝区最高，达 20% 以上。

表 1-1　2010 年全国和各省、自治区、直辖市农业受灾情况　　　（单位：千 hm^2）

地区	农作物受灾面积	农作物成灾面积	农作物绝收面积	地区	农作物受灾面积	农作物成灾面积	农作物绝收面积
全国	17 866.69	8 727.89	2 469.77	河南	1 166.54	548.32	95.09
北京	0	0	0	湖北	1 610.57	772.22	219.15
天津	0	0	0	湖南	2 100.76	1 083.43	272.19
河北	92.03	47.01	8.1	广东	550.47	254.32	90
山西	152.89	28	6.63	广西	598.25	250.55	47.12
内蒙古	215.61	165.02	70.96	海南	287.79	188.77	108.29
辽宁	852.51	529.39	197.52	四川	1 436.61	625.87	210.09
吉林	386.46	281.47	106.01	重庆	394.22	135.3	53.33
黑龙江	916.48	651.12	155.92	贵州	398.5	234.68	46.93
上海	0	0	0	云南	182.82	112.21	40.88
江苏	527.83	91.97	35.74	西藏	15.14	0	1.06
浙江	292.61	144.02	43.56	陕西	373.76	174.61	66.48
安徽	1 071.98	511.64	128.09	甘肃	252.3	155.72	32.82
福建	429.18	203.11	55.52	青海	14.72	9.51	2.23
江西	1 784.15	974.82	310.92	宁夏	10.47	9.14	3.1
山东	1 615.51	444.48	38.44	新疆	136.53	101.19	23.6

注：数据根据 2010 年《中国水旱灾害公报》整理得出。

洪涝渍灾害包括洪灾、涝灾和渍害三类。

由于强降雨、冰雪融化、冰凌、堤坝溃决、风暴潮等原因引起江河湖泊、低洼地、沿海水量增加、水位上涨而泛滥以及山洪暴发所造成的灾害称为洪灾。中国幅员辽阔,气候、地形、地貌等特性复杂多样,影响洪水形成过程的人类经济社会活动情况也不一样,因而形成多种类型的洪水,不同类型的洪水具有各自的特点。从西部的崇山峻岭,到东部的广域平原,可能发生各种类型洪水的地区约占国土面积的70%以上。

按洪水成因分析,中国的洪水可分为:暴雨洪水、风暴潮洪水、融冰融雪型洪水和冰凌型洪水等类型。在中国受洪水影响的地区,各种类型的洪水或其组合有一定的时空分布规律,其中以暴雨洪水发生最为频繁,影响范围最为广大,危害也最为严重。中国年平均400 mm降水量等值线大约与多年平均年最大24 h 50 mm降水量等值线基本一致,分布在自云南腾冲至黑龙江呼玛一线,该线以东地区的洪水主要是由暴雨和沿海风暴潮形成,北方地区的一些河流也可能出现冰凌洪水,该线以西地区的洪水则以融冰融雪洪水、局部地区暴雨洪水(如山洪)以及融雪与暴雨形成的混合型洪水为主。

因大雨、暴雨或长期降雨量过于集中而产生大量的积水和径流,排水不及时,致使土地、房屋等受淹而造成的灾害称为涝灾。按照涝灾形成的原因,可将涝灾分为洪涝、雨涝和渍涝三类。其中,洪涝是因洪水造成地面积水形成的涝灾;雨涝是因为降雨强度大、降雨时间长而造成地面积水所形成的涝灾;渍涝是因为地势低洼、地下水位高、排水不畅而形成的涝灾。从上面的叙述可以看出,其分类主要从形成的原因和造成的结果两方面来区分的,形成的原因主要是洪水、降雨和下垫面三方面,造成的结果主要是淹水历时、淹水范围和淹水深度三个方面。

渍害是指因地下水补给量大于排泄量,地下水位和土壤含水量过高,作物不能正常生长而形成的自然灾害,受此类灾害危害的农田称为渍害田。我国渍害田按其成因可分为如下几类(乔玉成,1994):①涝渍型:指因地势低洼或排水不畅,很容易因雨涝而成渍的低产田;②贮渍型:指沤水田、冬水田或冬泡田等蓄水至渍的低产田;③潜渍型:指受江河湖海等高水位制约而排水不畅的渍害田;④泉渍型:指受冷泉水的浸渍或出溢而成的渍害田;⑤盐渍型:指滨海地区、北方地区由于蒸发量大或者水质矿化度高而形成的盐碱地;⑥酸渍型:指南方沿海的咸酸田,通常其pH值小于5。其中涝渍型和潜渍型广泛分布于我国各地,涝渍型在我国各省均有不同程度的分布;盐渍型主要分布在我国北方各省以及新疆地区;贮渍型主要分布在南方各省,四川、湖南较为严重,北方亦有少量分布;泉渍型主要分布在山区、丘陵地带,南方较北方严重,尤以湖南、江西两省严重;酸渍型因其特有的成因,主要分布在沿海各省份。根据2006年的调查(缺西藏数据),我国现有各类渍害田2 466万 hm²,占耕地面积中28.7%。

1.1.2 洪涝渍害的伴随特性

1.1.2.1 洪涝的伴随特性

就洪涝而言,洪涝相伴相随的特点,在平原湖区,主要表现在内涝和外洪往往同季发生,外江的高水位造成自排的困难。以地处长江中游的湖北省为例,湖北西、北、东三面环山,中南部为平坦开阔的江汉平原,整个地貌轮廓大致为三面隆起,中间低平,向南敞开的"准盆地"结构。承接长江、汉水和湖南"四水"流域 120 万 km² 下泄水量,年均总量 6 300亿 m³,为本省降水量的 7 倍;一遇暴雨,三面来水全部汇流到江汉平原,导致江河湖泊水位猛涨,而该地区的农田比河床低,每遇汛期,外江水位往往高出田地数米乃至十余米,造成外洪内涝,"准盆地"成了"水袋子"。因此,临江的低洼位置与独特的地貌结构基本上孕育了湖北省平原湖区洪涝灾害相伴相随的空间格局。

分析我国洪涝灾害易发地,如湖南、安徽、东北等地,大多具备这样的洪涝相伴相随的特征。因此,在灾害的统计制度上,常常将洪涝灾害的损失一并统计而不加区分。

1.1.2.2　涝渍的伴随特性

由于渍害田地下水位高、土壤渗透能力差、土温低,因而作物的正常生长受到影响。我国南方通常按照成因将渍害田分为涝渍型、贮渍型、潜渍型、泉渍型、盐渍型和酸渍型六类。

按持续时间的长短,可分为季节性和常年性的渍害田。季节性渍害田主要发生在农田周边或者含水层的水源补给条件具有季节性的变化特征,例如,降雨季节地下水位较高,外排条件较差,地下水位季节性的居高不下,影响农作物生长。在一些山区、丘陵地区,雨季及雨季过后很长的时间内,降雨入渗将以山泉的形式在农田出漏,影响农作的生长。在灌溉季节,渠道两岸如果没有适宜的截渗排水条件,也会抬高种植区渠道沿岸农田的地下水位,形成季节性渍害田。在水稻种植区,由于淹灌,会抬高稻田及其周围农田的地下水位,如果没有适宜的排水条件,阻隔稻田与旱作物的水力联系,也会使稻田周围的旱田成为季节性的渍害田。季节性渍害田的基本特征是:地下水位受外部补水条件的季节性影响,作物生长受到季节性的影响,由于土壤只是季节性的处于还原状态,土壤不存在潜育化。一般情况下,冬季降雨和灌溉的可能性小,地下水位较低,渍害的可能性较小。

常年性渍害田是指地下水位长期处于较高水位状态。土壤样还原电位高,土壤一般处于潜育状态。主要原因是地势低洼、排水不畅。

常年性渍害田,由于危害较大,应是渍害田治理工作的重点。

区分季节性和常年性的渍害田,有助于确定渍害田治理的重点。同时,常年性渍害田由于土壤的特性不同,可根据土壤普查资料进行正确的统计。在利用遥感、地下水位等观测资料进行渍害田的识别时,可通过冬季的相关信息的分析,进行常年性渍害田的识别。

在我国东北地区,渍害田通常按照地形、地貌、致灾成因和地区特点分为平原坡地、平原洼地、山区谷地和沼泽化地区。

平原坡地主要分布在大江大河中下游、山区河道下游的冲积平原、平原周边和腹部的坡地。其特点是地势平坦、缓倾或波状起伏,地面坡降 1/1 000 ~ 1/5 000,有一定的自排条件,但因沟道稀少、排水不畅而形成涝渍。

平原洼地主要分布在沿江河及平原腹地的低洼地区,其特点是地势低平,比降在1/5 000 ~ 1/15 000,受江河湖沼高水位的顶托,无自排能力或者排水不畅,从而形成涝渍。

山区谷地主要分布在丘陵山区的河谷地带,呈条状位于河流沿岸,地势相对低下,受山丘地表坡水、侧向地下水入侵和河流洪水位顶托危害形成涝渍。

沼泽化地主要分布于三江平原腹部洼地,为大片的沼泽地开垦而成,自然排水条件差,地下水位高、水温低,开垦后没有修建完善的排水系统。

根据渍害田成因及其分类可知,渍害的发生主要是由于来水大于去水、地处低洼、土壤黏重和排水不畅所造成的,与洪涝灾害,尤其是与涝灾的发生存在相伴相随的特征。来水往往由降水过程产生,而去水往往与排水条件相关。以湖北省江汉平原为例,由于受北亚热带季风气候的影响,春夏时节本区通常出现多个强降水过程,当第一次降水过程产生的地表水排除不久甚至还没有完全排除,地下水尚处于高水位状态或耕层土壤水分仍处于过湿状态,第二次降水过程又发生了,因而出现涝去渍存、渍未了又受涝、涝后持续受渍的情况。

如果区内调蓄能力满足要求、排水工程体系及其排水管理制度完善,涝渍作用的持续时间就会缩短,涝渍的程度将会降低,对作物的影响也将随之减小。因此,控制涝灾对于渍害的发生具有决定性的作用。

1.2 渍害现状及存在的问题

1.2.1 我国渍害田现状

渍害是指由于土壤长时间处于水分过饱和状态而引起土壤中水、热、气及养分状况失调,致使土壤肥力下降,从而影响作物生长甚至危及作物存活的一种灾害现象。无论在过度灌溉、排水不良的干旱、半干旱地区,还是在地势低洼、排水不畅的湿润、半湿润地带,农田渍害均分布广泛。

我国农田渍害尤为严重,在南方平原、湖滨产稻区,渍害是一种普遍发生的灾害现象。据统计,江苏、浙江、福建、江西及上海市共约有渍害低产田 400 多万 hm^2,占全部耕地面积的 30% 以上。渍害也是长江中游地区的两大自然灾害之一,仅江汉平原渍害田就达约 76.4 万 hm^2,占该区总耕地面积的 39.43%。据对江汉平原典型渍害区的研究,在不足 1.1 万 hm^2 的区域内,每年由渍害引起的水稻减产可达 7 600 多 t。对于干旱、半干旱地区,只要地下水位高于 3 m 或低于 2 m,都存在产生涝渍和盐碱化的可能。中国盐渍化耕地面积 920.94 万 hm^2,占全国耕地总面积的 6.62%。农田渍害严重制约着区域经济的发展。

我国的渍害田治理,是伴随着洪涝灾害得到基本控制而展开的。随着洪涝灾害威胁的减轻,为了使肥沃土地的生产潜力得到更充分的发挥,农田土壤过湿的控制问题被提到了议事日程,1970 年代末以后,一批以治理渍害为主的排水标准研究成果逐渐应用于生产实践,长期在中、低产水平徘徊的农田找到了根治的途径。1980 年以后,随着对涝灾治理工程进一步巩固、逐步提高标准,人们对渍害给予了高度关注。据 2006 年中国灌溉排水发展中心组织的调查,我国有各类渍害田(含盐碱地)3.7 亿亩(1 公顷 = 15 亩,下同),其中,得到一定程度治理的 1.6 亿亩,未治理 2.1 亿亩(见表 1-2)。按照涝渍、潜渍、盐渍、贮渍、泉渍和酸渍型六种类型对我国渍害田进行了分类统计(见表 1-3),绘制了我国各类渍害田比例图。从图 1-3 中可看出,我国渍害田主要为涝渍、盐渍、潜渍型,此三类渍害田占我国各类渍害田总面积比例超过 90%,同时分布较为广泛。

据调查资料显示,各地渍害田经治理后农作物单产均,平均增产幅度在 50% ~ 90% 之间,具有巨大的潜力。

表 1-2 我国各省(市、区)渍害田调查情况 (单位:万亩)

省(市、区)	渍害面积	已治理	未治理	省(市、区)	渍害面积	已治理	未治理
天津	60.63	59.27	1.36	湖南	1 213.40	245.56	967.84
河北	1 150.21	634.37	515.84	湖北	1 595.80	620.62	975.18
山西	410.57	184.44	232.42	广东	699.63	221.57	467.32
内蒙古	570.30	206.28	365.02	广西	358.69	95.15	263.55
辽宁	1 518.88	1 385.98	132.90	重庆	128.16	19.85	108.31
吉林	1 308.40	580.79	737.61	四川	664.84	241.89	422.88
黑龙江	4 934.14	2 300.32	2 633.83	贵州	44.56	6.52	38.04
上海	77.83	57.12	20.70	云南	258.22	86.96	171.26
江苏	2 007.35	1 128.96	884.62	陕西	358.42	160.33	196.44
浙江	376.48	175.83	196.25	甘肃	188.50	60.84	127.70
安徽	3 708.12	1 222.77	2 485.35	青海	36.98	7.45	29.53
福建	304.10	94.21	20.89	宁夏	250.91	89.37	161.54
江西	826.01	193.06	632.96	新疆	3 006.68	172.63	2 834.05
山东	2 637.55	1 667.35	970.20	合计	36 943.82	15 822.16	20 939.38
河南	8 248.46	3 902.67	4 345.79				

注:资料来源于中国灌溉排水发展中心 2006 年的专项调查。

表 1-3　渍害田面积分类统计表 （单位:万亩）

省（市、区）	渍害田总面积	其中					
		涝渍型	潜渍型	盐渍型	贮渍型	泉渍型	酸渍型
天津	60.63	60.63					
河北	586.68		280.50	1.33	300.60	4.25	
山西	536.51	128.68	8.77	399.06			
内蒙古	525.3	229.53	147.68	141.11	2.30	4.68	
辽宁	1 391.74	1 253.75	15.90	114.93	7.16		
吉林	1 120.7	667.27	65.18	388.25			
黑龙江	3 856.61	3 328.45	376.38	149.78	2		
上海	77.83	77.83					
江苏	2 693.75	1 651.39	551.38	256.74	46.65	1.81	185.78
浙江	340.05	243.20	27.86	11.44	15.84	41.71	
安徽	2 485.36	2 234.48	156.15		53.10	41.63	
福建	253.61	105.98	43.94	16.63	30.49	45.62	10.95
江西	826.01	478.93	68.20		130.38	148.50	
山东	970.17	767.65	41.68	156.72	3.82	0.30	
河南	8 427.13	5 024.09		3 403.04			
湖南	1 213.39	585.41	212.84		225.08	190.06	
广东	518.7	257.36	58.29	24.57	60.22	59.76	58.50
广西	320.37	186.46	35.99	15.87	54.39	17.07	10.59
重庆	128.16	42.72	42.72		42.72		
四川	662.54	364.31	20.97	1.91	251.31	22.13	1.91
贵州	34.94	28.57			0.59	5.78	
云南	598.45	451.27	55.93		42.03	49.13	0.09
陕西	359.25	248.67	4.62	76.17	25.99	3.80	
甘肃	188.81	26.87		148.82	1.99	11.13	
青海	33.1	1.68		28.36		3.06	
宁夏	259.89	99.52	29.56	130.81			
新疆	3 006.68			3 006.68			
合计	30 829.05	18 484.07	1 964.04	8 470.89	996.06	646.17	267.82
所占比例(%)	100.00	59.96	6.37	27.48	3.23	2.10	0.87

1.2.2　渍害田治理的经验和问题

总结各地渍害田治理的经验,主要包括以下几方面。

一是涝渍综合治理。回顾我国除涝治渍的过程,就是涝渍综合治理的过程。我国自 20 世纪 50 年代开始,就开展了大规模的防洪除涝骨干工程建设,减轻了洪涝的威胁,缓解了渍害田的外排压力,切断了渍害来水的补给条件;随后通过田间工程配套和试验示范,使得一些渍害田得到根本治理。以黑龙江的三江平原为例,该地共有 183.2 万 hm² 涝

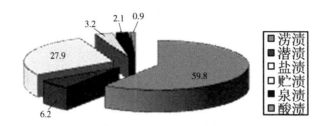

注:图中数据代表各类渍害田占渍害田总面积百分比。

图1-3　我国各类渍害田比例图(资料来源:中国灌溉排水发展中心,2006年)

渍耕地,主要为沼泽化地和平原洼地。采取的整理措施为:修建堤防、防治外河洪水泛滥;整治河道,解决涝区排水出路;利用洼地修建滞洪区,蓄泄兼施;修建水库,调节径流,提高防洪治涝标准和蓄水兴利;高水高排,适当调整水系,开挖排水系统,及时排除径流;在不能自流的排水地区修建强排站,并尽可能做到排灌结合;在典型区修建"沟、管、洞、缝"治理渍害田。

二是因地制宜。辽河流域为消除洪水对涝渍地区的威胁,采取上游蓄水、中下游修建堤防、洼地滞蓄等治理措施,使支流洪水基本得到控制,防洪标准达到10~20年一遇,为农田涝渍治理提供了条件。

三江平原通过修筑堤防防止外河泛滥,整修沟渠,解决内涝排水出路;修建滞洪区和水库调节径流,提高调蓄雨水能力和蓄水兴利,在农田采用"沟、管、洞、缝"等措施,有效地治理渍害田。

宁夏银北灌区采用骨干沟道整治与田间暗管排水相结合,开展了大规模的排水工程建设,有效地调控了地下水位,改善了项目区耕作条件及生态环境,提高了农作物产量。

湖北四湖流域,以水产种植和养殖为特色,通过莲藕、菱角、黄鳝、小龙虾等高附加值水产种养结合,将涝渍地变为重要的资源,实现对其高效利用。

其他如黄河、淮河、珠江等流域,在区域性的防洪除涝和农田排水治渍等方面,也都取得显著进展,积累了丰富经验。

三是试验示范区引领。如黑龙江农垦建三江分局前进农场二队,于1988年开展了除涝防渍综合治理技术研究,采用"旱、稻、草"三元结构模式,即对旱田涝渍实施综合治理,采取水利工程、农业耕作等多种措施相结合;以稻治涝,把部分涝渍旱田改种水田;建立草原湿地改良区,排出地表水和多余地下水,使草原植被群落向有利于畜牧业发展方向改变。具体而言,包括:

(1)旱田综合治理:①明沟排水,对于地形和土壤条件较复杂地区,沟要尽可能地穿过水线或洼塘,起到排水的主导作用。沟间距100~300 m,排水沟两侧挖方弃土堆,沟深1~1.3 m,长1 000 m。地形和土壤变化小的地区,采取每隔200 m设置1条单沟。单沟两侧挖方弃土堆,平土30~50 m。②暗管排水,沿水线最低部位,埋设波纹塑料暗管,坡降1/1 000,深60~90 cm,用麦秆和芦苇填充30~60 cm,表土回填30 cm,出口为条田沟,暗管高出沟底20~30 cm。在麦地耕翻前与条田沟方向相交用鼠洞犁拉洞。鼠洞间距为2.5 m,洞深为50 cm,长度与条田宽度相同。洞打在白浆层以下的黏土层,打鼠洞要每隔两年一次。③耕作措施,在轮作周期内对麦地进行深翻,深度 18 ~ 22 cm。豆地松耙,做到标准作业,避免湿耕,保持松散的耕作层。用大马力深松犁,深松 30 ~ 35 cm,松动底土增厚根系活动层,加深表层水的入渗能力。

(2)以稻治涝:利用涝渍地土地连片,地势平坦,黏土层厚,透水性弱,地下水源丰富和表层有机质含量高的特点,实施以稻治涝办法。根据实际情况,采取井灌方式,开挖灌、排两用沟渠。根据实际情况,井灌种稻采用"一晒、二深、浅层间歇性灌水"方法,"一晒"是分蘖末期,排水晒田 3 ~ 5 d,地面有微裂纹,控制无效分蘖和排除有害气体,促进根系发育。"二深"是稻穗分化和出穗期加深水层 7 ~ 12 cm,防止低温冻害。"浅层间歇性灌水"是指为生育期浅层间歇性灌水,大大节省用水量。达到了降低地下水位,防止了涝渍的发生。

(3)草原涝渍治理措施:采用排水工程措施进行草原改良,每隔 200 ~ 400 m 开挖排水沟,沟长为 1 000 m,深 1 ~ 1.2 m,沟上口宽为 3.5 ~ 4 m,底宽 0.5 m,低洼处每隔 7 ~ 10 m 拉鼠洞。零星小面积分布的撂荒地或多年受涝低产田退耕还牧,保护和扩大绿地面积。

在涝渍地的治理过程中,也出现一些问题。主要包括:

一是一些地方在洪涝渍旱的治理方面顾此失彼。包括重灌轻排、重排轻灌、重骨干轻田间、重工程轻管理、重灌排设施轻便民配套等。

例如,安徽省淮北地区总面积 3.74 万 km²,地势平坦,多年平均降雨量约 850 mm,但时空分布不均,水旱灾害频繁发生。20 世纪 80 年代开始,以大沟为单元的除涝配套建设,基本解决了该地区的涝渍灾害问题。目前除涝面积达 150 万 hm²,占易涝面积的 88%。由于在除涝的治理中,主要借鉴华北地区的经验,排水标准偏高,排水沟过深,结果造成大量地表径流流失,排水沟控制范围内地下水的过度排泄。同时,由于工农业的发展和人口的增长,对水资源的需求量不断增加,使得该区水资源供需矛盾突出。目前该地的群众自发在排水干支沟上兴建闸、坝控制设施,拦蓄排水及雨水以用于灌溉。1999 年开始,安徽省水利厅投资进行闸坝控制设施对农田地下水的影响、对降雨利用率的影响以及不同控制设施的形式、组合方式的研究,并进行了示范推广,取得了良好的效果。又如,在本次调查中发现,由于重工程轻管理、重灌排设施轻便民配套,造成排水设施边建设边破坏、排水沟道被村民填筑修便道等。

二是地下水的过度开采和不当的排水,出现一些生态环境问题。20 世纪 90 年代开始,三江平原大面积发展水稻,截止 1998 年底,水稻种植面积已经接近 70 万 hm²,其中 80% 以上是井灌水稻。由于缺乏节水意识和现代化管理手段,人为浪费水资源现象十分严重。无计划开采地下水,破坏了地下水动态平衡,致使地下水位持续下降,造成打井成本提高。地下水来不及回补,出现"漏斗"和"吊泵"等现象。三江平原地下水超采近 5 亿 m³,个别地区严重超采,例如创业农场,计划可开采量为 0.5 亿 m³/a,而目前实际开采量为 0.8 亿 m³/a,超采近一倍。此外,地下水下降和排水工程的新建,导致湿地退化严重。三江平原曾是我国最大的湿地沼泽分布区。1949 年初三江平原湿地面积 443 万 hm²,到 2000 年已减少到 151 万 hm²。面积的减少使湿地生态功能明显下降,出现风蚀、水土流失、土壤沙化、碱化等现象。各种珍稀飞禽因湿地的退化而迁徙,生物多样性受到威胁。

三是基础设施管理薄弱。由于排水工程的公益性质,目前对田间排水系统,缺乏明确的管理主体,导致其管护责任不明、存在边建设、边破坏的现象。如课题组在安徽、湖北、黑龙江走访过程中发现,田间排水沟被堵、被填、淤积、垮塌的现象比较普遍。

我国是世界上粮棉油生产第一大国,粮棉油生产始终是我国必须重点确保的战略领域。随着社会经济的发展,人民生活水平的全面提高,消费水平全面提升和消费结构逐步升级,未来粮棉油产需缺口将进一步扩大。根据测算,到 2020 年,我国粮食年需求总量 5 750 亿 kg,在现有基础上需增加 50 亿 kg;棉花年需求总量在 95 ~ 100 亿 kg,在现有基础上需增加 15 ~ 20 亿 kg;我国油菜产量虽占油料作物总产 57.2%,但目前我国消费植物油的 60% ~70% 完全依靠国际市场,自产油菜的缺口实际很大。同时,我国耕地面积正在逐年减少,已由 1997 的 12 978 万 hm^2 减少到 2007 年的 12 173 万 hm^2,减少 6.2%。耕地年净减少也非常明显,1997 年以来耕地年净减少一直保持在 50 万 hm^2 以上。此外,我国主要作物的单产最近 10 年也出现明显的高位徘徊局面。由此可见,国民经济未来发展对作物产量的要求越来越高,而作物生产总体上面临的压力也越来越大。由于全球气候变暖,气候异常加剧,灾害频率和危害程度日益加重,加上人口数量仍在增加,我国的粮棉油生产在今后一个较长时间内仍将是一个高度需求的行业,国际市场粮棉油供求总体也偏紧。

随着人口剧增和经济高速发展,用于工业、交通和城市建设用地日益增多,耕地面积逐年减少,在可垦耕地后备资源不足的情况下,充分发挥中低产田的增产潜力,提高单产,已成为解决粮食问题所采取的战略措施之一。其中,渍害中低产田水土环境恶劣,作物产量不高,成为我国一些地方农业生产发展、农村经济增长和农民脱贫致富的重要制约因素,而目前渍害田因其危害的过程缓慢、强度弱,得到的重视力度远不如洪涝灾害。

自 20 世纪 80 年代我国召开第一次南方地区改造渍害低产田技术讨论与经验交流会以来,渍害低产田改造这一工作开始列入各地水利部门工作日程,在渍害田治理方面取得了很大的成效。据统计(乔玉成等,1994 年),截至 1994 年我国南方省份渍害田改造面积达 3 558.31 万亩,占该区渍害田面积的 30.84%,尚有 7 978.42 万亩渍害田未加以治理,这部分未治理渍害田占该区耕地面积的 16.05%。此后,全国曾进行了大面积的渍害低产田调查、规划和治理试验工作,陆续有部分省、市开展了相关的试验研究和示范推广;同时,灌区续建配套和节水改造项目的实施、农业综合开发和湖区闸站改造等工作的开展以及作物种植结构的调整,使原有的部分渍害低产田渍害程度和水文情势发生了根本转变,各省(市、自治区)的渍害情况也随着发生了改变。

第 2 章　渍害田的成因分析及治理技术研究进展

2.1　渍害田的成因与特征

渍害是指由于土壤长时间处于水分过饱和状态而引起土壤中水、热、气及养分状况失调,致使土壤肥力下降,从而影响作物生长甚至危及作物存活的一种灾害现象,渍害田的成因包括气候、水文、土壤、地质和人为因素等。

2.1.1　渍害田形成的气候、水文因素

主要气候因素是大气降水,包括降水量、降水的季节分配和次降雨过程的影响。

我国位于欧亚大陆东南部,濒临太平洋,由于受地形和季风气候影响,各地降水量很不均匀,若以 400 mm 等雨量线划界,小于 400 mm 的西北部为高原地区,约占国土面积的45%,属干旱和半干旱地区,以年蒸发量与降水量之比表示的干旱指数达 3 ~ 7 以上,很少有涝渍灾害。大于 400 mm 的东南部为山丘、平原和滨海地区,降水量由北向南呈明显的增加趋势,属半湿润、湿润和多雨区,全国降水分区情况见表 2-1。如东北大部及黄淮海平原等地区年均降水量为 400 ~ 800 mm,其汛期连续 4 个月的最大降水量占全年降水量高达 80%,干旱指数为 1 ~ 3,属半湿润区;秦岭及淮河以南地区的年均降水量在 800 ~ 1 000 mm 以上,东南及华南沿海等地区甚至达 1 000 ~ 2 000 mm 以上,汛期连续 4 个月的最大降水量占全年降水量 60%,干旱指数均小于 1,分属湿润和多雨区。由于东南部地区年雨量较大,年内分配不均,不但每年常有多次暴雨危害,而且有的地方还常有连阴雨发生,所以成为涝渍灾害的多发区。

表 2-1　全国降水分区情况

降水分区	年降水量(mm)	地区范围
多雨	>1 000	东南、华南沿海、云南西部、西藏东南部、台湾
湿润	800 ~ 1 000	秦岭及淮河以南、长江中下游、华南及西南大部
半湿润	400 ~ 800	黄淮海平原、山西、陕西及东北大部、四川西部、西藏东部
半干旱	200 ~ 400	东北西部,内蒙古、宁夏南部,甘肃大部,青海东部、新疆西北部
干旱	<200	内蒙古、甘肃、宁夏北部,青海西部,新疆、西藏大部

　　湖北四湖地区所在的江汉平原位于北亚热带季风气候区,向心水系发育,年降水量1 100 mm左右,且降水主要集中在长江、汉江过境客水量最大的4～10月份。长江、汉江等1 190余条大小河流从周围山区汇集于江汉平原,造成汛期"水高田低",外江水位往往高出田面数米乃至10余m。此外降水变率增大也是涝渍成灾原因之一,该区降水极不稳定且年际变化大,丰枯年地表径流量比值达12.1∶1,年均相对降水变率11%～18%。其夏季降水最不稳定,相对变率达30～39%。江汉平原湖积型涝渍地地下水位过高,小于60 cm的占39%,局部地区比例更大。

　　淮北平原砂姜黑土区地下水埋深是直接影响降雨后产生涝渍的重要因素之一,地下水位的变化与降水量变化基本上是一致的,一般情况下,6～9月份为年总降水量的60%～70%以上,且暴雨、连阴雨多,地下水埋深浅,一般在1.0～2.0 m,由于淮北平原地势平坦,排水困难,遇到暴雨或连阴雨极易产生涝渍灾害。

　　鄱阳湖区地表径流的年际和年内分配很不均匀,历年中最多年径流总量与最少年径流总量之比为7.0,湖区年内地表径流量分配更为悬殊,汛期(4～7月)多年平均水量占全年水量的74.6%。湖区地表径流的年际和年内不均的程度越大,发生洪涝灾害的程度也就越严重。特别是4～6月份是江西降雨集中期,也是鄱阳湖主汛期。7～9月份长江也进入主汛期,洪水则进入鄱阳湖,与湖水顶托。因此,鄱阳湖圩区,涝灾年年有,其特点是洪灾与涝灾紧密相联。在自然状态下,由于较高湖水位持续时间长,久涝则渍水为患,形成渍害。降雨量大,且降雨集中,洪水顶托,地表径流排泄不畅、水分下渗困难,地下水位高等是江汉等南方低湿平原涝渍灾害形成的主要气候、水文因素。

　　三江平原处于黑龙江省湿润、半湿润气候区,平均降水量556.2 mm,农业用水供大于需,又由于降水年际年内分配不均,6～10月份降水量占全年降水量的75%～85%,加上地势平坦低洼,土质黏重,天然泡沼众多,河流坡降平缓,一到雨期,河流宣泄能力差,积水不易排除,使涝渍灾害几乎年年发生。三江平原补给水源以大气降水和径流补给为主,其次是湖水和地下水补给。从三江平原分析,暴雨在生长季内发生频率少,暴雨量相对不大。三江平原主要成灾雨型是长历时降雨型和长历时、短历时两者叠加雨型,而不是短历时暴雨,故形成洪涝轻、渍害重的特点,渍害成为三江平原的主要矛盾。又由于受冻融影响,前一年秋涝必造成第二年春涝。一般由于秋雨大,气温下降,蒸发小,土壤过湿及地表积水尚来不及排除就被冻结,且受土壤热力作用,下层水向上层聚集,形成冰夹层,再加上冬春雨雪较多,第二年春天化冻时,出现地表积水与土壤过湿,形成春季涝渍。

　　以三江平原为代表的北部低湿平原区,降水集中,尤其7、8月份常发生大范围降雨,有时也受台风影响,产生连续暴雨,由于一时难以排除,造成夏秋涝渍灾害。形成涝渍灾害的水分来源主要为当地降水及径流补给和地下水等,不同地区涝渍灾害的形成与降雨历时的关系也不尽相同。以当地降雨成涝为主的地区,涝渍灾害主要由长历时降雨形成的,但也与短期暴雨有很大关系。以客水入侵而形成的涝渍灾害主要由短期暴雨形成的,但也与长期降雨有一定关系。长历时降雨与短期暴雨是相互影响,它们的综合作用可造成某一区域大面积的涝渍灾害。冻层对土壤水分的传导、保蓄和隔水作用,使土壤产生了一种特殊的水文层次。春季,融冻水在冻层上形成一个临时上层滞水的自由水面,而在冻层上形成潴渍。

综上所述,降水量较大(年降水量500 mm以上),降雨集中(一般4~6个月的降水量约占年降水量的75%以上)或降水持续时间长,水分下渗困难或径流滞缓是我国湿地或平原涝渍地形成的主要气候水文特征。在北方寒冷地区,冻层的融冻过程会使土壤产生一种特殊的水文层次,在春季,土壤融冻水或降水会由于冻层的顶托形成临时滞水而导致农田渍害。

2.1.2　渍害田形成的土壤因素

表层土壤的性质及土壤母质岩层组成是影响土壤水分入渗及再分配的重要因素之一。渍害田土壤大多在表层一定深度下有足够的黏土层,起隔水、阻水作用,其上部土层透水或相对透水,当接受降雨后,尽管无其他水源或地下水补充,土壤仍呈水饱和状态;渍害田土壤的另一种类型是,土壤透水性好,但由于地下水位长期过高而形成渍害。

江汉平原成土母质主要是由江河的冲积物和湖相沉积物堆积而成,特别是湖相沉积物,质地比较黏重均一,土壤孔隙不发育,渗透性差,内排水能力弱,地下水在这类土壤中渗流极为滞缓。平原湖区土层深厚,在碟形洼地的中上部多有夹砂或底砂存在,碟形地貌单元中下部,均有次生潜育层和青隔层,加之低洼湖区农田地下水位高,极易形成渍害田。四湖流域地处江汉平原腹地,是江汉平原地势最低洼的地区。由一系列河间洼地组成,存在大量的涝渍中低产田。四湖流域是长江中游一级支流内荆河流域的别称,流域内湖泊众多,其中较大的湖泊有长湖、三湖、白露湖和洪湖,四湖流域或地区因此而得名。四湖全流域地形总的趋势是西北高、东南低,上游丘陵地带与宜漳山区接壤,止于长湖之滨,丘陵区最高海拔高度278.8 m,地面自然坡降1/6 000~1/10 000。长湖以下为四湖流域中下游地区,从地貌上讲,属于平原湖区,地形自然坡降1/10 000~1/25 000。本区地面高程大多在海拔36 m以下,下游最低处农田海拔高度只有23.5 m。四湖地区微地形地貌分异明显,整个地势自西北向东南倾斜,南北高中间低,貌似槽形,相对高差在10 m以内。本区西北部属于四湖流域上游,地貌上属于丘陵岗地,为第四纪黏土堆积物;长湖以下属于平原湖区,为河湖相沉积物。地形差异对土壤的形成有明显影响,土壤类型随地形变化有一定的规律性。本区西北部丘陵岗地其土壤属于第四纪黏土母质上发育的黄棕壤土类。中下游平原湖区主要土壤类型有两大类,即水稻土和潮土。潮土是在河流冲积物和湖相沉积物上、受地下水影响,经过耕种熟化的旱地土壤,水稻土是四湖地区分布广、面积最大的土壤。此外,在长湖边缘的丘岗地带有少量的黄棕壤分布,在有水的湖泊周围有零星草甸土和沼泽土分布。

四湖流域中下游地区三面临江,西面是荆江大堤与荆江摆动性河床。由于荆江主流的摆动,在荆江大堤以外形成了连片的洲滩民垸,这些洲滩民垸完全依赖堤防保护。由于历史上洪水漫溢,江水携带的泥沙沉积由大堤向垸内呈递减趋势,从而使四湖流域中下游平原地区在地势上又形成横向坡降,自上而下其变化规律大致为:临近东荆河一侧横向坡降为1/5 000~1/10 000,靠近长江的一侧为1/6 000~1/2 000。泥沙沉积的结果造就了三面临江的中下游地区三面高中间低的地形总趋势,在内荆河基础上开挖的四湖总干渠基本处于中间低洼地带。

淮北平原主要分布着砂姜黑土和潮土土壤,占总面积的86.40%,其中,在中南部河间平原砂姜黑土分布面积占90%以上,这种土壤有明显的棱柱状,块状结构,垂直裂隙发达,干缩湿涨性强。汛前由于土壤缩裂,漏水和强透水性,地下水位在降雨的补给下迅速上升,当地下水位上升到较高状态或者受到较长时间连阴雨的影响时,土体膨胀,黏湿闭气,给土壤水侧向流动造成很大阻力。砂姜黑土属于胀缩土,当土壤含水量低于20%左右时,土壤开始出现裂缝。裂缝纵横开裂,缝宽可达4 cm,缝深40 cm以上,缝长达30 m以上。土壤干缩开裂后,遇降雨不能及时膨胀弥合,更由于土壤成块状结构,竖向节理发育,致使水分沿着缝隙直接向下层土壤供水,渗透速度增大。大部分降水首先下渗补充地下水,使地下水位迅速上升。其上升速度达20 cm/h以上。雨前地下水埋深较小时,则很容易升到地表,使田面积水产生涝渍灾害,且涝渍灾害往往紧密相连,先涝后渍,涝渍相随。砂姜黑土土体构造不良,土壤物理性状差,养份含量低,其突出的特点是耕作层浅(一般仅20 cm左右),犁底层只有15~20 cm。土壤的总孔隙度和通气孔隙度都很小,耕作层为47%和8%,粉砂含量在57%以上。其物理性能差,质地黏重,结构不良,土壤孔隙小,土壤有效蓄水量少,调节水分库容偏小。这种土体构造和物理性状,易造成干旱坚硬,遇水泥泞,耕作不良。耕层粉砂含量高,有机质含量低,吸热性强,蒸发量大。雨后易板结,旱时易断裂,从而切断了结构体单位之间毛管联系,地下水运行受阻,不能补给耕层,易产生干旱,湿时又由于土壤膨胀系数大,封闭孔隙,加上犁底层透水性弱,雨水难于下渗,同时整体地下水位又较高,遇水后很快土壤水分就达到饱和,而产生涝渍灾害。

淮北平原地势低注、平坦,微地形起伏,在河间平原区,河流两岸由于自然堤的存在,地势较高,而在两河之间相对较低,且地形平缓,倾斜度很小,自然坡度约为1/7 000~1/10 000,形成了河间微凹的地貌单元。离河道较远的地方,地形更加平坦低注,并分布着众多大小不一的浅碟形封闭洼地,汛期地面径流向洼地汇集,成为积水滞水区。另外在各个支流入淮的交汇处还形成了较多的河口洼地,农田内部也存在微地形起伏,这些河间封闭洼地,河口洼地和广泛分布于农田内部的微洼地段,汛期常易积水,致使农田地下水位过高和土壤过湿产生渍害。

黑龙江省土壤受地形和气候等自然条件的作用和影响,具有不同的成土过程,产生了暗棕壤化、白浆化、腐殖质化、草甸化和盐渍化等演变,形成了许多土壤类型。主要土壤有棕色针叶林土、暗棕壤、白浆土、黑土、黑钙土、草甸土、沼泽土、盐碱土、风砂土和水稻土等。其中沼泽土主要是在季节性或长期积水的低洼地区,分布于三江平原、松嫩平原和河谷的低湿地带,沼泽土面积346.67万 hm^2,占全省土壤总面积的7.8%,其中耕地40万 hm^2,占全省耕地的3.5%。

三江平原渍害田的土壤因素主要有以白浆土类为代表的地表残积水型渍涝,由于表层土壤很薄,仅几cm,心土黏重,即使土壤饱和,重力水也很少,降雨之后,常会有大量的地表水滞留在地表之上而形成涝渍;以黑土、草甸土、泥炭沼泽土为典型的地下上层滞水型涝渍,由于表层土壤厚,结构好,孔隙度达15%以上,而心土黏重,透水性差,降雨大量入渗后受心土阻隔,滞蓄于上层土壤中直至饱和,形成地下上层滞水而导致涝渍;分布在松花江、黑龙江沿岸和兴凯湖湖畔及一些占河道地区的地下水位过高型涝渍,该类型土壤透水性较好,心土无明显隔水层,但由于降水或地表、地下径流的补给,抬高了地下水位而造成季节性或长期渍泡耕层,形成渍害。东北平原黑土土壤质地黏重,田间最大持水量 50%~60%,表土甚至达到 100%,孔隙度在 55%~65% 之间,持水性能好,再加上土壤表层极为疏松,在降雨的条件下,土壤易被水分饱和。

2.1.3　渍害田形成地质、地貌条件

地势相对低平或低洼,地下水位高,沉陷区土壤母质黏重,渗透性差,是低湿平原渍害田形成的主要地质地貌条件。

淮北平原地势平坦,微地形起伏,汛期易积涝成灾。在广大的河间平原区,其地貌特点是,在河流两岸由于自然堤的存在,地势较高,而在两河之间相对较低,且地形平缓,倾斜度很小,自然坡度约为 1/7 000~1/10 000,形成了河间微凹的地貌单元。离河道较远的地方,地形更加平坦低洼,并分布着众多大小不一的浅碟形封闭洼地。汛期地面径流向洼地汇集,成为积水滞水区。另外在各个支流入淮的交汇处还形成了较多的河口洼地,农田内部也存在微地形起伏。这些河间封闭洼地、河口洼地和广泛分布于农田内部的微洼地段,汛期常易积水,致使农田地下水位过高和土壤过湿。

江汉平原在地质构造上属于新华夏构造体系沉降带的一部分。发生在中生代的燕山构造运动奠定了江汉湖盆的基础,到第四季早期,江汉湖盆又在老构造的基础上重新开始下沉,并接受长江、汉江水系长期切割、冲淤,形成了西北东三面隆起、中间平坦低洼、向心水系发育、湖泊众多的江汉平原。四湖地区地处江汉平原腹地,三面环水,是长江中游地区典型的涝渍地域。四湖地区的成土母质主要是由江河的冲积物和湖相沉积物堆积而成的,特别是湖相沉积物,质地比较黏重均一,土壤孔隙不发育,渗透性差。这类母质形成的土壤多分布在低洼湖区,农田地下水位极高,极易形成潜育化和沼泽化渍害田。

三江平原从第四纪以来,大部分地区处于间歇性缓慢下沉阶段,因而地势低平,坡降小,地面切割微弱,河道弯延曲折,河漫滩宽广,径流滞缓,在平原上遍布古河道、牛轭湖和形状大小各异的洼地,这些微地貌类型对地表径流的汇集起了很大的作用,加之地表组成物质黏重,水分下渗困难,造成平原区水分较多。

2.1.4　渍害田形成的人为因素

农业涝渍灾害的发生及其作用程度除了与自然因素直接有关外,还与人为因素有关。人为因素的影响主要表现在三个方面:一是盲目围湖造田,垦建失调;二是不合理的耕作制度;三是水利工程排水措施不当。垦殖、耕作方式、水利条件等均会影响涝渍灾害的演变。一些地区修建圩堤却忽视了内部排水,因隔断了自然排水出路而加重了涝灾,只蓄不泄、排水沟系布局和修建不当,也会造成涝渍危害。区域内承泄区面积减少,从而加大了对排水能力的要求,农田积水不能迅速排除,农田地下水位难以降低,地下水位有升无降,严重影响土壤理化性状,致使潜育化、次生潜育化,涝渍地面积增大,从而会加速、加剧涝渍灾害。江汉平原的湖泊历来对外江和内垸的水量起着调蓄作用,是一个天然的平原水库。但由于在湖泊的治理上,对湖泊的调蓄作用认识不足,大面积的围湖造田使湖泊的面

积和数量锐减,总调蓄水量约减少 30 亿 m³,加剧了江汉平原涝渍灾害的程度。虽然加大了对排水能力的要求,但渍害仍有升无降,严重影响土壤理化性状,致使潜育化、次生潜育化涝渍地面积增大。对三江平原涝渍形成影响最大的人为因素是垦建失调,三江平原区往往趁干旱年开荒、种地,而排水措施却远未跟上,从而造成涝渍灾害损失迅速增加。

农业耕作措施不合理。如长期铲耥不及时,造成土壤板结,土壤的合理结构被破坏,保水渗水能力降低,或在耕层以下形成通气透水性很差的犁底层,降雨后常常造成上层滞水,从而增加了涝渍灾害。

某些平原水库和拦河坝,只蓄不泄,一些地方修筑堤防,忽视内部排水措施,都将加重涝渍灾害。有些排水渠道布置不当,未起到应有的排水作用,甚至造成上排下淹,使渠道下游出现涝渍灾害。蓄水工程改变天然水位过程,也会导致一定区域范围涝渍程度加重。

不合理的灌溉制度,长期只灌不排或重灌轻排,加重了耕层水的滞留,形成大面积次生渍害田和次生潜育化渍害田。不合理的耕作制度,最突出的表现是长期单一种植水稻,农田灌水时间长达半年之久,不少地方大引大灌,使农田地下水位抬高,犁底层滞水消退极为缓慢,加上连年湿耕浅耕,黏粒下移,堵塞土壤孔隙,更加重了耕层水的滞留,因而形成大面积的次生潜育化渍害田。

2.1.5 渍害田特征及识别

2.1.5.1 渍害田特征及影响因素

渍害田的微生态环境和非渍害田有着明显的差异。在渍害田中,由于地下水位高而使得田间渗漏受阻,高地下水位和低渗漏速率的结合,降低了土壤中水、热、气的通透性,从而影响了土壤的氧化还原过程,致使土壤的理化性状发生灾害性变化:有机质含量和有毒物质含量增大、物理性黏粒和黏粒含量增加、速效养分含量减小、土壤呈还原状态;土壤剖面出现明显的潜育层或泥炭层;作物生长的适宜性差。土壤灾变的结果是影响作物的正常生长发育,作物的形态特征和经济特征明显劣化,如水稻作物黑根增多,株高变矮,每穗粒数和千粒重显著下降,空壳率上升,产量下降,光能利用率降低。

渍害田的特征可以概括为:冷、烂、毒、酸、瘦。冷:地下水埋深浅,土壤层长期遭受低冷地下水浸渍,水土温度比正常农田低 3 ℃~8 ℃。烂:土壤终年渍水,土粒分散呈稀烂状,青泥层厚,禾苗难立苋,易浮棵倒伏。毒:在低温、积水和缺氧条件下,有机质在分解过程中产生大量有机酸、硫化氢、亚铁、亚锰等侵害作物根系的有毒物质,阻碍根系对水分、养分的吸收,导致作物生长发育不良。酸:土壤长期处于还原状态,氧化还原电位低,土壤呈酸性和强酸性,而作物生长所需的钾、钙等物质则容易溶解流失。瘦:低温、积水、缺氧的土壤使有机质分解缓慢,速效养分含量很低,供肥性能差,导致作物产量低。

渍害田的特征是地表水动态、地下水动态、微地貌及垦殖与耕作等渍害主导因素发生灾害性耦合而引起的农田综合效应的结果。

1. 地下水埋深

地下水埋深变化是渍害的直接触发机制,因此,地下水埋深是渍害田演变的重要特征变量,地下水通过对土壤水、热、气、养分、pH 值、Eh 值、土壤剖面构造及其他理化性状的影响,并最终影响作物的生长状况,影响结果构成了渍害田的农田生态特征。

　　由于土壤中的水分是由灌溉、降雨及地下水补给,并通过作物耗水及土壤蒸发等途径而消耗,这些水平衡要素是随时间的变化而不断变化的,农田的地下水位处于波动状态,因此,地下水埋深控制指标常用特殊时期(降雨季节、作物生长最不利季节、收获季节等)的平均地下水埋深来表示,李恩羊(1989)认为衡量稻田渍害的地下水埋深应选择露田期,因为稻的晒田期、冬闲期及旱种期(统称为露田期)均无田面水层,这时的地下水埋深可以直接反映根层土壤受地下水补给的状况和土壤内排水条件,并且他认为渍害中低产田的露田期地下水埋深一般在 0 ~ 0.8 m 之间,超过 0.8 m 则很少出现渍害。

　　作物在不同的生长阶段要求的地下水埋深是不相同的(见表 2-2),播种期和幼苗期根层很浅,为了保证及时发芽和幼苗正常生长,在这一阶段可保持较高的水位。随着根系生长要求的地下水适宜埋深也不断加大,这样才能保证作物高产。由于土壤中的水分主要来源于灌溉、降雨及地下水补给,并通过作物耗水及土壤蒸发等途径而消耗,这些水均衡要素是随时间的变化而不断变化的,农田的地下水位处于波动状态,因此,地下水埋深控制指标常根据特殊时期(降雨季节、作物生长最不利季节、收获季节等)来确定。

　　我国采用的地下水埋深标准如表 2-3、2-4 所示,表 2-5 列出了欧洲和其他一些国家以地下水埋深作为排渍的标准。可以看出,不同的作物地下水埋深不同,同时,由于各国条件的差异,即使对于同一种作物,各国也不尽相同,以小麦为例,我国规定的排渍深度为 0.8 ~ 1.1 m,日本对一般旱作物规定的地下水位控制深度(相当于我国的排渍深度)为 0.4 ~ 0.6 m,而英国英格兰地区要求在 0.5 ~ 1.0 m 以下。印度的 Kumar(2002)基于芥末、小麦和大豆三种作物根系的适宜水深,认为一个地区的各季节平均地下水位等于或小于这三种作物中至少一种的适宜水深的就视为发生渍害,并以此标准监测了印度西部拉贾斯坦邦的渍害田面积。而根据印度国家农业委员会(National Commissionon Agriculture)1976 年的标准和印度水资源部 1991 年的标准,渍害田被定义为地下水埋深在 2 m 之内的农田。

表 2-2　主要农作物耐渍深度(河南省水利厅水旱灾害专著编辑委员会,1998)

作物	生育阶段	耐渍深度(m)	作物	生育阶段	耐渍深度(m)
小麦	播种至出苗	0.5	玉米	幼苗	0.5 ~ 0.6
	分蘖、返青	0.6 ~ 0.8		拔节至成熟	1.0 ~ 1.5
	拔节至成熟	1.0 ~ 1.2		返青	0.1 ~ 0.2
棉花	幼苗	0.6 ~ 0.8	水稻	分蘖	0.3 ~ 0.4
	现蕾	1.2 ~ 1.5		晒田	0.4 ~ 0.6
	开花结铃至吐絮	1.5		拔节至成熟	0.2 ~ 0.4

表 2-3　几种主要作物的排渍深度(中国水利部,1999)

作物	生育阶段	设计排渍深度(m)	耐渍深度(m)	耐渍时间(d)
棉花	开花、结铃	1.0 ~ 1.3	0.4 ~ 0.5	3 ~ 4
小麦	生长前、后期	0.8 ~ 1.1	0.5 ~ 0.6	3 ~ 4
大豆	开花	0.8 ~ 1.0	0.3 ~ 0.4	10 ~ 12
水稻	晒田	0.4 ~ 0.6	—	—
玉米	开花、结铃	1.0 ~ 1.2	0.4 ~ 0.5	3 ~ 4
甘薯	—	0.9 ~ 1.1	0.5 ~ 0.6	7 ~ 8
高粱	开花	0.8 ~ 1.0	0.3 ~ 0.4	12 ~ 15

表 2-4　我国南方渍害田雨后农作物要求的排水时间和地下水埋深(乔玉成,1994)

作物	生长阶段	要求的排水时间(d)	要求达到的地下水位(m)
棉花	花铃期及以后	3 ~ 5	0.9 ~ 1.2
小麦	拔节及以后	3 ~ 6	0.8 ~ 1.0
水稻	晒田期	3 ~ 5	0.4 ~ 0.6

表 2-5　国外某些地下水埋深控制标准

国家、地区	作物	地下水埋深控制标准(m)
澳大利亚 Queensland 地区	甜菜	≤0.75
英国的英格兰地区	小麦	夏季: >1.0 m;冬季: >0.5 m
埃及尼罗河三角洲	棉花	>0.9 m
苏里南	香蕉	0.65 ~ 0.80 m

注:资料来源根据 Ritaema,H.P(1994)试验资料整理。

2. 土壤温度

渍害田通常地下水埋深浅,常年距地表 <50 cm,土壤层长期遭受低冷地下水浸渍,水土温度比正常农田低 1 ~ 3 ℃,春季土温回升缓慢,常低于水稻分蘖要求的水土温度(19 ℃)。

喻光明(1994)将土壤热传导方程式(2-1)结合江汉平原渍害田的 5 ~ 7 月份的土壤观测资料,得到了江汉平原渍害田土壤温度的时空分布函数式(2-2)和式(2-3)。

$$\theta(Z,t) = \theta_0 - r_0 Z + \sum_n A_{0n} e - z\sqrt{\frac{n\pi}{K_A T}} \sin\left(\frac{2n\pi}{T}t + \varphi_{0n} - Z\sqrt{\frac{n\pi}{K_\varphi T}}\right) \qquad (2\text{-}1)$$

式中:θ 为土壤温度;θ_0 为地面初始温度;Z 为土壤深度;r_0 为初始温度梯度;A_{0n}、φ_{0n} 分别为地面温度波的振幅和相位;n 为谐量;T 为周期;t 为时间(h);K_A 和 K_φ 分别为导温系数的振幅分量和相位分量。

5 ~ 6 月江汉平原渍害田的时空分布函数:

$$\theta(Z,t) = 22.5 - 0.015Z + 8e^{-0.116\,6Z}\sin(0.262t - 1.57 - 0.66Z) \qquad (2\text{-}2)$$

7 ~ 8 月江汉平原渍害田的时空分布函数:

$$\theta(Z,t) = 29.7 - 0.04Z + 4e^{-0.144\,6Z}\sin(0.262t - 0.72 - 0.66Z) \qquad (2\text{-}3)$$

3. 土壤含水量

由于渍害田与非渍害田地下水位的不同,土壤的含水量也出现明显差异。我们于2009 年 6～10 月在武汉大学灌溉排水试验场进行了涝渍机理试验,该试验试验棉花品种为鄂抗棉 6 号,试验设计分别在蕾期、花铃期和吐絮期遭受不同程度的涝渍处理。受试因素有涝、渍两个因素,各因素的控制要求为:涝－淹水深度为 10 cm,淹水历时分别为 1 d 和 3 d 共 2 个水平;渍－采用淹水后地面水完全排除后地下水位维持在埋深 20 cm 的时间来控制,控制时间分别为 3 d 和 5 d 共 2 个水平;之后将地下水位降至适宜埋深 80 cm。试验设计了 9 种不同处理方法,其中 1 种处理方法是不受任何涝渍胁迫正常生长的棉花作为参照。本书所取数据为花铃期和吐絮期的地下水埋深和表土含水率,地下水埋深用地下水位计测量,表土含水率用 TRIME－HD 测量,表土含水率为体积含水率,即以土壤水分容积占单位土壤容积的百分数表示。结合之前学者对于渍害田的定义,将地下水埋深在 0.6 m 之内的测坑作为受渍害的区域,将地下水埋深在作物适宜埋深80 cm 之下的区域作为未受渍害的区域。

渍害田和非渍害田的表土含水率情况如表 2-6、表 2-7 所示。第一次淹水处理时间为棉花花铃期的 8 月 3～10 日,第二次淹水处理为棉花吐絮期的 9 月 11～24 日。从表中可以看出,渍害区和非渍害区的表土土壤含水率表现出明显的差异,地下水位越高,表土相对含水率越大,地下水埋深在 0.6 m 之内的渍害区表土土壤含水率在 33.8% 以上,表土相对含水量在 91.4% 以上;而地下水埋深在 0.8 m 之外的非渍害区域表土土壤含水率平均值只有 23.1%,表土相对含水量也只有 62.4%,与渍害区形成鲜明的对比。

表 2-6　渍害田与非渍害田表土土壤含水量对比

类型	地下水埋深(m)	第一次淹水处理	第二次淹水处理	两次淹水处理平均值
		表土含水率(%)	表土含水率(%)	表土含水率(%)
渍害区	淹水	44.4	44.4	44.4
	<0.1	40.3	40.2	40.2
	0.1～0.2	38.2	37.9	38
	0.2～0.3	35.5	37.0	36.3
	0.3～0.4	34.6	36.8	35.6
	0.4～0.5	34.4	33.9	34.2
	0.5～0.6	34.0	33.6	33.8
非渍害区	>0.8	21.9	24.3	23.1

4. 土壤渗漏强度

地下水位的变化对土壤性状的影响主要表现在对土壤渗漏量的影响,而土壤渗漏量又是影响土壤其他理化性状的直接因素,因此,土壤渗漏强度也是渍害田的一个重要特征变量。渍害田在淹水期间的透水性差,渗漏强度一般在 2～3 mm/d(李恩羊 1989),有的甚至不渗;而非渍害田的透水性一般都大于 5 mm/d。陈家坊(1980)综合了我国江苏、浙江、上海、广东等地的研究成果,提出了适宜渗漏强度的下限值为 7 mm/d。

表 2-7　渍害田与非渍害田表土土壤相对含水量对比

类型	地下水埋深 （m）	淹水处理		
		第一次淹水处理	第二次淹水处理	两次淹水处理平均值
		表土相对含水量（%）	表土相对含水量（%）	表土相对含水量（%）
渍害区	淹水	120.0	120.0	120.0
	<0.1	108.9	108.6	108.6
	0.1~0.2	103.2	102.4	102.7
	0.2~0.3	95.9	100.0	98.1
	0.3~0.4	93.5	99.5	96.2
	0.4~0.5	93.0	91.6	92.4
	0.5~0.6	91.9	90.8	91.4
非渍害区	>0.8	59.2	65.7	62.4

注:试验土壤为轻壤土,干容重为 1.41 g/cm³,孔隙率 44.4%,田间持水量 37%。

　　与地下水埋深一样,渗漏量变化对农田生态特征也有深刻的影响。首先,渗漏量能改变土壤的氧化还原状况,进而影响土壤剖面的含氧量、Eh 值及耕层有毒还原物质 H_2S、CO_2 等的含量。土壤剖面的含氧量、Eh 值随着渗漏量的增加而相应增大,而耕作层中的有毒物质含量会随着渗漏量的增大而减少。

　　5. 土壤氧化还原电位

　　土壤的氧化还原电位 Eh 可反映土壤水分状况和肥力水平,土壤受渍后,由于氧气不足,有机质分解缓慢且不彻底,致使还原物质增加,氧化还原电位降低,一般稻田耕层土壤的 Eh 值在约 300 mV 时,土壤能正常供给作物养分,根系生长发育良好;低于 300 mV 时土壤便处于还原状态。渍害田耕层土壤的 Eh 值一般低于 100 mV,严重时甚至为负值。另外据杨金楼等(1980),稻田 Eh 值在 50 mV 上下时,出现亚铁障碍,部分根系变黄发黑;Eh 在 0 mV 左右时,水稻明显坐苗,出现大量黑根和烂根;Eh 值在 -100 mV 以下时,土壤环境恶化,新生根不易成活,引起严重减产。一般情况下,渍害越严重,Eh 越小,产量越低。

2.1.5.2　渍害田的识别

　　国内外对渍害田的识别标准至今没有统一的口径。李恩羊(1989)认为渍害田属于一种灰色系统,即信息不完全明确的系统。渍害田本身虽有较明确的概念,但是其成因、结构以及各种影响因素之间的关系至今并非十分清楚,因而难以用确定性数量加以描述,例如,地下水位多高,氧化还原电位多低时就会产生渍害,产量多少才算低产,对此我们都给不出确定值,而只能给出大概值。李恩羊用灰色理论对渍害田进行聚类分析,将渍害田的主要特征因素氧化还原电位(Eh)、土壤渗漏强度、地下水埋深及产量水平作为聚类指标,同时指出对冷浸田聚类时,还应增加温度(水温、泥温)指标;潜育化低产田聚类时,应将标志潜育化程度的青泥层(潜育层)层位和厚度作为一项主要指标。

根据印度国家农业委员会 1976 年的标准和印度水资源部 1991 年的标准,渍害田被定义为地下水埋深在 2 m 之内的农田。具体定义标准如表 2-8 所示。

表 2-8　印度渍害农田标准

渍害等级	印度国家农业委员会(1976)	印度水资源部(1991)
危重渍害	地下水埋深 <1.5 m	地下水埋深 <2 m
潜在渍害	—	地下水埋深 2~3 m
未受渍地区	—	地下水埋深 >3 m

我国至今为止没有关于渍害的规范标准,1988 年原水利电力部以水电农水字第 3 号文发出《关于编制改造渍害田规划》的通知,要求南方各省摸清情况,做好治理规划,以便组织实施,附件中指出的三条判别标准是:①土壤质地黏重且结构较差,自然透水性能不良;②地下水位在不同作物生育敏感期处于主要根系活动层以上;③粮食产量一般低于当地近期多年平均亩产的 15%~20% 以下。以上标准除第三个之外都是定性标准,很难具体衡量。

陈继元(1989)对湖南省地区调查观测资料进行数据统计分析,从地下水位埋深、土壤黏粒含量、土壤有机质含量三个方面提出一些定量指标,还提出 4 条定量判别指标:①稻田在冬季的地下水位埋深平均在 50 cm 以上,在旱作物生育敏感期地下水位处于主要根系活动层以上;②耕作层或犁底层小于 0.001 mm 的黏粒含量大于 30%,且小于 0.01 mm 的物理性黏粒含量大于 70%;③耕作层有机质含量大于 3%;④粮食产量一般低于当地近期多年平均亩产的 15%~20%,则可能是渍害田。并且认为土壤有机质过多,地下水位长期过高以及土质黏重这三个因素缺少一个,都不太可能形成渍害田。

徐瑞瑚,杨礼茂(1995)对江汉平原涝渍田进行了等级划分,如表 2-9 所示。

表 2-9　江汉平原涝渍田等级划分

级别	物理意义
无渍田	地下水位埋深保持距地面 80 cm 以下,麦期地下水回落速度应在 3 d 内降到 80 cm 以下,土壤理化性状正常,作物根系发育良好
微渍田	地下水位距地面 60~70 cm,对作物根系发育有些影响
轻渍田	地下水位距地面 30~50 cm,土壤下部质地黏重,通气透水性减弱,影响作物根系发育和产量
中渍田	地下水位距地面 10~20 cm,土壤出现潜育化,侵蚀水稻根系的有毒物质有所聚集,约有 10%~20% 的根系腐烂变黑,水稻株矮,根系短少,作物减产
重渍田	地下水位距地面 10 cm,甚至与地面齐平,土壤出现沼泽化,理化性状极差,有毒物质聚集过多,腐烂黑根高达 40%,造成作物严重减产
涝渍田	地表积水与地下水相通,形成涝与渍相连的灾害,土壤沼泽化,出现泥炭层,作物产量极低,甚至绝收

喻光明(1993)通过对江汉平原渍害田生态特征的调查和研究,将渍害田表现的统计特征归纳为:①渍害田地下水位埋深浅,枯水期地下水埋深一般小于 60 cm,埋深越浅,渍害程度就越严重;②渍害田在淹水时期的透水性差,渗漏量一般低于 1 mm/d,有的甚至不渗;当渗漏量增大时,渍害程度逐渐减小,一般把渗漏量达到 5 mm/d 作为较理想状态;

③渍害田土壤质地黏重,一般情况下耕层或犁底层 < 0.001 mm 的黏粒含量大于 30%,且 < 0.01 mm 的物理性黏粒含量大于 70%;④渍害田的土壤有机质含量较高,一般超过 3%,但分解缓慢,速效养分含量低;⑤作物生长发育不良,水稻黑根占 11% ~ 30%,叶面积指数小于 8,株高不超过 75 cm,空壳率在 14% 以上;⑥作物产量低,中稻亩产量不超过 300 kg,晚稻亩产不超过 225 kg,严重渍害区产量极低。并根据枯水期的地下水埋深对江汉平原农田生态系统的综合效应,从大量的统计资料中分析得出江汉平原稻田的渍害标准:①无渍,露田期地下水埋深保持在地面以下 0.6 m,土壤通气透水性能良好,热量和养分能正常循环;②偏渍,地下水埋深保持在地面以下 0.3 ~ 0.5 m,土壤下部质地黏重,影响作物根系发育;③轻渍,地下水埋深保持在地下 0.2 ~ 0.3 m,土壤的通气透水性能差,出现较明显的渍害特征;④中渍,地下水埋深保持在地面以下 0.1 ~ 0.2 m,土壤的潜育化特征明显,有一定的有害物质聚积,水稻株矮根短产量低;⑤重渍,地下水埋深保持在地面以下 0.1 m 以内,土壤沼泽化特征较明显,通气透水性能极差,有毒物质聚积过多,能量和养分无法正常循环,作物严重减产;⑥地表渍水,露田期地表积水与地下水相通,具有明显的泥炭层,作物产量极低。

中国气象局根据土壤相对湿度指标(RSMI)、地表径流深(SRD)和降水量指标等提出了中华人民共和国渍涝灾害气象等级(征求意见稿)如表 2-10、表 2-11 和表 2-12 所示。

表 2-10 中地表径流深(SRD)指一次降水扣除直接蒸发、植物截留、渗入地下、填充洼地外,其余汇流进入河槽并沿河下泄的水量平均到流域面积的水深。

表 2-10　涝渍灾害气象等级划分标准和含义(国家气象局,2008)

级别	分级标准	级别含义	物理意义
一级	SRD = 0 mm 且 RSMI = 1 或 PI = 1	发生涝渍灾害的可能性很小	降水强度很小,土壤较为湿润。土壤水分略大于田间持水量,无地表径流。作物根系生长受到影响可能性很小
二级	SRD = 0 mm 且 RSMI = 2 或 PI = 2	发生涝渍灾害的可能性小	降水强度小、持时短,土壤湿润。土壤水分大于田间持水量,开始补给地下水或形成土壤上层滞水,无地表径流。作物根系生长受到影响,有可能发生轻度渍害
三级	0 mm < SRD < 10 mm 且 RSMI = 3 或 PI = 3	发生涝渍灾害的可能性较大	逐步抬高地下水位直至地表,土壤达到饱和,并填满耕地表面,所有坑洼出现地表残积水,有小的地表径流。作物生长不良,出现黄叶、烂根现象,有可能发生重度渍害
四级	10 mm < SRD < 32.9 mm 且 RSMI = 4 或 PI = 4	发生涝渍灾害的可能性大	当降雨强度大于土壤入渗速度,产生更大的地表径流,地面出现积水。作物浸水、受淹,有可能发生轻度涝灾
五级	32.9 mm ≤ SRD 且 RSMI = 4 或 PI = 4	发生涝渍灾害的可能性很大	径流量很大,冲刷土壤,冲毁作物,形成水土流失;沟河顶托冒漾,淹没低洼耕地,使作物减产、绝产且破坏耕地,有可能发生重度涝灾

注:SRD——地表径流深;RSMI——0 ~ 5 cm 平均土壤相对湿度指标;PI——降水量指标。

表 2-11　土壤相对湿度指标(RSMI)等级表(国家气象局,2008)

RSMI(级)	1	2	3	4	5
RSM	80% < RSM≤90% 或 RSM10 > 80% RSM20 > 80%	90% < RSM≤95% 或 RSM10 > 90% RSM20 > 90%	95% < RSM≤98% 或 RSM10 > 95% RSM20 > 95% RSM50 > 90%	98% < RSM≤100% 或 RSM10 > 98% RSM20 > 98% RSM50 > 95%	100% < RSM

表 2-12　降雨量指标(PI)等级表(国家气象局,2008)

PI	3	4	5
DI(雨涝指标)	0.5 < DI≤1.0	1.0 < DI≤1.5	DI > 1.5

表 2-12 中的雨涝指标 DI 的计算公式如下式(2-4)所示:

$$DI = \frac{1}{n} \sum R_i X_i \quad (i = 1,2,3) \tag{2-4}$$

式中:DI 为区域雨涝指标,X_1,X_2,X_3 分别为轻雨涝、中雨涝、重雨涝的站数;$R1$,$R2$,$R3$ 为相应的降雨量系数,分别为 $R_1 = 1$,$R_2 = 1.5$,$R_3 = 2$;n 为区域内代表站数。区域雨涝同单站,分为区域轻雨涝、区域中雨涝、区域重雨涝。

作物渍害还与土壤水分、作物根系深度及其所处发育期有关。国家气象局根据多年土壤水分和农业气象灾害监测结果分析,渍害多发生在土壤相对湿度 90% 以上,并持续多天的条件下。以此提出了以土壤相对湿度作为指标,根据作物深度变化,将作物发育期分为播种至苗期和其它发育期的受渍土层深度,并按土壤相对湿度和持续天数对渍害进行分级的作物渍害等级标准,如表 2-13 所示。

表 2-13　作物渍害等级标准

作物发育期	土壤深度	平均土壤相对湿度(%)	持续时间(d)	等级
播种 – 苗期	10 ~ 20 cm	91 ~ 95	15 ~ 20	轻渍
		96 ~ 99	10 ~ 15	
		91 ~ 95	20 ~ 25	中渍
		96 ~ 99	15 ~ 20	
		91 ~ 95	> 25	重渍
		96 ~ 99	> 20	
其余发育期	10 ~ 50 cm	91 ~ 95	15 ~ 20	轻渍
		96 ~ 99	10 ~ 15	
		91 ~ 95	20 ~ 25	中渍
		96 ~ 99	15 ~ 20	
		91 ~ 95	> 25	重渍
		96 ~ 99	> 20	

2.2　渍害田的治理技术研究

渍害田研究尚缺乏统一、系统而全面的渍害程度评价标准。

渍害标准的制定对渍害规划而言十分重要,完善的渍害评价体系是权衡各区域渍害程度,进而制定各尺度下治理规划的重要理论依据。

2.2.1　渍害治理标准

农作物设计排渍深度是指控制农作物不受渍害的农田地下水排降深度,控盐地下水临界深度是指在改良盐碱地或防止土壤次生盐碱化的地区应在返盐季节前将地下水控制在此临界深度以下。因缺乏各地各作物耐渍试验资料,故采用《灌溉与排水工程设计规范》(GB 50288—99)中(详见表 2-3)根据作物关键生长期的排渍要求为依据来确定各作物的排渍标准;根据《灌溉与排水工程设计规范》(GB 50288—99)(详见表 2-14)来确定各区控盐地下水临界深度。其他作物根据此表各类作物设计排渍要求和农田机耕要求《灌溉与排水工程设计规范》(GB 50288—99)中 3.2.7 条:适于使用农业机械作业的设计排渍深度,应根据各地区农业机械耕作的具体要求确定,一般可采用 0.6 ~ 0.8)综合考虑定为:0.8 ~ 1.0 m。

表 2-14　地下水临界深度(中国水利部,1999)　　　　　　　　(单位:m)

土质	地下水矿化度(g/l)			
	<2	2 ~ 5	5 ~ 10	>10
沙壤土、轻壤土	1.8 ~ 2.1	2.1 ~ 2.3	2.3 ~ 2.6	2.6 ~ 2.8
中壤土	1.5 ~ 1.7	1.7 ~ 1.9	1.8 ~ 2.0	2.0 ~ 2.2
重壤土、黏土	1.0 ~ 1.2	1.1 ~ 1.3	1.2 ~ 1.4	1.3 ~ 1.5

防渍排水深度的确定根据控制盐碱化地下水临界深度和作物设计排渍深度来确定,当同一区域既有盐碱化问题又有作物分布时,比较二者排水深度大小,取大值为排水深度;同样,当某一区域有多种作物分布时取其中设计排渍深度最大值为排水深度,依此类推,可以确定各区域的防渍排水深度。

由于各农作物的设计排渍深度不一,故分别根据设计排渍深度大小排序赋予不同的值(本次分析为了简便采用整数 1、2、3…根据作物分布赋予其相应的值。赋值按照设计排渍深度、控盐地下水临界深度大的赋值小的规则赋值,各作物相应的赋值详见表 2-3),以便后面的叠加分析。

对存在盐碱化威胁的地区,因控盐地下水临界深度一般大于各作物的设计排渍深度,故同时有作物分布又存在盐碱化问题的区域,取控盐地下水临界深度为排水深度。

我国华南、华中、华北以及西北地区因广泛种有棉花、玉米等旱作物,对防渍排水要求较高,设计排渍深度值亦大;西北局部地区因地下水矿化度值较高(大于 2 g/L)加上年降水量远远小于年蒸发量,需防治土壤盐碱化,对排水深度要求较高。

表 2-15　图层属性赋值表

作物/区域	设计排溃深度/控盐临界深度(m)	赋值
地下水矿化度大于 2 g/L 区	1.1~2.3	1
地下水矿化度小于 2 g/L 区	1.0~2.0	2
棉花种植区	1.0~1.3	3
玉米种植区	1.0~1.2	4
小麦种植区	0.8~1.1	5
其他作物种植区	0.8~1.0	6
水稻种植区	0.4~0.6	7

汇总了我国各省(直辖市、自治区)为防治农田溃害、控制土壤盐碱化需控制的地下水排水深度范围,见表 2-16。因水稻、玉米两作物在我国各地均有种植,故各地最低设计排溃深度应满足水稻、玉米耐溃深度,根据现行规范(水利部,1999)中作物耐溃深度可确定水稻、玉米种植区防溃排水深范围为 0.4~1.2 m。

表 2-16　我国各省(市、自治区)防溃、控盐排水深度

地区	防溃、控盐排水深度(m)	最不利防溃、控盐排水深度(m)
北京、天津、河北北部、山西、辽宁、江苏东部沿海、安徽、福建、江西、山东、河南、湖北、湖南、广东、广西、海南、四川东部、贵州、云南中东部、西藏西北部、陕西、甘肃北部、甘肃东部、宁夏南部、浙江	0.4~1.3	1.0~1.3
沿渤海湾、中南部河北沿渤海湾、河北中南部、内蒙古、吉林西部、四川西部、西藏西北部、甘肃中部、青海西北、宁夏北部、新疆北部、南部	0.4~2.1	1.0~2.1
吉林中东部、黑龙江、上海、云南西部、西藏中、东部、青海东南	0.4~1.2	1.0~1.2
江苏东部、新疆中部	0.4~2.3	1.1~2.3

注:"防溃、控盐排水深度"是指适合当地生长的所有作物的防溃、控盐排水要求的深度范围;"最不利防溃、控盐排水深度"是指耐溃、耐盐能力最差的作物要求的防溃、控盐排水要求的深度。

2.2.2　溃害治理措施

溃害田的治理主要包括暗管排水、涝溃兼治、组合排水和农业措施等。

2.2.2.1　暗管排水

暗管排水作为排除土壤中过多水份的有效工程措施,近 30~40 年来,在世界上许多国家如美国、日本、埃及等国家得到广泛应用。美国加利福尼亚州为了解决帝国河谷灌溉土地的排水问题,1929~1955 年期间,在 116 万亩的面积上铺设排水暗管约 7 596 km,平均每亩约 6.5 m,而美国近期暗管排水面积已达 1.4 亿亩,占全国排水面积的 16%。法国 1950~1960 年期间,每年完成暗管排水面积不到 15 万亩,1961~1973 年每年增加到 43

万亩,并计划今后20年内每年将完成75万亩。在英国的排水工程中68%为暗管排水,1966年时已达5 100万亩。捷克暗管排水为总排水面积的70%,波兰为75%。埃及属干旱地区,全部耕地都已进行灌溉。为了防止灌溉土地盐碱化,在已建的骨干排水工程的基础上,大量引用外资,普遍修建暗管排水系统,从1922年着手暗管排水技术的研究,1949年开始布置试验性排水工程,1966年列为国策进行推广应用,到1980年已建成1 260万亩,占总排水面积的52%,目前该国已全部实现排水暗管化。我国在南方许多省市,如江苏、浙江、上海等已广泛应用暗管排水治理渍害,取得良好效果。在北方地区,如山东、内蒙古、天津、新疆、辽宁、山西等省市,从20世纪80年代起,在局部地区使用暗管排水,改良内陆盐碱地和沼泽地,取得了可喜的成果。新疆生产建设兵团二师29兵团,1985年从荷兰引进暗管排水埋设机械,埋设暗管866.6 hm^2,1989年由荷兰低息贷款,签订1.1万hm^{2}合同,管长达1 950 km。天津市1979年开始试验,1985年推广,铺设面积达466.6 hm^2,到1991年铺管面积达约3万hm^2。地下暗管的间距和埋深是暗管排水技术的关键,我国学者对此进行了研究。张展羽(1999)等根据溶质运移理论以及土壤水动力学理论,对滩涂盐渍地种稻改良过程中暗管田间排水工程的技术参数进行了研究,提出了不同脱盐标准下暗管埋深、间距和管径。邵孝侯(2000)等认为,农田塑料暗管埋深和间距的确定,是塑料暗管排水系统规划设计的主要任务,关系到排水效果和投资效益。暗管埋深和间距的大小因降雨、地势、土质情况不同各国主张不一。印度、伊朗采用浅而密,暗管埋深0.8~1.5 m,间距20~40 m;日本的稻麦两熟地区暗管埋深0.8~1.2 m,间距9~20 m,也采用浅而密的方式。而俄、美等国家向深而稀的方向发展,俄罗斯暗管埋深2.8~3.5 m;美国埋深3.0~3.6 m;埃及和伊拉克埋深1.3~1.5 m,间距20~40 m;荷兰埋深1~3 m,间距30~75 m。我国因盐碱土质、旱涝和作物不同,各地暗管间距和埋深也不同,北方旱田地区暗管埋深1.2~3.5 m,间距20~330 m,新疆内陆盐碱地区水旱轮作平均埋深2.0 m,间距50 m;山东打渔张灌区,平均埋深2.5 m,间距100 m;内蒙巴盟地区旱田埋深2.4~2.8 m,间距53 m;江苏水旱轮作,暗管埋深1.2 m,间距6~10 m。陈祖森(1990)等对暗管排水管道有机外包层对排水的影响及其防腐性能进行了研究,提出了由麦秸、稻壳作为外包层的排水管流量随时间变化的关系,并提出了延长外包层使用期限的方法。丁昆仑(2000)等采用一维和二维渗透模型对土工织物作为农田暗管排水外包滤料进行了试验研究,对12种不同土工织物的透水效果进行了测定和对比分析,为宁夏银北暗管排水滤料选择提供了依据。言鸽等(1992)对暗管与鼠道组合排水改造渍害稻田进行了试验研究,指出适当加大暗管间距,中间辅以鼠道排水,可起到节资、改土和增产的作用。张兰亭(1992)等对山东打渔张灌区暗管排水改良盐碱地的机理和效果进行了分析,为类似地区土壤改良提供了科学依据。杜历等(1997)等对地势低洼、地下水埋深浅、地下水水质恶劣、土壤含盐重的盐碱荒地采用竖井排水和双层暗管排水相结合的排水工程措施进行了改良试验,为同类盐碱荒地的改造提供了新方法。王之义(1997)对波形薄板排水降渍节地技术进行了研究,为农田暗管排水工程技术增添了新内容。张瑜芳(1999)等对淹灌稻田的暗管排水中氮素流失进行了试验研究。研究表明,调节田面与沟的水位差,控制稻田渗漏强度,可以减少稻田暗管中氮素的流失量。张蔚榛(1999)在作物产量与地下水动态关系的基础上,提出了采用作物生长期或生长阶段地下水动态作为指标的多种形式,如累积超标深度 SEW$_x$、抑制天数指标 SDI、累积减产指标 CRI 等。对渍害田排水设计指标的研究现状及展望进行了论述。

我国在暗管排水方面积累了丰富的经验。

完整的农田暗管排水系统由地下吸水管、排水井、农沟、支沟、集水井、干沟、抽水站或沟口、以及容泄区等组成。地下吸水管布设在田块土层的一定深度内,是地下排水系统的基本组成部分。地下吸水管直接吸收土层内的多余水分,流入排水井,经沉淀泥沙后进入农沟。田面上的积水则通过明沟排水系统或通过排水井上部的排水口流入井而转入农沟。各农沟里的水流,通过集水井汇入支流,再由支沟汇入干沟。如果容泄区的水位低于干沟水位,则通过干沟的沟口闸而流入容泄区。暗排系统应有良好的出流条件、健全与完善外部排水条件。吸水管布置要根据地形,确定合理的坡降,以利于迅速排水,一般比降为 1‰～3‰。在田面坡降小于 4‰时,吸水管采用垂直于地面等高线布置形式,当地面坡降大于 1‰ 时,采用基本平行地面等高线的布置形式;当坡降在 4‰～1‰ 之间时,采用与地面等高线料交的布置形式。

2.2.2.2　涝渍兼治和组合排水

在涝渍兼治和组合排水方面,王少丽(2001)等从涝渍相伴、连续危害的自然特点出发,以水量平衡原理为基础,对涝渍兼治的明暗组合排水条件下的地面、地下排水模数以及明暗组合排水计算方法进行了分析探讨。王振龙(2003)针对安徽淮北平原区,尤其是沿淮及河间低洼平原区涝渍灾害突出的实际问题,利用五道沟水文水资源试验站原状土地中蒸渗仪、五道沟径流—排水试验场和新马桥农水试验站原状土排渍测坑等试验手段,重点对排水工程的水文效应、农田排渍指标、农作物适宜的地下水埋深、各级排水沟的规格及布置方式进行系统试验研究。王友贞(2008)采用原型观测与模拟模型相结合的研究方法,在平原区农田排水大沟设置控制设施的大型观测试区,研究其对地下水的调控效果;利用三维地下水流运动模拟模型,进行了不同控制条件下田间地下水的动态模拟,获得不同控制方案的优化结果。中国农科院农田灌溉研究所等单位在“九五”期间对涝渍兼治连续控制的动态排水指标、涝渍兼治的组合排水工程形式及其设计计算方法等进行了深入研究,提出了以经济效益最大为目标的涝渍兼治综合排水标准的确定方法,涝渍兼治的组合排水设计新方法,以及几种典型的组合排水工程模式。李元征(2011)根据监测原理,将国内外农田渍害遥感监测的主要方法分为地表指示标志法、地下水位反演法和与非遥感方法相结合的综合分析法,总结并指出了两种潜在的遥感监测方法,即土壤湿度指示法和高光谱遥感法。武汉大学通过室内外试验,探讨了明沟和暗管作用情况下,氮肥的运移、转化和流失的规律,为我国研究灌排条件下化肥运移及减少化肥流失奠定了基础。中国水利水电科学研究院在承担的中欧合作项目中,以宁夏惠农灌区为研究对象,基于田间灌溉排水试验结果,采用田间水盐动态及地下水模拟软件 SWAP 和 MODFLOW,对不同地下水调控深度与灌溉制度相结合的多种水管理方案的土壤水盐动态及作物产量进行模拟,分析了土壤水盐动态过程和农田排水系统的作用。

2.2.2.3　农业措施

改良土壤结构。通过合理的耕作栽培措施,改良土壤结构,增强土壤通透性,减弱土壤保水力。例如通过深耕,加深耕作层,打破坚实的犁底层。渍害会使田间温度和湿度加大,作物对病虫害抵抗力减弱,引起病害,应及时防治并适时中耕松土,降渍增温。

　　渍涝农田长期淹水、潜育化严重亏缺,磷素亏缺氮素过剩,应加强平衡施肥;渍涝农田土壤有机质含量呈下降趋势,加强有机物料的施用,可使土壤通透性、宜耕性、保肥供肥性和调节土温等一系列土壤性质得到改善,从而减轻暗渍的危害,秸秆还田、施有机肥和土壤改良剂对提高土壤有机质含量效果显著。

　　选用耐涝渍性强的作物品种进行种植。在选用耐涝渍品种的同时,还应根据当地洪涝可能出现的时期、程度,选用早、中、晚熟品种合理搭配,防止品种单一化,降低由于涝渍造成的损失。水稻对渍涝有一定的适应性,且产量高经济效益好,通过在渍涝农田种植水稻可以达到除害兴利的作用。

第 3 章　涝渍灾害综合控制标准研究

　　根据灾害学原理,灾害的形成是由致灾因子、孕灾环境和成灾体共同决定的。对涝渍灾害而言,降水量的大小、频率、作用时间,地下水补给的持续性等是涝渍灾害的致灾因子,决定了涝渍灾害发生的几率;地形、灌溉排水条件是涝渍灾害孕灾环境,决定了涝渍灾害可控性,是进行灌溉排水控制条件;农作物及其灾区经济资源是涝渍灾害的载体,决定了涝渍灾害的程度。根据降雨、地下水补给条件,可以将涝渍灾害进一步划分为涝灾、先涝后渍或涝渍交替型的灾害、渍灾。涝灾一般是指地面淹水过深或淹没时间过长而影响农作物正常生长的灾害;渍灾是指由于地下水位过高或土壤通气不良而影响农作物正常生长的灾害。由于南方降雨频繁,涝渍灾害通常交替发生,难以分割。农田地下水排水工程的主体在田间,骨干排水网为田间排水提供排泄通道,对于兼顾涝渍排水的系统,田间排水的效果是两套系统共同作用的结果,若将二者人为地割裂开来,尽管按相应的设计标准进行分析计算,其所得的结果必然不符合实际,要么效益估计过高,工程完成后达不到预期目标,要么效益估计过低,无谓地加大工程投资。荷兰学者西本(Sieben,1964)以整个作物生育阶段(或作物主要生育阶段)为统计期,以地下水埋深浅于某一定值(如 30 cm)累计时间来反映农田受渍程度,以连续的地下水动态统计值作为控制指标,据此进行地下水排水工程的设计。这种方法较好地克服了渍害是由于多次连续降雨造成时,不合适运用前述一次降雨地下水降速的设计标准的问题。

　　在我国南方沿江、滨湖、水网地区,地势低洼,地下水位高,在 4 ~ 6 月份(一般称为梅雨季节),农田排水不畅,虽然降雨强度不如雨季高,但降雨次数多,连绵的降雨使得越冬作物(冬小麦)生长环境十分恶劣。例如,湖北省在开春之后,冬小麦几乎不需要灌溉,但产量不高,究其原因就是梅雨季节降雨过于频繁,地下水持续处于高水位状态,使得土壤通气不良,形成渍害农田(见图 3-1)。以一次降雨地下水回落速度作为排水系统的控制指标,不能反映持续高水位状态下作物受渍减产的情况。

　　有别于一次降水的排水过程作为设计指标,西本(Sieben)提出了考虑地下水动态过程的累计超标水位 SEW_x 作为排水控制指标的概念。希勒、张蔚榛等提出,以累计超标水位为基础的抑制日指标(SDI)和累积减产指标(CRI),建立了与作物相对产量的关系,为潜渍型排水地区排水标准的制定提供了新的途径。SEW_x 是以地下水埋深浅于某一定值(如 30 cm)的累计时间,来反映农田受渍程度的。西本研究了大麦和小麦的相对产量与日地下水埋深小于 30 cm 的累计值 SEW_{30} 的关系。1969 年 Sieben 提出了同时考虑持续天数和作物不同生长阶段对渍害敏感程度的抑制天数指标(SDI)的排水标准。近年来,美国的 Skaggs,Evans 对玉米产量与 SDI 的关系进行了研究,取得了一定成果。

　　国内外现有排水标准,多以一次降雨后地下水位的下降过程为依据,以雨后一定天数内地下水位下降至一定深度为指标。我国一般认为小麦、棉花等主要农作物的地下水位下降速度控制指标如表 3-1 所示。但多年的实践表明,雨季常常发生多次连续降雨和持

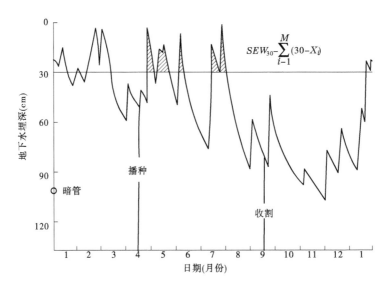

图 3-1　地下水埋深过程线

续高地下水位,以一次降雨的水位控制标准与产量关系确定设计标准能否反映实际情况尚需深入研究。

表 3-1　主要农作物地下水位下降速度控制指标

作物种类	控制的生长阶段	允许排水时间(d)	要求达到的地下水位埋深(m)
棉花	花龄期及以后	3~5	0.9~1.2
小麦	拔节期及以后	3~6	0.8~1.0
水稻	晒田期	3~5	0.4~0.5

在作物生长季节,由于多次降雨产生地下水持续高水位时,作物生长将受到抑制而减产,Sieben 以地下水埋深为 30 cm 作为分界点,统计小于 30 cm 的地下水埋深累积值为排水指标,求得小麦、大麦和豆类等多种作物产量与 SEW_{30} 的关系。SEW_{30}(cm.d)可用下式表示:

$$SEW_{30} = \sum_{j=1}^{N} (30 - D_j) \tag{3-1}$$

式中:D_j 为第 j 天的地下水埋深,cm;N 为作物生长季节(或生长阶段)总天数,d。

在 SEW_{30} 的计算中,仅计入地下水埋深 D_j 小于 30 cm 的天数,埋深 D_j 大于 30 cm 时不予计入。根据荷兰的情况,在 SEW_{30} 不超过 200 cm.d 时,作物不会减产。1978 年,Skaggs 在排水模型 DRAINMOD 中也曾采用 SEW_{30} 作为排水指标,并以玉米生长期内 SEW_{30} 小于 100 cm.d 作为设计标准。

在 SEW_x 中仅考虑了在作物生长期内或一定生长阶段内,各日地下水位埋深小于 x cm (如 30 cm 或 50 cm)的累积值的大小,但作物在不同生长阶段对于地下水位过高所造成的渍害敏感程度是不同的,所以,在同样的 SEW_x 情况下,发生在不同的生长阶段,受渍减产的程度是不同的。为了在排水控制指标中考虑生育阶段的敏感程度,Hiler 提出了抑制天数指标的概念。该指标可用下式表示:

$$SDI = \sum_{i=1}^{N} (CS_i \times SD_i) \tag{3-2}$$

式中:N 为具有明显作物生理特点的生长阶段数;SD_i 为第 i 个生长阶段的抑制天数因子,cm·d;CS_i 为第 i 个生长阶段的作物敏感因子。

在现有的排水模型中,多以 SEW_{30} 作为抑制天数因子 SD_i,仍用式(3-1)式计算,即

$$SD_i = \sum_{j=1}^{m} (30 - D_{ij}) \tag{3-3}$$

式中:D_{ij} 为第 i 个生长阶段中第 j 天的地下水位埋深,cm;m 为第 i 个生长阶段的总天数,d。

作物的敏感因子 CS_i,反映作物对单位抑制天数指标的敏感程度,其值随作物的种类和生长阶段而异。CS_i 用下式计算:

$$CS_i = \frac{Y - Y_i}{Y} \tag{3-4}$$

式中:Y 为作物不受渍害的产量,kg/m²;Y_i 为第 i 阶段作物受渍(水分过多)条件下的产量,kg/hm²。

为了便于在不同试验条件下所得出的敏感因子之间相互比较,可采用概化的敏感因子 NCS_i 以替代式(3-2)中的 CS_i。

$$NCS_i = CS_i / \sum_{i=1}^{N} CS_i \tag{3-5}$$

张蔚榛,Nukhtar 等根据试验得出的 CS_i、NCS_i 如表 3-2、表 3-3 所示,从中可以看出:对玉米而言,早期受渍的敏感因子较大,后期较小;小麦则相反,早期对受渍的敏感因子较小,后期较大。

根据作物各生长阶段抑制天数因子 SD_i 和敏感因子 CS_i(或 NCS_i),即可计算相应的抑制天数因子 SD_i。再根据实测的相对产量 R_y,即可建立 R_y 与 SD_i 关系的表达式。例如 Evans 等根据在美国卡罗里纳州、俄亥俄州和印度等地的玉米相对产量 R_y 与抑制天数因子 SD_i 的试验资料,通过线性回归,求得以下关系式:

$$R_y = 1 - 0.0071 SD_i \tag{3-6}$$

式中:R_y 和 SD_i 为玉米受渍后的相对产量和抑制天数指标。

Hiler 提出以超过某一埋深的地下水位的持续时间的累积值作为作物受渍指标,并建立其与作物产量的关系,以此作为选定排水标准的依据。所提出的作物产量模型的具体形式为:

$$R_y = 1 - \alpha SD_i \tag{3-7}$$

式中:R_y 为相对产量,为作物受渍(水分过多)条件下的产量与作物正常产量的比值;α 为经验系数;SDI 为抑制天数指标。

表 3-2　上海青浦试验站小麦受渍敏感因子 CS_i 及概化的敏感因子(张蔚榛,1997)

生育阶段	受渍天数(d)	CS_i	NCS_i
分蘖	7	0.25	0.204
拔节—孕惠	7	0.36	0.294
抽惠—灌浆	7	0.35	0.285
乳熟	7	0.366	0.298

表 3-3　美国爱荷华州玉米敏感因子 CS_i、NCS_i（Nukhtar 等 1990）

生长阶段	自播种起算的受渍起止时间(d)	CS_i	NCS_i
发育初期	36 ~ 46	0.64	0.45
发育后期	56 ~ 66	0.44	0.31
开 花 期	76 ~ 86	0.15	0.11
结果期	100 ~ 110	0.19	0.14

3.1　渍害对小麦的影响

在安徽省蚌埠市安徽省水利科学研究院新马桥农田灌排试验站进行的小麦受渍试验。试验时间为 1997 ~ 1999 年。试验在 16 个面积为 2 m² 的原状土柱测坑中进行。土柱高 2 m，为当地砂姜黑土，底部另设 0.3 m 厚的反滤层，在地下室内，对每个测坑均设置有地下水位控制装置和供水管道系统。地下水位控制装置采用马氏瓶供平水装置控制地下水位，所有测坑中都埋设地下水位测井以观测实际的地下水位。根据试验所在地的气象条件，在小麦生长期的 4 ~ 5 月份易出现多雨天气。因此，小麦的受试期选在拔节—乳熟阶段。1997 ~ 1998 年冬小麦的受渍试验处理见表 3-4。各生育阶段地下水正常埋深见表 3-5。

表 3-4　1997 ~ 1998 年冬小麦受渍试验处理表

试验类别	处理	受渍阶段	地下水位控制
受渍敏感因子试验	1	拔节—孕穗	受试生育阶段中期，地下水位控制在 0 ~ 5 cm连续 8 d，其他时间不受渍
	2	抽穗—灌浆	
	3	灌浆—乳熟	
	4	不受渍	
连续动态指标试验	5	拔节—孕穗；抽穗—灌浆；灌浆—乳熟	地下水位升至地面后，每天降 H/2，2 d 降至正常埋深（H）
	6	拔节—孕穗；抽穗—灌浆；灌浆—乳熟	地下水位升至地面后，每天降 H/4，4 d 降至正常埋深（H）
	7	拔节—孕穗；抽穗—灌浆；灌浆—乳熟	地下水位升至地面后，每天降 H/6，6 d 降至正常埋深（H）
	8	拔节—孕穗；抽穗—灌浆；灌浆—乳熟	地下水位升至地面后，每天降 H/8，8 d 降至正常埋深（H）

表 3-5　地下水正常埋深控制表

生育阶段	分蘖	拔节—孕穗	抽穗—灌浆	灌浆—乳熟
地下水埋深 H(m)	0.4	0.6	0.8	1

其中受渍敏感因子试验是为了测试受试阶段作物产量对受渍的敏感性。因此，每种处理只在一个生育阶段受渍。连续动态指标试验是测试不同受渍程度对作物产量的影响，每个生育阶段模拟一次降雨后不同排水条件地下水位降落过程，每种处理连续进行三

个生育阶段试验。试验时通过地下水位控制装置严格按试验设计执行,并根据埋设在测坑中的地下水位观测井观测实际的地下水位埋深。根据试验观测资料统计分析不同处理的 SEW_x 值(SEW_{15}、SEW_{20} 和 SEW_{30}),其中 SEW_x 参考式(3-1)计算。

从 1997~1998 年冬小麦受渍试验结果来看,由于受试期间很难遇上相似的气象条件,基本上没有做到使受渍时段正好遇上天然降雨,每种处理的作物减产幅度并不大。为了使试验中能有减产幅度较大的不利的渍害条件出现,在 1998~1999 年度的冬小麦试验中,对试验处理进行了修正。同时,结合当地生产实践经验,对地下水正常埋深也作了少量调整,加大了分蘖期地下水埋深,见表 3-6、表 3-7。

表 3-6　1998~1999 年冬小麦受渍试验处理

试验类别	处理	受渍阶段	地下水位控制
受渍敏感因子试验	1	拔节—孕穗	受试生育阶段中期,地下水位控制在 0~5 cm 连续 8 d,其他时间不受渍
	2	抽穗—灌浆	
	3	灌浆—乳熟	
	4	不受渍	
连续动态指标试验	5	拔节—孕穗;抽穗—灌浆;灌浆—乳熟	地下水位升至地面后,每天降 $H/2$,2 d 降至正常埋深(H)
	6	拔节—孕穗;抽穗—灌浆;灌浆—乳熟	地下水位升至地面后,每天降 $H/5$,5 d 降至正常埋深(H)
	7	拔节—孕穗;抽穗—灌浆;灌浆—乳熟	地下水位升至地面后,每天降 $H/8$,8 d 降至正常埋深(H)
	8	拔节—孕穗;抽穗—灌浆;灌浆—乳熟	地下水位升至地面后,每天降 $H/12$,12 d 降至正常埋深(H)

表 3-7　地下水正常埋深控制表

生育阶段	分蘖	拔节—孕穗	抽穗—灌浆	灌浆—乳熟
地下水埋深 H(m)	0.8	0.8	0.8	1

作物相对产量、累计超标准地下水位 SEW_x($x = 15$ cm、20 cm、30 cm)等观测结果列入表 3-8。其中第 i 生育阶段的 SEW_x 系根据观测的地下水波动过程按式(3-8)计算得出:

$$SEW_x = \sum_{j=1}^{m} (x - D_i) \tag{3-8}$$

式中:D_j 为第 j 天地下水埋深,cm,仅取地下水深小于 x cm 的值;m 为第 i 阶段生长总天数,d。

表 3-8 列出了两季小麦试验各处理的 SEW_x(x 分别为 15 cm、20 cm、30 cm)和相对产量试验成果。其中 SEW_x 系根据实测的地下水位观测资料计算的。相对产量由各受渍测坑的实测产量与不受渍的实测产量之比求得的。

表3-8 1997~1998年,1998-1999年小麦受渍试验综合分析结果

年份	试验类别	处理	重复	拔节—孕穗 SEW_{15}	拔节—孕穗 SEW_{20}	拔节—孕穗 SEW_{30}	抽穗—灌浆 SEW_{15}	抽穗—灌浆 SEW_{20}	抽穗—灌浆 SEW_{30}	灌浆—乳熟 SEW_{15}	灌浆—乳熟 SEW_{20}	灌浆—乳熟 SEW_{30}	SDI SEW_{15}	SDI SEW_{20}	SDI SEW_{30}	相对产量
1997~1998	受渍敏感因子试验	1	1	101.51	147.69	243.19	0	0	0				14.252	20.736	34.144	0.860
		2	1				106.3	152.1	247.9				8.533	12.209	19.899	0.920
		3	1							140.8	186.2	281	16.417	21.711	32.765	0.883
		4	1										0.000	0.000	0.000	1.000
	连续动态指标试验	5	1	8.13	13.33	29.23	15	22.8	44	13.9	19.2	36.1	3.966	5.940	11.845	0.937
		5	2	5.56	10.18	26.64	13.6	21.7	41.5	13.3	18.8	34.7	3.423	5.363	11.117	0.952
		6	1	11.39	19.67	46.4	22.1	32.5	58.1	15.9	24.1	47.3	5.227	8.181	16.693	0.922
		6	2	6.16	15.12	39.51	16.6	26.9	55.4	16.1	25	49.4	4.075	7.197	15.754	0.985
		7	1	19.86	31.69	63.95	26.8	41.2	80.4	26.7	40.3	69.7	8.053	12.455	23.559	0.860
		7	2	21.11	36.25	74.69	24	38.2	74.1	24.1	38.4	72.2	7.700	12.633	24.853	0.865
		8	1	26.99	42.99	86.71	30.36	48.1	101.5	28.3	42.9	84	9.526	14.899	30.116	0.884
1998~1999	受渍敏感因子试验	1	1	154.55	209.84	321.66							13.137	17.836	27.341	0.904
		1	2	184.09	250.34	385.17							15.648	21.279	32.739	0.831
		2	1				188.97	256.55	394.35				21.354	28.990	44.562	0.806
		2	2				171.33	238.47	377.98				19.360	26.947	42.712	0.876
		3	1							168.01	229.99	355.52	10.921	14.949	23.109	0.824
		3	2							164.92	226.77	353.62	10.720	14.740	22.985	0.948
		4	1										0.000	0.000	0.000	1.000
		4	2										0.000	0.000	0.000	1.000
	连续动态指标试验	1	1	12.9	20.76	41.64	10.39	16.07	31.21	5.14	7.54	16.67	2.605	4.071	8.150	0.905
		1	2	11.98	21.6	43.92	5.4	11.73	29.2	5.34	8.33	18.76	1.976	3.703	8.252	0.888
		2	1	17.03	30.98	65.45	14.46	22.57	54.21	11.35	17.92	35.61	3.819	6.349	14.004	1.000
		2	2	12.26	24.46	58.7	12.37	22.71	52.29	10.83	17.64	37.21	3.144	5.792	13.317	0.910
		3	1	22.49	36.46	75.56	18.71	30.54	65.4	7.79	14.18	34.51	4.532	7.472	16.056	0.946
		3	2	29.41	44.74	84.2	25.23	38.7	75.57	14.99	23.23	47.62	6.325	9.686	18.792	0.870
		4	1	35.41	58.97	122.81	25.55	45.33	98.44	18.57	30.59	67.63	7.104	12.123	25.959	0.946
		4	2	32.44	54.9	118.82	27.34	47.77	104.74	14.98	27.48	69.18	6.821	11.851	26.432	0.839

根据受渍敏感因子试验,可按式(3-4)求出小麦不同生育阶段受渍的敏感因子(CS),同时按式(3-5)求出小麦概化的敏感因子(NCS),所求得的结果列入表3-9。

表 3-9　安徽蚌埠试验站小麦敏感因子(CS)及概化敏感因子(NCS)值

试验年度	生育阶段	拔节—孕穗	抽穗—灌浆	灌浆—乳熟
1997~1998	敏感因子(CS)	0.140	0.080	0.117
	概化敏感因子(NCS)	0.416	0.238	0.346
1998~1999	敏感因子(CS)	0.085	0.113	0.065
	概化敏感因子(NCS)	0.323	0.429	0.247

从表3-9可知,小麦受渍敏感因子(CS)及概化敏感因子(NCS)各生育阶段并不相同,不同年份也不相同。因此,在具体应用时应具体分析试验地点和条件,只有地点条件相同或相近的地区才可引用。

根据表3-9的敏感因子(CS)及表3-8的SEW_x(以SEW_x作为抑制天数因子SD)可参照式(3-2)计算出各处理的SDI(见表3-10)。

由表3-8相对产量资料(R_y)和抑制天数指标SDI,按 Hiler(1969)提出的模型式(3-7)进行统计,按下式

$$R_y = 1 - \alpha SDI \tag{3-9}$$

式中:α 为经验系数。其余符号意义同式(3-6)。

可求得各年份的小麦相对产量 R_y 与 SDI 的关系(见图3-2、图3-3及表3-10),由图3-2、图3-3及表3-10可知:①对于同一年份,采用不同的 x 求得的 SEW_x,求得相应的 SDI_x 与相对产量(R_y)的关系各不相同,其中以 SEW_{30} 所求出的 SDI_{30} 与相对产量的关系相关性最好。②尽管每年的受渍敏感因子 CS 各不相同,但当 x 相同时,2年中,模型(3-9)中的 α 基本上都相同。

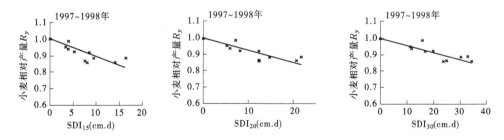

图 3-2　1997~1998 年小麦相对产量(R_y)与抑制天数指标(SDI_x)的关系

由于对于相同的 x,α 值年际变化不大,可以将2年的资料进行综合分析,求出2年的 α 的综合值(见图3-4及表3-10)。

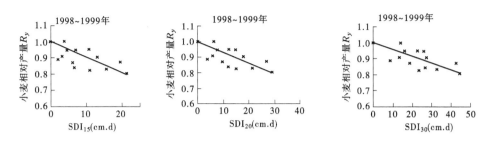

图3-3　1998～1999年小麦相对产量(R_y)与抑制天数指标(SDI_x)的关系

表3-10　相对产量R_y与SDI_x的关系曲线[式(3-9)]的统计参数

试验年度	相对产量 R_y 与 $SDIx$ 的关系曲线[式(3-9)]的统计参数								
	SDI_{15}			SDI_{20}			SDI_{30}		
	曲线斜率 α	相关系数 r	显著水平	曲线斜率 α	相关系数 r	显著水平	曲线斜率 α	相关系数 r	显著水平
1997～1998	0.010 5	0.732 5	0.05	0.007 3	0.811 7	0.01	0.004 2	0.870 0	0.01
1998～1999	0.009 6	0.581 2	0.05	0.006 9	0.644 5	0.01	0.004 2	0.696 8	0.01
1997～1998 1998～1999	0.009 6	0.581 3	0.01	0.007 1	0.697 5	0.01	0.004 2	0.752 5	0.01

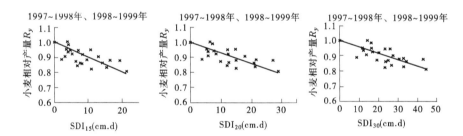

图3-4　1997～1998年、1998～1999年小麦相对产量(R_y)与抑制天数指标(SDI_x)的关系

3.2　渍害影响下的作物产量模型研究

Hiler模型是目前应用较多的模型,并经一些地区的试验资料证明具有较高的精度,但也存在一些问题,主要有:①第i阶段受渍敏感因子是根据第i阶段单独渍害影响下的产量求得的,因而与该阶段的受渍程度有关,并没有完全反映作物对受渍的敏感性;②由于第i生育阶段受渍敏感因子是根据第i生育阶段单独渍害影响下产量求得的,因而第i生育阶段敏感因子没有反映多阶段受渍对本阶段敏感性的交互影响,例如前一阶段受渍后本阶段再受渍,与本阶段单独受渍,作物的反映并不相同。根据第i生育阶段单独渍害影响下的产量求得的受渍敏感因子并不能反映这些因素。③在从地面到x深度范围内,不管地下水位的变化过程如何,只要SEW_x相同,对作物产量的影响是一样的。N Ahmad

根据试验资料分析表明,尽管 SEW_x 相同,但地下水位变化过程不同对作物最终产量的影响大不一样,因此,对 x 再进一步细分,并求出作物从地面到 x 深度范围内对每一个亚层的敏感性,在一定程度上解决了 Hiler 模型的这一问题,但使确定模型参数的试验以及模型的应用变得更为复杂。因此,有必要研究出一种形式简单、应用方便、比较容易确定模型各项参数且精度较高的作物产量模型。因此,可以借用投入产出模型的形式,并对模型中投入要素进行必要的改造,以建立新的渍害影响下作物产量模型。

3.2.1 作物产量模型的建立

目前的作物产量模型主要有:Jensen 模型、Blank 模型、Stewart 模型、Singh 模型、Morgan 模型、Doorenbos 模型,这些模型的参数变异性、不同作物的参数影响因素及规律性等都得到充分的研究。在此方面,一些以水分消耗为控制指标的作物产量模型具有较好的优越性,但这些作物产量模型大多是一种投入产出模型,描述作物产量与投入水量之间的关系。王修贵等借鉴该类模型的形式,并对模型中的参数进行了修改,建立了新的渍害影响下的作物产量模型数。本书主要选择 Jensen 模型、Blank 模型、Stewart 模型和 Singh 四种模型对作物各生育阶段的涝渍敏感性进行分析。

作物生长是在多种要素下综合作用的结果,任何一种要素投入过多或过少都会对作物的正常生长造成危害。水分过多,会减少土壤中空气体积,从而使土壤中氧含量减少,由于植物的呼吸和微生物对有机质的分解过程,是 O_2 的消耗和 CO_2 的产生与积累过程,土壤与大气之间的气体交换主要有两个途径:一是空气对流引起的交换,二是扩散引起的交换。在土壤饱和的情况下,气体的对流被完全阻隔,J V Schlifgaurde 等的研究表明,O_2 在水中的扩散速率是空气中的 1/10 000,因此,除水稻等水生植物其根部的 O_2 来自于具有较大细胞空隙组成的空气柱输送外,许多作物在受渍的条件下会因根部缺 O_2 使正常生长受阻;在受渍的情况下,由于土壤通气不良,微生物分解养分的活动减弱,从而减少了 NH_4^+ 和 NO_3^- 的供给速率。如果把土壤的通气性作为作物生长必不可少的投入要素,则土壤水分过多的结果是减少了这一要素的投入量。

模型中把土壤中的空气作为作物生长必不可少的投入要素,设第 i 阶段的总天数为 A_i,作物生长所需的土壤环境因子的有效范围 x_i(x_i 指从地面算起的深度),得到了以下的转换的受渍(水分过多)条件下的作物产量模型:

Jensen 模型:

$$\frac{y}{y_m} = \prod_{i=1}^{n} \left(\frac{Ax_i - SEW_{xi}}{Ax_i} \right)^{\lambda_i} \tag{3-10}$$

Blank 模型:

$$\frac{y}{y_m} = \prod_{i=1}^{n} a_i \left(\frac{Ax_i - SEW_{xi}}{Ax_i} \right) \tag{3-11}$$

Stewart 模型:

$$\frac{y}{y_m} = 1 - \sum b_i \left(\frac{SEW_{xi}}{Ax_i} \right) \tag{3-12}$$

Singh 模型:

$$\frac{y}{y_m} = \sum c_i \left[1 - \left(\frac{SEW_{xi}}{Ax_i} \right)^2 \right] \tag{3-13}$$

式(3-10)~式(3-13)中:λ_i、a_i、b_i、c_i为第 i 阶段作物对受渍的敏感系数,需要根据试验确定。

3.2.2　作物产量模型参数的确定

式(3-10)~式(3-13)中各项输入资料分别为:R_y(y/y_m),SEW_x(x 分别取 15 cm、20 cm、30 cm)。A_i 根据试验观测资料分别取:拔节—孕穗期23 d,抽穗—灌水期21 d,灌浆—乳熟期17 d。对两年的资料单独分析及综合分析,求出其敏感系数(λ_i、a_i、b_i、c_i)见表3-11。从表3-11 中可以看出:①4 个改进的模型[式(3-10)~式(3-13)]中,以 SEW_{30} 与小麦相对产量的相关性较好,因此,以 SEW_{30} 作为受渍天数抑制因子是适宜的。②4 个模型的相互比较表明,Jensen 模型、Blank 模型、Stewart 模型的相关系数较高,当采用 SEW_{30} 作为自变量时,各相对产量与 SEW_{30} 模型的统计模型,其相关系数大多在 0.6 以上,具有较高的精度。而 Singh 模型的精度相对较低。③模型中的敏感系数(λ_i、a_i、b_i、c_i)反映了该阶段小麦对受渍的敏感性。从表3-11 可知,不同的资料系列(试验年份),所得出的敏感系数值各不相同,表明敏感系数的大小取决于具体的试验条件。但对于 Jensen 模型、Blank模型、Stewart 模型 3 个模型而言,各试验年份的敏感系数的大小却有着共同的规律:即各生育阶段其数值大小有着共同排列顺序,从大到小的排列顺序为:拔节—孕穗期,抽穗—灌浆期,灌浆—乳熟期。

表 3-11　改进模型统计参数式(3-10)~式(3-13)

资料系列（年）	模型	敏感系数(λ_i、a_i、b_i、c_i)			相关系数
		拔节—孕穗	抽穗—灌浆	灌浆—乳熟	
SEW_{15}					
1997~1998	Jensen	0.703 7	0.303 5	0.185 5	0.688 9
	Blank	0.572 9	0.212 5	0.187 5	0.784 6
	Stewart	0.740 4	0.332 6	0.252 8	0.784 6
	Singh	0.811 0	− 0.016 5	0.129 2	0.464 8
1998~1999	Jensen	0.356 0	0.224 9	0.125 8	0.441 9
	Blank	0.464 3	0.323 5	0.202 4	0.536 0
	Stewart	0.410 0	0.307 0	0.189 9	0.540 9
	Singh	0.517 1	0.299 7	0.118 3	0.605 0
1997~1998 1998~1999	Jensen	0.409 4	0.238 0	0.142 6	0.386 5
	Blank	0.477 8	0.306 3	0.200 1	0.606 8
	Stewart	0.465 1	0.316 8	0.211 9	0.551 8
	Singh	0.554 8	0.259 0	0.122 6	0.583 2

续表 3-11

资料系列（年）	模型	敏感系数（λ_i、a_i、b_i、c_i）			相关系数
		拔节—孕穗	抽穗—灌浆	灌浆—乳熟	
SEW_{20}					
1997～1998	Jensen	0.649 4	0.265 7	0.186 1	0.755 7
	Blank	0.557 6	0.219 1	0.205 4	0.842 3
	Stewart	0.658 9	0.290 5	0.248 0	0.834 3
	Singh	0.773 0	0.014 8	0.140 4	0.493 7
1998～1999	Jensen	0.348 0	0.214 7	0.119 1	0.530 6
	Blank	0.468 8	0.324 2	0.206 1	0.568 4
	Stewart	0.395 9	0.294 9	0.182 2	0.614 1
	Singh	0.528 4	0.291 1	0.117 6	0.608 3
1997～1998 1998～1999	Jensen	0.397 7	0.225 2	0.136 2	0.506 5
	Blank	0.480 0	0.306 2	0.206 8	0.638 8
	Stewart	0.444 9	0.299 5	0.203 6	0.635 7
	Singh	0.544 1	0.268 3	0.120 3	0.561 3
SEW_{30}					
1997～1998	Jensen	0.552 0	0.213 4	0.174 8	0.836 1
	Blank	0.550 4	0.224 9	0.223 6	0.876 0
	Stewart	0.557 2	0.228 8	0.226 1	0.876 1
	Singh	0.719 0	0.056 4	0.153 4	0.539 7
1998～1999	Jensen	0.328 2	0.197 6	0.110 2	0.632 4
	Blank	0.475 1	0.325 6	0.215 9	0.587 2
	Stewart	0.359 6	0.269 3	0.168 5	0.676 6
	Singh	0.540 9	0.281 4	0.118 9	0.621 7
1997～1998 1998～1999	Jensen	0.371 1	0.204 1	0.125 5	0.633 8
	Blank	0.485 4	0.306 6	0.218 1	0.662 3
	Stewart	0.400 0	0.266 3	0.186 2	0.707 2
	Singh	0.554 8	0.259 0	0.122 6	0.583 2

3.2.3　作物产量模型中地下水位的取值

地下水位（x）的取值应与作物的根系发育状况和土质有关，不同的作物以及同样作物的不同生育阶段其根系扩展深度不同，耐渍能力不同；不同的土质，其孔隙率、毛管水上升高度不同,因而在相同的地下水埋深下渍害程度也应不同;Wiliamson 等收集了一些不变地下水位与作物产量关系的结果表明,相同的地下水位发生在不同的土质中,细质土壤中的作物减产量高于粗质土壤。例如,当地下水位保持在 30 cm 时,生长在壤质细砂土中的玉米不减产,而生长在砂质壤土中的玉米减产 59%;但不同的作物在相同的地下水位及相同的土质中,减产程度不同,例如,同一研究人员采用同样的灌水方法,在同样的土质(黏土)中,当地下水位维持在 40～50 cm 时,小麦减产 42%,而马铃薯减产 10%。虽然这些试验中的地下水位并非作物产量模型中的 x 的取值,但二者对作物产量的影响机理是相似的。因此,x 的取值应根据土壤、作物品种而定。为了使试验易于操作、以及作物产量模型便于应用,在满足一定精度要求的条件下,不同的研究人员在应用模型时以及在确定地下水排水标准时大多采用 $x = 30$ cm。通过取 $x = 15$ cm、20 cm 和 30 cm 对比分析表明,无论是 Hiler 模型还是改进的 4 个模型,当 $x = 30$ cm 时,相关系数值较大,精度较高。

3.3　Hiler 模型和改进模型的比较

(1)根据试验数据分析表明,Hiler 模型和本文建立的 4 个模型中的 3 个模型(Jensen 模型、Blank 模型、Stewart 模型)都具有较好的精度。其中 Jensen 模型、Blank 模型、Stewart 模型是渍害影响下作物产量模型的新形式,由于其形式简单、确定其参数的试验容易实施,因而扩大了渍害影响下作物产量模型的种类和在实际应用时的选择空间。

(2)所建立的渍害影响下作物产量模型新模型式(3-10)～式(3-13),其受渍敏感性参数(λ_i、a_i、b_i、c_i)是根据所有试验处理的数据经统计确定的,综合反映了作物对不同受渍条件(受渍程度及受渍时间)的敏感性,克服了 Hiler 模型中仅根据单阶段受渍的产量确定受渍敏感因子(CS_i)从而具有较大随机性的弱点。试验结果表明,3 个模型(Jensen 模型、Blank 模型、Stewart 模型)不同年份的受渍敏感性参数,虽然年际之间的具体数值不同,但各年中不同生育阶段其大小排序却有共同的规律,即:拔节孕穗期＞抽穗灌浆期＞灌浆乳熟期。它反映了小麦不同生育阶段对受渍敏感程度的差异。

(3)作物产量模型未能解决 Hiler 模型中没有考虑相同的 SEW_x 值而地下水位变化过程不同对作物产量影响不同的弱点。此外,已有的研究成果表明,灌溉条件下作物产量模型的敏感性参数(λ_i、a_i、b_i、c_i)具有时域和地域的变异性。由于排水条件下作物产量模型的研究在我国刚刚起步,积累的资料有限,因此,其变异性如何,还有待于多地区和多年试验资料的进一步证实。这里提出的农田水分过多条件下的作物产量模型形式可以用于模拟作物渍害影响下的产量与排水指标的关系。

3.4　涝渍条件下棉花生长特性分析

要确立涝渍排水综合设计标准,首先需要确定涝渍排水的控制指标,然后针对控制指标所确定的控制参数,进行农田水分过多(涝和渍)条件下作物产量模型试验,求得不同涝渍灾害程度与作物减产率的关系,以此作为不同设计方案技术经济分析的依据,在有足够的工程实践与运行效果观测的地区,也可制定出符合该地区经济发展要求的设计标准。

3.4.1　试验方法

为了研究棉花产量与涝渍程度的关系,自 1997 年开始,连续在安徽省水利科学研究院新马桥农田水利试验站进行了 3 年的棉花涝渍综合试验。1997 年的试验设计共安排了 12 种处理,受试生育阶段选定在花铃期,受淹次数一次,淹水深度 5 cm,地下水位控制埋深为 0.8 m。受淹历时有 3 种,即不淹、淹 24 h、淹 48 h;受渍状况以地下水降落速度为控制指标,过程分 2 个阶段,第一阶段为地表水排除后第 3 天的期间,第二阶段为达到控制埋深的时间。受渍处理有 4 种:第 1 种,第 3 天地下水降深(H)为 0.2 m(自地表算起),第 3 天以后每天按 0.1 m 控降地下水位,直至达到正常控制埋深(试验取 0.8 m)为止;第 2 种,第 3 天末埋深为 0.4 m,3 d 后情况同上;第 3 种,第 3 天末埋深为 0.6 m,3 d 后情况同上;第 4 种,第 3 天末埋深为 0.8 m。前 3 天的地下水位下降过程按第 1 天末0.5H、第 2 天末 0.8H,第 3 天末为 H 进行控制。试验组合和相应的试验测坑编号如表 3-12 所示。

表 3-12　1997 年棉花涝渍综合试验设计表

处理编号	受淹延续时间(h)	地下水位降深 H(cm)	测坑编号
I	0	0.2	1
II	24	0.2	2, 13
III	48	0.2	3
IV	0	0.4	4
V	24	0.4	5, 14
VI	48	0.4	6
VII	0	0.6	7
VIII	24	0.6	8, 15
IX	48	0.6	9
X	0	0.8	10
XI	24	0.8	11, 16
XII	48	0.8	12

根据试验结果的分析,发现各种处理间没拉开距离,反映在涝渍双重灾害的处理 III(淹 2 d 后再受渍—前 3 d 仍维持高地下水位),减产率也只有 13%。为此,在 1998 年的试验中,增加长历时受淹的试验,变为 0、1、3、5 d 四种,淹后地下水位降速也改成均匀下降,共有每天降落 $H/3$、$H/6$、$H/9$、$H/12$ 四种(H 为正常生育期的控制地下水埋深,试验中为0.8 m),四种淹水历时 4 种受渍情况连同对照共有 17 个组合,考虑到有几种处理需要重复,而只有 16 个试验测坑可供利用,故在 1998 年实际安排了 13 个组合,详见表 3-13。1998 年测得结果,各试验处理之间的差距拉大了,为了便于对照,1999 年取消了重复和对照,全部测坑安排了不同的涝渍组合,详见表 3-14。

1998、1999 两年的受试生育阶段仍为花铃期,受淹次数为 1 次(天然降雨时,测坑用防雨棚遮盖),淹水深度仍为 5 cm。

表 3-13　1998 年涝渍综合试验设计表

处理	受淹延续时间(h)	每天地下水降深($^*H$)	测坑编号
1	0	1/3	9, 14
2	24	1/3	4
3	72	1/3	11
4	120	1/3	3
5	0	1/6	6
6	24	1/6	5, 8
7	72	1/6	10, 13
8	120	1/6	12
9	0	1/9	2
10	24	1/9	1
11	72	1/9	16
12	0	1/12	7
13	120	1/12	15

表 3-14　1999 年涝渍综合试验设计表

处理	受淹延续时间(h)	每天地下水降深(H^*)	测坑编号
1	0	1/3	5
2	24	1/3	4
3	72	1/3	11
4	120	1/3	15
5	0	1/6	6
6	24	1/6	7
7	72	1/6	16
8	120	1/6	12
9	0	1/9	2
10	24	1/9	13
11	72	1/9	10
12	120	1/9	8
13	0	1/12	9
14	24	1/12	14
15	72	1/12	1
16	120	1/12	5

3.4.2　涝渍排水控制指标

对 1997 年试验成果分析初步表明,作物单纯受淹或单纯受渍与涝渍相随时产量的影响有一定的差异,并据此建立了作物减产(用相对产量表示)与涝渍综合指标的关系模型,以下针对 1998 年、1999 年两年的试验结果进行分析。

表 3-15 分别为 1998、1999 年各试验处理实测相对产量值,其中空缺数值的部分为该年度没有安排该试验处理内容或该试验测坑受其他因素干扰,致使测产结果极不合理,予以舍弃的情况。

表 3-15　各试验处理相对产量结果

试验处理			相对产量(%)	
淹水历时(d)	地下水位降速 (m/d)	淹后第 3 天末地下 水埋深(m)	1998 年	1999 年
0	$H/3$	0.8	100	100
1	$H/3$	0.8	98	99
3	$H/3$	0.8	85	87
5	$H/3$	0.8		79
0	$H/6$	0.4	96	75
1	$H/6$	0.4	95	68
3	$H/6$	0.4		82
5	$H/6$	0.4	71	
0	$H/9$	0.27	93	94
1	$H/9$	0.27	88	83
3	$H/9$	0.27	74	78
5	$H/9$	0.27		
0	$H/12$	0.21	78	72
1	$H/12$	0.21		71
3	$H/12$	0.21		67
5	$H/12$	0.21	64	

根据表 3-15 中数据,分别绘制相对产量—淹水历时—受渍程度关系曲线(以地面水排干后第 3 天末地下水埋深为标尺),图 3-5(a)是相对产量与受淹历时关系曲线族;图 3-5(b)为相对产量与受渍程度关系曲线族。

分析 1998 年、1999 年两年的试验成果(1997 年试验也有类似情况),可得到如下的结论:①对棉花而言,作物淹后受渍与否,对减产程度有不可的忽略影响。单纯受渍时,受渍程度从 $H/3$ 到 $H/12$(地下水日下降速度,H 为计划控制埋深,下同),减产率为 25% 左右;若单纯受淹而淹后不受渍,淹水天数 0 ~ 5 d,减产率为 20% 左右;最严重的涝渍情况(本试验为淹 5 d,淹后地下水降速为 $H/12$)则减产率为 36%。②在受渍程度较轻时(即相当于地下水排水条件较好的情况),淹水天数对作物减产起了决定的作用。受淹 1 d 以内,对产量的影响并不显著,淹水超过 1 d,产量损失程度大大增加,详见图 3-5(a)的曲线 1 和曲线 2,减产率分别从 0 增至 20% 和从 4% 增至 26%,增幅达 20%。③若农田地下排水条件不好,作物淹后受渍严重,减产是涝、渍共同作用的结果,以最不利的情况进行分析,总损失中,受渍损失占 67%,受淹损失占 33%。

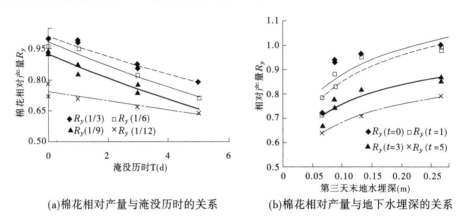

(a)棉花相对产量与淹没历时的关系 (b)棉花相对产量与地下水埋深的关系

图 3-5 棉花相对产量 – 淹水历时 – 受渍程度关系曲线

3.4.3 棉花相对产量与淹水历时及受渍程度相关方程的建立

以不同的受渍程度 d 为定值,($H/3$ 时,$d = 0.27$ cm,$H/6$ 时,$d = 0.13$ cm 等类推,见表 3-15 第 3 列),建立相对产量(R_y)与淹水历时(T)的关系曲线为(见图 3-5(a)):

$$R_y = 1.013e^{-0.0508T} \quad d = 0.27 \quad R = 0.98 \tag{3-14}$$

$$R_y = 0.984e^{-0.0634T} \quad d = 0.13 \quad R = 0.987 \tag{3-15}$$

$$R_y = 0.927e^{-0.0677T} \quad d = 0.09 \quad R = 0.09 \tag{3-16}$$

$$R_y = 0.74e^{-0.0317T} \quad d = 0.07 \quad R = 0.91 \tag{3-17}$$

以受淹历时 T 为定值,建立相对产量 R_y 与受渍程度 d 的关系曲线为(见图 3-5(b)):

$$R_y = 0.149\ln d + 1.222 \quad T = 0 \quad R = 0.81 \tag{3-18}$$

$$R_y = 0.161\ln d + 1.218 \quad T = 1 \quad R = 0.89 \tag{3-19}$$

$$R_y = 0.116\ln d + 1.024 \quad T = 3 \quad R = 0.92 \tag{3-20}$$

$$R_y = 0.108\ln d + 0.931 \quad T = 5 \quad R = 0.99 \tag{3-21}$$

根据试验资料,建立同时考虑涝渍影响与相对产量的关系式为:

$$R_y = (1.243 + 0.157\ln d) - (0.065 + 0.011\ln d)T, \quad R = 0.92 \tag{3-22}$$

3.5　涝渍综合控制指标

3.5.1　累计综合涝渍水深($SFEW$)

前面虽然建立了作物相对产量与淹水历时和受渍程度的经验方程,但以地表水排除后第3天的地下水埋深并不能完全代表作物的受渍程度。借鉴西本(Sieben W H)提出的超标准地下水位累积值(SEW_x)作为受渍程度,并将某一设计降雨期内造成的地面积水深累计值(SFW)代表受淹程度,二者相加,得涝渍组合超标准累计水深($SFEW$),作为涝渍综合指标,应用实测数据,建立不同涝渍程度与作物相对产量的关系,见图3-6。

$$SFW = \sum_{t=1}^{n} h_t \tag{3-23}$$

$$SFW_x = \sum_{t=1}^{m} (x - d_t) \tag{3-24}$$

式中:SFW 为地面积水深累计值,cm.d;h_t 为第 t 天田面淹水深度,cm;n 为淹水天数;SEW_x 为超标(设定的地下水埋深 x)地下水埋深累计值,cm.d;d_x 为地面水排除后第 t 天地下水埋深,cm;x 为某一设定的地下水埋深,cm;m 为地下水回降至控制埋深的天数,d。

当 $d_t \geqslant x$ 时,SEW_x 取零值。

$$SFEW = SFW + SEW \tag{3-25}$$

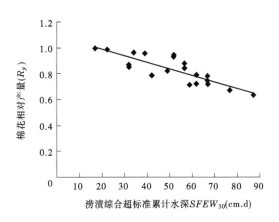

图 3-6　棉花相对产量与涝渍综合超标准累计水深关系

根据1998年、1999年两年实测资料,取 $x = 30$ cm,点绘棉花相对产量(R_y)与 $SFEW$ 关系,如图3-6所示,按线性回归,得拟合方程为:

$$R_y = 1.091 - 0.0051SFEW, \quad R = 0.86 \tag{3-26}$$

3.5.2　等效涝渍历时($SFWD$)

上述以累计受淹水深和累计超标地下水埋深作为综合涝渍指标,形式简单,便于实际应用,但由于受淹与受渍对作物生长及产量的影响并不完全相同,因此,将两者进行简单的线性相加就不能反映这种差异;况且相同的地面积水累计值可以有不同的淹水深度和淹水历时组合;再者,对于棉花中后期株高平均达 80 cm 以上,在一定的淹水范围内,淹水深度的差异造成的产量差异不会有显著的区别,但在 SFW 的统计中,却有较大的不同。

在涝渍综合指标的模式中规定,在作物一定的淹水历是指根据试验实测超过该淹水历时[作物将严重减产(如减产 40% 以上的情况)]和一定淹水深度(如淹水深度不超过株高 1/2)的前提下,在受淹方面忽略淹水深度的差异,而以淹水天数(SFD)作为受淹程度的指标;在受渍方面,以地下水埋深回落至某一深度所需的天数(SWD_x)为受渍程度控制指标,两者相加后命名为等效淹渍天数($SFWD = SFD + SWD_x$),以此作为涝渍程度的综合指标,其优点除了将受淹和受渍都转化为时间度量进行分析,属性趋于一致之外,更重要的是便于进行规划设计,因为在排水系统(含骨干系统与田间系统)规格布局确定之后,很容易根据某一设计暴雨计算出该排水系统的排水效果——包括农田淹水历时以及地表水排除后地下水回落至某一设计埋深的时间,这两个时间相加即为等效涝渍历时(SFWD),根据在设计区(或条件类似区)所测定的综合涝渍指标与相对产量的关系,即可进行经济分析,确定排水工程的设计方案。

根据 1998 年、1999 年两年在安徽水科院新马桥的试验成果,分别以地下水回落深度为 20 cm、30 cm、40 cm、50 cm 和 60 cm 作为受渍程度指标(正常地下水控制埋深为 80 cm),求得等效涝渍历时 $SFWD_{20}$、$SFWD_{30}$、$SFWD_{40}$、$SFWD_{50}$ 和 $SFWD_{60}$ 与相对产量 R_y 的关系数据如图 3-7 ~ 图 3-11 所示。

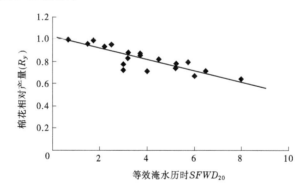

图 3-7 棉花相对产量(R_y)与等效涝渍历时($SFWD_{20}$)的关系

从图 3-11 中看出,等效涝渍历时与相对产量 R_y 有良好的线性关系,且以地下水埋深回落至 40 cm 和 50 cm 为最佳。各不同控制地下水回降埋深的相关方程为:

$$R_y = 1.027 - 0.052\, SFWD_{20}, \quad x = 20, \quad R = 0.866\,8 \tag{3-27}$$

$$R_y = 1.064 - 0.045\, SFWD_{30}, \quad x = 30, \quad R = 0.917\,3 \tag{3-28}$$

$$R_y = 1.086 - 0.046\, SFWD_{40}, \quad x = 40, \quad R = 0.939\,4 \tag{3-29}$$

$$R_y = 1.094 - 0.040\, SFWD_{50}, \quad x = 50, \quad R = 0.939\,2 \tag{3-30}$$

$$R_y = 1.097 - 0.036\, SFWD_{60}, \quad x = 60, \quad R = 0.927\,6 \tag{3-31}$$

对于农作物的减产损失而言,由于本章建立了涝渍综合累积水深(SFEW)与作物产量的关系及涝渍等效历时(SFED)与作物产量的关系式,因此,通过在给定涝渍排水工程具体规模的条件下,对一场暴雨的涝灾性状进行模拟及地下水的动态模拟,就不难确定涝

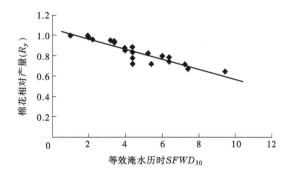

图 3-8　棉花相对产量(R_y)与等效涝渍历时($SFWD_{30}$)的关系

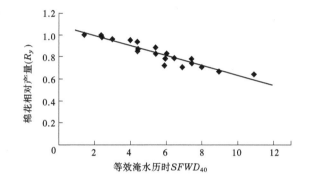

图 3-9　棉花相对产量(R_y)与等效涝渍历时($SFWD_{40}$)的关系

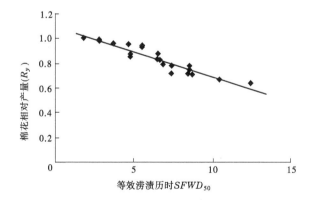

图 3-10　棉花相对产量(R_y)与等效涝渍历时($SFWD_{50}$)的关系

渍等效历时($SFEWD$),根据式(3-27)～式(3-31)计算作物产量,并计算在该排水工程下的净效益现值。通过多种排水标准条件下的净效益现值的计算,根据净效益现值最大的原则,就可确定该排水区域的最优排水标准。

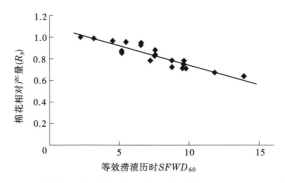

图 3-11   棉花相对产量(R_y)与等效涝渍历时($SFWD_{60}$)的关系

3.6 小 结

针对现行渍害影响下作物产量模型(Hiler 模型)存在的问题,借鉴灌溉条件下作物产量模型的结构形式,通过对渍害影响下作物水分状况与土壤适宜通气状况的分析,以 SEW_x 作为参变量,建立了渍害影响下的作物产量模型,利用实测资料率定了模型的参数,分析了有关参数的变化规律。充实了渍害影响下作物产量模型的种类,拓展了进一步研究及应用的选择空间。

三种反映涝渍灾害程度的方法都可以用来建立涝渍程度与相对产量的关系,相对而言,以等效涝渍历时作为受涝渍程度的指标最优,其中尤以 $SFWD_{40}$ 最佳,除了相关关系略高于 $SFWD_{50}$ 外,以埋深 40 cm 的回落时间代表受渍程度似乎更符合实际。综合涝渍指标代表参数的选定还要考虑应用的方便,将受涝渍程度转化为天数的 $SFWD$ 法比起分别统计受淹天数和地面水排除后第三天地下水位埋深的三变量相关方程法和以淹水深度和累积超标地下水埋深相加的 $SFWD$ 法均优越。今后的研究应按照此思路深入开展。

要得到良好的综合涝渍指标与相对产量的数学模型,必须有足够多的试验处理和足够多的试验年份的试验数据才能获得可靠的成果,由于地区土质条件、气象条件的差异,对于每一个类型区,对于当地的主要农作物,都必须开展这方面的试验,在全国(首先是南方)范围内建立模型库,为农田排水规划设计提供依据。

第 4 章 典型区涝渍灾害分析及治理措施

4.1 湖北四湖地区

4.1.1 区域概括

4.1.1.1 地形地貌

湖北省的地域范围为东经 108°21′~116°07′,北纬 29°05′~33°20′之间。地处中国中部地区,长江中游、洞庭湖以北,北接河南省,东连安徽省,东南和南邻江西省、湖南省,西接重庆市,西北与陕西省相邻。面积 18.59 万 km²,占我国总面积的 1.95%。东西距离约为 740 km,南北宽约 470 km。从气候带看,湖北处于亚热带地区,是典型的季风气候区。除高山地区以外,大部分地区为亚热带季风性湿润气候,雨热同季,降水丰富,光照充足,热量较丰富,无霜期长。

四湖流域位于湖北省境内,南濒长江、北临汉江及东荆河,西北毗邻漳河灌区,东径 112°00′~114°,北纬 29°21′~30°00′之间。四湖流域长湖以上为丘陵地区,与宜漳山区接壤,最高山峰海拔 278.7 m,地区坡降 1/500~1/1 000。四湖流域长湖以下全属平原湖区,地面高程大多在海拔 36 m 以下,耕地最低高程 23.5 m,地形坡降 1/10 000~1/25 000;属长江中游圩区。四湖流域江、汉干堤以外,有众多的州滩民垸,属于平地行洪区。四湖流域历史上是长江、汉江的洪泛平原,洪水漫溢,泥沙沉积量由大堤向垸内逐步递减。四湖全流域地形趋势西北高而东南低,周边高,而中间低,总干渠纵贯中间低洼地带。

4.1.1.2 气象

湖北省属亚热带气候,受太平洋、印度洋季风影响显著,冬干夏雨,冬冷夏热,雨热同季,属典型的亚热带季风区,天气气候多变,降水量的时空变化大。大部分地区年降水量在 800~1 600 mm 之间。鄂东南和鄂西南是两个多雨中心,年降水量在 1 400 mm 以上,而鄂西北为少雨区,年降水量在 900 mm 以下。全省除鄂东南春雨略多于夏雨外,均以夏雨为最多,年降水量的 70%~90%集中在 4~9 月,降水地域分布呈由南向北递减趋势,分布有明显的季节变化,全年的降水量主要集中在夏季,冬季最少。

全省平均气温在 15~17 ℃之间,一年之中,1 月最冷,7 月最热,春秋两季昼夜温差大,夏长冬短。

四湖地区属亚热带季风湿润区,年平均降雨约 1 200 mm,汛期一般在 5~9 月,一般年份 5~8 月的降雨量之和,约占年降雨总量的 60%。

四湖地区暴雨集中期也是高温期,7 月最高纪录气温 41 ℃,最低气温−6~10 ℃,多出现在一月。年无霜期 250~270 d。最大纪录年蒸发量 1 465 mm,最小蒸发量 824 mm,年内最大蒸发量常发生在 7 月份。四湖地区年降雨量从北到南、从上区到下区增大的趋势。

表 4-1　四湖流域年平均气象特性统计表

气象要素	单位	江陵	潜江	监利	洪湖
年降雨量	mm	1 117	1 114.3	1 230.3	1 323.1
年蒸发量	mm	1 297.2	1 366.2	1 373	1 373.6
平均气温	℃	16.3	16.1	16.3	16.6
平均日照	h	1 866.6	1 937.8	1 988.7	2 040.8
相对温度	%	80	81	82	82
无霜期	d	255	254	258	266
风速	M/s	2.3	2.5	2.7	2.7

4.1.1.3　水系水文

湖北省共有大小河流 1 193 条,总长 37 000 km,河长在 100 km 以上的有 42 条。其中长江自西向东,流经湖北省境内 1 061 km,汉水是长江最大支流,自西北而趋东南,到武汉汇入长江,境内流长 878 km。3 km² 以上的湖泊有 300 个左右,大部分集中于江汉平原。在长江、汉江两岸的冲积平原上,湖泊星罗棋布,形成“江汉湖群”,是全国淡水湖泊分布密集的地区之一。

四湖是长江中游一级支流内荆河流域,因境内原有四个大型湖泊(长湖、三湖、白露湖、洪湖)而得名。目前仅保留长湖、洪湖两个湖泊。四湖全境面积 11 547 km²,内垸面积 10 375 km²,四湖流域是江汉平原重要的组成部分,也是湖北重要的农业生产基地。四湖地区地表水十分丰富,特别是在 5~9 月汛期地表径流量最大。非汛期一般在 10 月至来年 4 月。

四湖中下游被大江环绕,过境水量丰富,尤其是长江,一般年份沙市站最小流量都在 3 000 m³/s 以上。就整体而言,四湖流域有良好的引水条件,长江、汉江、东荆河正常年份都有水可引(见表 4-2)。

表 4-2　长江、汉江、东荆河年平均流量表

站名	江河名	年平均流量(m³/s)	记录期(年)
螺山	长江	20 400	1964~1985
沙洋	汉江	1 610	1964~1985
潜江	东荆河	148	1964~1985

四湖地区地下水蕴藏量十分丰富,其埋藏状况与地质结构有关。四湖地区第四纪地层大体可分为三层:上层多为壤土、砂壤土,淤泥质壤土。中层多为亚黏土、黏土及重黏土,透水性能差。下层为砂卵石层,属强透水层。四湖地下水一般也可分为三层:上层为空隙水,水位高低与自然降水有直接关系,环境水对其也有一定的影响。中间层地下水称为潜水,它的变化、运动十分缓慢。其下为一承压水层,与外江相通,水压大小随外江水位的变幅而变化。由于上、下两层地下水无水力传递,因此,影响暴雨径流的地下水层主要

是空隙水。

4.1.1.4 土壤

受到气候、水文、地貌等自然条件的影响,湖北省土壤类型繁多,南北过渡特点明显,其中黄棕壤主要分布在鄂西南山区和鄂北地区,红壤主要分布于鄂东南海拔 800 m 以下低山、丘陵或垅岗和鄂西南的海拔 500 m 以下丘陵、丘陵台地或盆地。潮土占总耕地面积的 19.03%,广泛分布在长江和汉江沿岸的冲积平原、河流阶地、河漫滩地及滨湖地区广阔的底平地带,水稻土占总耕地面积的 50.35%,是湖北省面积中占比重最大,广泛分布在我省各地市州。

四湖流域耕地土壤可以分为水稻土、潮土、黄棕壤、草甸土和沼泽土五个土类(见表 4-3),其中,水稻土遍布全区,占总面积的 58%,潮土主要分布在长江、东荆河及其他内河的沿岸,占整个流域的 39%;黄棕壤分布在西北部的低丘和低岗上,占 1.7%;草甸土集中在长江沿岸的边滩,占 1.2%,沼泽土则分布河湖极狭窄的边缘地带,面积不及全区的0.1%。

表 4-3 四湖地区土壤分布

土壤	分布面积 (万亩)	占四湖地区总土地面积 (%)	分布区域
水稻土	423.00	65.28	遍布全区
灰潮土	202.00	31.17	长江、东荆河及其他内河的沿岸
黄棕壤	10.00	1.54	西北部的低丘和低岗上
草甸土	12.40	1.91	长江沿岸的边滩
沼泽土	0.64	0.10	河湖极狭窄的边缘地带
合计	648.04	100	

4.1.2 渍害治理状况及问题

4.1.2.1 涝渍灾害治理过程

湖北是农业大省,也是国家商品粮棉基地之一,历来对改造渍害中低产田十分重视。湖北的渍害田大部分分布在江汉平原,此外,山区冲垄地、岗地和畈田也存在一定渍害田。江汉平原地势低洼,汇水量大,排涝标准不高,又受长江、汉江及其内湖高水位的影响,加之江汉平原为冲积平原,土质黏重,因此,存在大量渍害中低产田,特别是 20 世纪 60、70年代围湖而成农田渍害更加严重;山区冲田受冷泉水影响,部分存在渍害;山区畈田因水土流失导致河床不断抬高的影响形成落河田,渍害越来越严重;丘陵、岗地部分农田受排水不畅的影响而存在渍害。

从 20 世纪 60 年代中期起,湖北省在平原湖区开展了以排涝为重点的水利工程建设,丘陵、山区大力开展了河道整治,至 70 年代末基本建成灌有水源、排有出路的排灌系统,初步解决了排除地表水的问题,为以排水工程为主导的综合措施治理渍害田创造了前提条件。水利作为农业服务的重要措施进一步深化到田间成为必然趋势。同时,由于人口不断增多,对粮食的需求越来越大,改造渍害田增产粮食成为解决粮食问题的客观需要。湖北的渍害田改造就是在这种情况下逐步开展起来的。

早在 20 世纪 60~70 年代,平原湖区排涝和山丘区的河道治理建设中,就结合采用明沟滤水对部分渍害田进行了较低程度的治理。70 年代后期把渍害田改造作为一项专门水利措施从工程、技术上加以研究并有针对性地治理。1978 年,省水利局组织力量,对全省渍害中低产田的现状进行了初步调查研究,并提出了分期治理规划,重点进行了试点规划。

1983 年,国家水电部和湖北省水利厅在湖北嘉鱼县三湖连江灌区试点,试点规模 3 000 亩,以种植旱作为主,应用暗管排水、鼠道排水等技术进行实验。1983 年后全省的试点工作在部试点的推动下逐步开展起来。试点按照以增产粮食为主要目标,以稻作区为重点,兼顾旱作,以平原区沿江滨湖渍害田为主,兼顾山区冲垄渍害田的治理,分不同区域布点,分层次进行试点。至 1987 年,湖北共有试点工程 26 处,面积 3.95 万亩。形成了以江汉平原腹地四湖地区为核心向周缘辐射的多层次的渍害田改造技术示范网络。通过试点,提出了改造渍害田排水治渍两级标准:初步治理标准,排涝达到 5 年一遇以上,采用明沟、鼠道排水,达到灌得上、排得出、降得下,田间工程基本配套,雨后 3 d 地下水位降至地面以下 0.5 m 左右,晒田期 6 d 降至地面以下 0.4 m,达到当地中产水平。高标准治理,排涝达到 10 年一遇以上,采用暗管排水工程,达到灌得好、排得快、田间工程配套,雨后 3 d 地下水位降至地面以下 0.8 m 左右,晒田期降至地面以下 0.5 m,产量为当地高产水平。

综合试点取得的主要经验为:排水治渍的技术内容是指在防洪、排涝、灌溉工程体系基本形成并达到一定标准下,将排水工程延伸到田间,调控地下水位,改善土壤水、肥、气、热条件,达到降渍、改土、增产的目的。

试点之后,是推广应用阶段。1989 年 4 月,由湖北省政府办公厅、省政府经济研究中心牵头,有关部门参加,联合组成了湖北省农业综合开发课题组,省水利厅编写了专题报告《改造中低产田的对策研究》。

1987~1995 年,湖北的渍害田治理进入推广应用阶段。在生产性科研试点的基础上,1987 年底至 1988 年 3 月,由国家水利部下达任务,由省、水利厅主持,组织各地市编制了《湖北省渍害低产田改造规划》。从此,湖北改造渍害低产田工作由起步而转入有重点地扩大试点和逐步推广阶段。1989 年底,国家确定以改造中低产田为中心内容的农业综合开发在湖北江汉平原、鄂北岗地正式立项。湖北对这项工作极为重视,涉及该项目各级政府都成立了农业综合开发领导小组,省领导小组由财政、计委、农委、农业、水利各部门领导组成,由省政府分管农业的副省长任组长,并从有关部门抽人组成了领导小组办公室,1989 年 12 月,国家正式批复了湖北江汉平原和鄂北岗地第一期(1989~1991)农业综合开发项目计划,总投资 7.2 亿元。在江汉平原腹地和鄂北岗地 24 个县、市实施。3 年改造中低产田 322 万亩,其中改造渍害低产田 190 万亩。湖北第二期农业综合开发于 1992 年 8 月立项,投资规模与第一期相同,范围为江汉平原和鄂北岗地 41 个县、市,改造中低产田 280 万亩,其中改造渍害低产田 180 万亩,1995 年上半年完成了计划任务。第三期农业综合开发于 1995 年 7 月立项,总投资 9.0 亿元,投资范围为江汉平原鄂北岗地 41 个县、市,改造中低产田 265 万亩,其中渍害田 165 万亩,1998 年上半年完成计划任务。

　　总结几年来的经验和教训,改造渍害田:一是要按水系集中连片作区域治理;二是要加强农业综合开发项目的技术指导,坚持高标准、高质量建设;三是在解决排涝、降渍时要同步进行灌溉工程建设;四是既要有强有力的综合部门又要协调好职能部门,形成合力抓农业综合开发。

　　进入 21 世纪以来,由于农村经济的快速发展和产业结构的调整,在传统治理渍害田的技术的基础上,农业综合开发和水产养殖的发展,江汉平原出现了多种形式的渍害田利用技术,包括水产养殖业、渔稻种养等,将渍害田作为宝贵的资源进行开发利用,取得了良好的效果。

4.1.2.2　四湖地区渍害田治理过程中面临的问题

　　湖北四湖地区的渍害田治理,也面临一些自然和人为的障碍因素。主要包括

　　(1)地势低洼,排水不畅。江汉平原除了北部和西部边缘有部分岗地外,其余大部分为地势平坦的河湖冲积平原,海拔一般 24~35 m,部分地区比洞庭湖底还低(如南洞庭湖底高程 25 m),与洪湖市地面高程相当,西洞庭湖底(高程 29~30 m)高于江汉平原北部一些湖面。汛期江河水位普遍高于田面 5~10 m,特大洪水年份外江水位高于田面更多。以长江沙市段为例,堤顶(高程 46.5 m)比江汉平原最低处高出 22.5 m,比大堤附近田面高出 13~16 m。

　　(2)地下水位高,土壤潜育化、沼泽化。江汉平原属于冲积湖积平原,黏土的分布面积约占平原面积的一半。由于本地区地势低洼,河湖众多,地表水极其丰富,并且长江季节性地形成地上河,所以地下水位埋深较浅,洪水期潜水位埋深在 0.5 m 以下,枯水期潜水位埋深一般在 1~2 m 之间。地下水位与降水和江河水位的连动关系密切,江河主汛期通常也是沿江农田地下水位比较高的时期。土壤由于由江河泥沙冲积物冲积和长期的积湖物湖积而成,是典型的低湖地区的涝渍土壤,多属于潜育化和次生潜育化严重的土壤,土壤整体结构性差,板结、渗透性差,多有不透水层存在。土壤通气性很差,存在较严重的缺磷、缺锌等障碍现象,由于地下水位高,使土壤面临沼泽化、潜育化的潜在威胁增加。

　　(3)湖泊调蓄容量不断减少,调蓄功能下降。四湖地区的湖泊,都属于浅水型湖泊,平均水深在 2 m 以下,长湖最大水深是 6.1 m,洪湖只有 4.2 m。由于湖泊自然退化和围垦加速萎缩,调蓄功能明显下降,使农业抗御水旱灾害的风险进一步增大。围湖造田使湖面缩小、湖底抬高、蓄水量下降,湖泊天然调洪蓄水能力急剧减弱,湖泊的功能和生态环境状况发生了质的变化。因湖泊大幅度萎缩,长江中游地区调蓄洪水的能力大减,防洪压力增大。

　　(4)平原湖区的农田排水标准偏低。农田排水治理的标准一般偏低,仅能达到 5 年一遇除涝标准,而且由于工程老化、年久失修等原因,有些工程的排水能力只有设计标准的 40%左右,治渍标准更低,故现有工程防御涝渍灾害的能力还远不能适应农业发展的要求。

4.1.3　四湖地区涝渍伴随特性研究

　　(1)洪涝相伴相随、相互叠加,与经济总量碰撞,洪涝损失呈现增长趋势。尽管洪涝渍害的控制投入加大、工程控制能力不断增强,但由于下垫面的改变,流域单位面积经济

总量的增加,中国水灾害损失仍呈攀升趋势。流域洪水和涝渍之间存在相互影响、相互制约、相互叠加的关系。

经济的发展和人口压力的增大,在洪水泛滥淹没面积大幅度减少、洪灾损失比重降低,而涝渍面积有增无减和涝渍损失占水灾总损失的比重增加,是目前我国各大流域,尤其是南方流域中下游平原地区的共同特点,在未来的防洪减灾决策和实践中对此特点应给予充分的关注。

1998 年长江洪水深刻地揭示了这一态势。中下游成灾面积 9 787 万亩,直接经济损失 1 345 亿元,其中因洪水泛滥淹没耕地仅 300 多万亩,直接经济损失 194 亿元。涝渍灾与洪灾面积比为 32：1,损失比约为 6：1。与此对照,防洪工程体系尚不尽完善、总体防洪标准较低的嫩江、松花江流域,1998 年的洪灾损失与水灾总损失之比略大于 1：2(分别为 272 亿元和 517 亿元)。

中国受洪涝灾害威胁的面积约为 80 万亩,全国洪水的年均损失在 800 亿元左右,其中山洪和河道洪水年均损失约为 250 亿元,涝灾年均损失约为 550 亿元。

究其原因,河道洪水水位高,则涝水难以排出;排涝能力强,则增加河道洪水流量,抬高河道水位,加大防洪压力和洪水泛滥的可能性;当出现流域性洪水灾害时,平原发生洪水泛滥的地区通常已积涝成灾,如 1931 年、1954 年、1998 年洪水期间,长江中下游洪水泛滥区多为先涝后洪,遭受洪灾的圩垸,80%~85% 都已先积涝成灾,洪水泛滥则使其雪上加霜。

一般而言,即使机电排涝能力在大幅度增加,但由于天然滞蓄洪水水面的锐减,涝灾面积即使不增加,也不会有明显的减少。以长江流域为例,1950 年内湖水面积约为圩垸面积的 19%,现在已减少为 5% 左右,涝灾形势进一步恶化。

(2)洪涝相随、渍涝相伴、灾害叠加。据有作物生长期间田间的水分平衡研究,南方平原湖区自然降水量是作物蒸腾、土壤蒸发和土壤渗漏总和的 2 倍以上;由于地下水位浅、土壤湿度大,极易受渍。平原湖区日降雨量超过 10 mm,当日即可达到渍害水平。

在有田面积涝的情况下,涝渍时间叠加;洪涝在前,涝后即渍。据研究,既使在排涝条件好的情况下,排涝完成后,作物一般尚要受渍 3~4 d。如此,既使是实行排涝标准,作物受渍,仍要减产。渍害对于涝后抢种和恢复农业生产,影响很大。

(3)涝渍危害有进一步发展的趋势。随着防洪体系的完善、标准的提高,一般外江水位升高,涝渍危害会逐步增加。特别对于湖北省平原湖区,一些研究表明,在三峡工程建成后,减轻了中下游防洪压力,不仅改变不了江汉平原以及长江中下游地区内涝危害;据研究,冬、春(1~4 月)将抬高长江水位,使长江中游平原湖区洼地自排机会减少,地下水位升高,会加剧局部涝渍危害。

江汉平原属于湖盆沉陷区,四湖流域位于其核心地带,圩内地面高程的下沉、外江河床泥沙淤积相对增高,外江、内湖、内河和耕地的高程、水位关系将进一步恶化。长期趋势是自然条件会加重涝渍危害。

湖北江汉平原水灾害防治的重点正在发生历史性转变,从发展农业经济的角度来看,治理的重点是区域内涝,同时也包括整个低洼地区的渍害防治。

(4)三峡对长江中游湖泊洼地地下水位影响。三峡建坝,长江干流峰、枯水位均化,会改变荆江天然水位过程。1~4 月份长江水位比正常水位高。长江水位(1~4 月)抬高1 m,则离长江不同距离处的承压含水层的承压水位增加值见表 4-4。

表 4-4　离长江不同距离处的承压含水层的承压水位增加值

距长江距离(km)	0~0.3	0.3~2.25	2.25~5.25
承压水位增加(m)	1~0.22	0.22~0.05	0.05

例如,四湖地区内荆河两侧间洼地的大量低湖田,地下水位埋深较浅(约 0.2~0.8 m,丰水季度则更浅),渍害会加重。目前,四湖流域土壤潜育化、沼泽化程度就已经很高,若枯水季节荆江水位抬高 1~2 m,这些地方地下水位可能抬高 5~10 cm(1~4 月),荆江南北农田地下水最高可抬升达 0.25~0.5 m,还会加剧四湖地区土壤潜育化、沼泽化过程,在一定程度上会增加江汉平原涝渍地的渍害程度。

4.1.4　湖北省降水特性与涝渍灾害的关系

4.1.4.1　降水特征与涝渍灾害

降水在水循环过程中的变化与水灾、旱灾的发生有着紧密的联系,是涝渍灾害最为活跃的致灾因子之一,因此,降水的时空变化特点必然会对涝渍灾害的发生产生一定的影响。

降水的时空变异性是指降水在时间尺度和空间环境中的分布变化趋势,对降水时空变异性的研究是基于降水在时间尺度和空间尺度上的变化特点来进行的。

涝渍灾害发生与水文、地质、土壤、农作物种植结构与方式等要素密切相关。目前,对于降水与涝渍灾害关系的研究,一是通过田间试验的方法确定地下水埋深以及地面淹水深度等参数与作物相对产量之间的关系,降水则被作为影响地下水埋深变化的边界条件来处理。二是对引发涝渍灾害的降水强度进行等级划分,如朱建强认为四湖平原地区的一次降水过程的致渍型降水在 50~100 mm 之间,致涝型降水大于 100 mm。

降水对涝渍灾害影响研究的主要工作是探讨降水与涝渍灾害二者之间的关系,降水与涝渍灾害关系的研究主要为了反映出大尺度条件下降水的空间变异特征对涝渍灾害演变的作用方式。为了明确涝渍灾害与降水之间的关系,首先需要使用一定的指标对涝渍灾害进行度量,如田间试验中使用作物的相对产量来反映作物受到涝渍灾害的影响程度,然后再进行指标与降水之间的相关分析从而反映出降水与涝渍灾害之间的关系。使用这种方法能够很好的得出降水与涝渍灾害之间的响应关系,但此种方法是受到尺度条件限制的。随着尺度的提升,由于区域内各地的土壤特性、地形地貌以及作物种植结构存在着明显的差异,加之对各地作物受灾害的形式无法控制,因此在大尺度条件下单一使用作物的产量来反映涝渍灾害的影响程度是不切实际的。同时降水对涝渍灾害的影响在各个地区是不同的,如相同降水强度在不同地区所引发的涝渍灾害程度是不一样的,因而在大的区域内也很难确定引发涝渍灾害发生的降水阈值。

4.1.4.2　分析指标与数据

1.极端降水指数

使用世界气象组织气候学委员会及气候变率和可预报研究计划推荐的极端降水指数

进行计算。

1）Rx1day

Rx1day 表示一月中 1 d 最大降水量,记 RR_{ij} 为第 j 月($j=1, 2, \cdots, 11, 12$)中第 i 天的降水量,则有:

$$Rx1\mathrm{day}_j = \max(RR_{ij}) \tag{4-1}$$

2）Rx5day

Rx5day 表示一月中连续 5 d 的最大降水量,记 RR_{kj} 为第 j 月($j=1, 2, \cdots, 11, 12$)中连续 5 d 的降水量,k 为连续 5 d 降水量序列的长度,则有:

$$Rx5\mathrm{day}_j = \max(RR_{kj}) \tag{4-2}$$

3）SDII

SDII 表示为降水强度指数,记 RR_{wj} 为 j 时段内的日降水量,W 表示日降水量大于 1 mm的天数。则有:

$$\mathrm{SDII}_j = \dfrac{\sum\limits_{w=1}^{W} RR_{wj}}{W} \tag{4-3}$$

4）R10

R10 表示一年中日降水量大于 10 mm 的天数,即为中雨天数。记 RR_{ij} 为第 j 段时间内第 i 天的日降水量,$\mathrm{count}(RR_{ij}>10 \ \mathrm{mm})$ 表示日降水量大于 10 mm 的天数,则有:

$$R10 = count(RR_{ij} > 10 \ \mathrm{mm}) \tag{4-4}$$

5）R20

R20 表示一年中日降水量大于 20 mm 的天数,即为大雨天数。记 RR_{ij} 为第 j 段时间内第 i 天的日降水量,$\mathrm{count}(RR_{ij}>20 \ \mathrm{mm})$ 表示日降水量大于 10 mm 的天数,则有:

$$R20 = count(RR_{ij} > 20 \ \mathrm{mm}) \tag{4-5}$$

6）R95p

R95p 表示一年中日降水量超过 95% 百分位数的降水量,即为非常湿天降水量。记 RR_{wj} 为 j 时段内的日降水量,w 表示日降水量大于 1 mm 的天数。$RR_{wn}95$ 表示为日降水量大于 1 mm 的日降水序列中第 95 个百分位值,则有:

$$R95p_j = \sum_{w=1}^{W} RR_{wj},\text{其中 } RR_{wj} > RR_{wn}95 \tag{4-6}$$

7）R99p

R99p 表示一年中日降水量超过 99% 百分位数的降水量,即为极端湿天降水量。记 RR_{wj} 为 j 时段内的日降水量,w 表示日降水量大于 1 mm 的天数。$RR_{wn}99$ 表示为日降水量大于 1 mm 的日降水序列中第 99 个百分位值,则有:

$$R99p_j = \sum_{w=1}^{W} RR_{wj},\text{其中 } RR_{wj} > RR_{wn}99 \tag{4-7}$$

2.降水的数据来源

选取湖北省境内74个气象观测台站的日降水资料进行降水的时空变异性研究❶,各台站分布点如图4-1及表4-5所示,湖北省地处长江中游,属于典型的亚热带季风区,气候多变,境内河网密布、湖泊众多,是农田涝渍灾害频繁地区。湖北省地理位置介于东经108°21′42″~116°07′50″、北纬29°01′53″~33°16′47″之间,东西长约740 km,南北宽约470 km。根据海拔高度和地貌特征,湖北省地形可划分为山地、丘陵、岗地和平原四种类型,东部主要为丘陵地区,西部为山地,北部以岗地为主,南部与洞庭湖毗邻,中部为广阔的江汉平原。

表4-5　湖北省74个气象观测台站

编号	区站号	台站名称	编号	区站号	台站名称
1	57358	秭归	38	57399	麻城
2	57249	竹溪	39	58401	罗田
3	57257	竹山	40	57439	利川
4	57378	钟祥	41	57265	老河口
5	57466	枝江	42	57545	来凤
6	57279	枣阳	43	57476	荆州
7	57389	云梦	44	57377	荆门
8	57368	远安	45	57387	京山
9	58402	英山	46	57493	江夏
10	57481	应城	47	57445	建始
11	57465	宜都	48	57573	监利
12	57370	宜城	49	57583	嘉鱼
13	57461	宜昌	50	58407	黄石
14	58500	阳新	51	58409	黄梅
15	57541	宣恩	52	57498	黄冈
16	57359	兴山	53	57491	黄陂
17	57492	新洲	54	57581	洪湖
18	57482	孝感	55	57398	红安
19	57278	襄樊	56	57543	鹤峰
20	57590	咸宁	57	57486	汉川
21	57540	咸丰	58	57385	广水
22	57485	仙桃	59	57268	谷城
23	58404	浠水	60	57477	公安
24	58501	武穴	61	57259	房县

❶　气象数据均来自"中国气象科学数据共享网"(http://cdc.cma.gov.cn/)以及湖北省气象局。

续表 4-5

编号	区站号	台站名称	编号	区站号	台站名称
25	57494	武汉	62	57447	恩施
26	57458	五峰	63	57496	鄂州
27	57595	通山	64	57460	当阳
28	57589	通城	65	57260	丹江口
29	57483	天门	66	57499	大冶
30	57381	随州	67	57395	大悟
31	57469	松滋	68	57586	崇阳
32	57571	石首	69	57582	赤壁
33	57256	十堰	70	57464	长阳
34	57362	神农架	71	57489	蔡甸
35	57475	潜江	72	57361	保康
36	58408	蕲春	73	57355	巴东
37	57363	南漳	74	57388	安陆

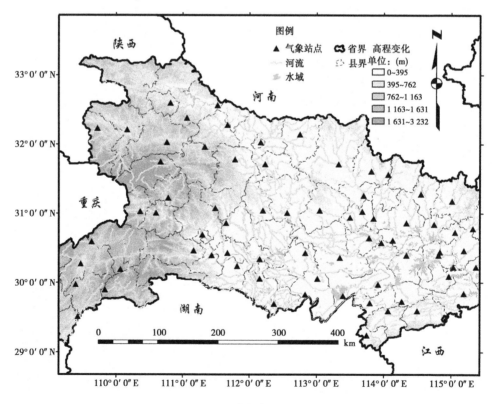

图 4-1 湖北省气象台站位置图

4.1.5　降水与涝渍灾害的关系分析

4.1.5.1　涝渍灾害演变特征

以研究区域内各市县级行政区为单位,视各单位为涝渍灾害的承灾区,并对各承灾区进行涝渍灾害的综合评价,从而来反映各承灾体受涝渍灾害的影响程度,评价值越高,受涝渍灾害影响程度就越大,评价值越低,受涝渍灾害影响程度就越小。

选取易涝耕地面积、渍害田面积、水田面积、旱田面积、大型灌区的个数等指标进行综合评价。通过前面的讨论可以知道,易涝耕地、渍害田是有利于涝渍灾害发生的孕灾环境,其面积的大小直接关系到区域内涝渍灾害影响程度的大小。同时旱田、水田、大型灌区的个数对涝渍灾害的孕灾环境有着重要的影响作用。旱田中农作物的生长对水分的要求较为敏感,一旦出现降水过多的情况涝渍灾害交易发生,而水田中由于种植的一般皆为喜水型的作物,因此发生涝渍灾害的可能性较小,同时大型灌区的个数直接关系到孕灾环境中的农田排水设施条件,其在承灾区区域内的个数越多能够在一定程度上说明该区域内的田间除涝除渍设施较为完善,对涝渍灾害能够起到一定的减轻作用。

由于指标间的数量单位是一致的,所以在计算综合评价值时需要对指标值进行标准化处理。各指标与涝渍灾害不同的趋势关系,易涝耕地、渍害田以及旱田面积对涝渍灾害起强化作用,故按公式(4-8)进行标准化(武玉艳等,2009);水田面积、大型灌区个数对涝渍灾害起到消减作用,故按公式(4-9)进行标准化。

$$r = \frac{x - x_{\min}}{x_{\max} - x_{\min}} \tag{4-8}$$

$$r = \frac{x_{\max} - x}{x_{\max} - x_{\min}} \tag{4-9}$$

式中:r 为标准值;x 为指标易涝耕地面积、渍害田面积以及旱田面积、水田面积、大型灌区个数等系列值;$x_{\max}$、$x_{\min}$ 分别为系列中的最大值和最小值。

运用序关系法对湖北省 1999 年涝渍灾害综合评价值进行计算,各评价指标数据均摘自《湖北省农村统计资料汇编(2000)》。评价指标的序关系选为易涝耕地面积>渍害田面积>旱田面积>大型灌区个数>水田面积,各指标的权重结果见表4-6。

表 4-6　各评价指标权重

指标	易涝耕地面积	渍害田面积	旱田面积	大型灌区个数	水田面积
权重	0.290	0.290	0.182	0.130	0.108

将权重以及各承灾区指标标准化值进行线性加权的计算,得到涝渍灾害的综合评价值,如图4-2所示。可以看到在 1999 年湖北省中南大部分地区以及西南部地区遭受涝渍灾害的程度明显高于其他地区,尤其在荆州、天门、仙桃、恩施、孝感等地受到的涝渍灾害最为严重,而随州、枣阳、京山、麻城、黄陂、孝昌等地受到涝渍灾害的影响程度最低。由此可见,湖北省涝渍灾害以江汉平原地区最为严重,以江汉平原的农业气象站(荆州站)记

录的气象灾害❶为例,在1991~2009年的时间段内,共发生有数据记载的渍害有22次,而位于鄂东北部的麻城站,有记录的渍害只有1次。江汉平原地区地处长江中下游地区,地势平坦,湖泊众多,在历史上也经常遭受涝渍灾害的影响,如1990年4月28日至4月30日的强降水过程,武汉站和仙桃站记录1 d最大降水($Rx1day$)分别达110.1 mm和113.8 mm,连续5 d最大降水($Rx5day$)分别达到145.7 mm和144.7 mm,约1 000万亩农田遭受了涝渍灾害(自然灾害数据库,http://www.data.ac.cn/zrzy/g52.asp)。

　　湖北省涝渍灾害发生的特点是:中南部大部分地区受涝渍灾害的影响程度最高,其次是东部以及西南部的部分地区,而北部以及西北部地区受涝渍灾害影响程度最小。

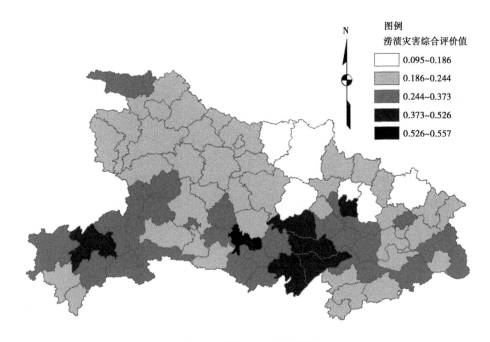

图例
涝渍灾害综合评价值
0.095~0.186
0.186~0.244
0.244~0.373
0.373~0.526
0.526~0.557

图4-2　涝渍灾害综合评价值

4.1.5.2　降水与涝渍灾害

　　对降水指数进行对数化处理,然后与涝渍灾害综合评价值进行相关系数的计算,结果表明综合评价值与降水指数中的SDII、R95p、七月份的$Rx1day$、$Rx5day$以及六月份的$Rx5day$正相关关系明显,相关系数分别为0.256、0.274、0.264、0.311、0.270,均通过显著水平为0.05的检验。说明SDII、R95p、七月份的$Rx1day$、$Rx5day$以及六月份的Rx5day等降水指数的空间分布特征对涝渍灾害的发生有比较重要的影响。上述五个降水指数的空间分布见图4-3所示,结合图4-2中涝渍灾害的空间分布可以看出,湖北省中南部的涝渍灾害的发生与SDII、R95p、$Rx1day$(七月份)、$Rx5day$等降水指数的有着较为密切的联系,而湖北省西南部涝渍灾害的发生与$Rx5day$(六月份)的关系较为紧密。

　　综合以上的分析可以看到,湖北省涝渍灾害的发生与SDII、R95p、七月份的$Rx1day$、$Rx5day$以及六月份的$Rx5day$等降水指数在空间上的分布特征有着较为紧密的联系。而

❶　农业气象站灾情数据来自于"中国气象科学数据共享网"(http://cdc.cma.gov.cn/)。

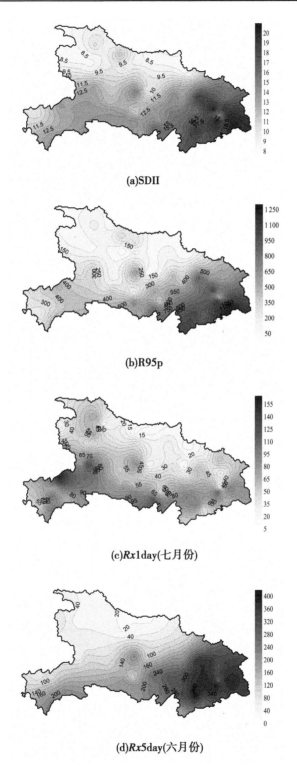

(a)SDII

(b)R95p

(c)*R*x1day(七月份)

(d)*R*x5day(六月份)

图 4-3　降水指数空间分布见图　（单位:mm）

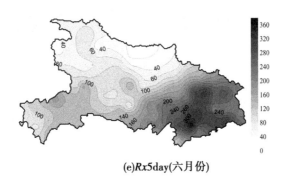

(e)*Rx5day*(六月份)

续图 4-3

从前面对各极端降水指数的分析可以知道,各指数间在不同时间尺度的条件下其变化是存在差异的,说明 SDII、R95p、Rx1day、Rx5day 等指数对涝渍灾害的影响也是存在差异的,从图 4-3 中可以看到,与涝渍灾害关系较为密切的几个指数在空间上的分布特征是不大一致的,所以不同的极端降水指数对涝渍灾害影响的方式是不同的,这一点可能主要是由下垫面环境因素所决定的。

对于降水时空变异性与涝渍灾害的关系,可以通过对降水序列的无序指数在空间分布上分布情况与涝渍灾害在空间上的分布特征进行分析比较得到。由前面中对年降水序列的时空变异性特点的分析可以知道,湖北省东北部以及北偏西部地区年际间的降水变化较为强烈,南部以及西南部地区年际间降水的变化幅度较小,而从湖北省涝渍灾害的特点可以知道,湖北省较易发生涝渍灾害的地区则是位于南部以及西南部地区,因此年际间降水变化较大与涝渍灾害发生的关系不大。同时从图 4-4 可以看出,湖北省年降水量空间分布特点是由南向北依次递减,从而说明中南部地区和西南部地区年际间降水的特点为波动较小但年降水量偏大,年降水量偏大加之年际间的波动较小,说明年降水量会较长时间处于一个高位的水平;中东部地区年降水量是大于 1 200 mm,而从前面的分析中,当降水量大于 1 200 mm 时,涝渍灾害较易发生,粮食产量会出现降低的情况,因此可以看出,湖北省中南部以及西南部年际间降水波动较小但年降水量偏大的特点是涝渍灾害频繁发生较为主要的影响因素。

从对季节性降水序列时空变异性的分析可以知道,春季湖北北部地区的年际降水的差异大于南部,夏季降水中东北部以及北部地区变化幅度较大,东部地区秋季降水波动较大,而西北部地区冬季降水变化较为强烈。可见夏季降水序列与年降水序列在空间上的分布趋于一致,说明夏季降水在年降水过程中占主导地位,同时夏季是涝渍灾害的多发季节,虽然其降水在年际间的变化不大,但是夏季降水量一般都普遍偏大,因此夏季降水序列同年降水序列具有相同的特点,且与涝渍灾害发生的关系较为密切,其他三个季节的降水则没有表现出与涝渍灾害较为明显的关系。对于月降水序列时空变异性与涝渍灾害的关系,通过前面的分析可以知道,各个月降水序列空间变异特征与季节降水的空间变异特征有很大的不同,表明月降水序列变异特征对季节性降水的变异特征影响不大,从而能够间接的反映出涝渍灾害与月降水序列的变异特征不存在较为明显的联系。

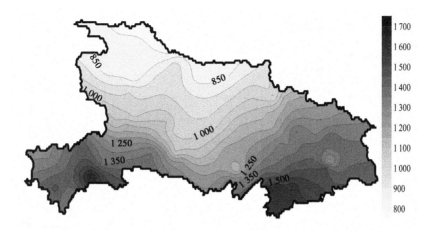

图 4-4 年降水量空间分布图 （单位：mm）

湖北省年内月降水量的分布特点是北部以及西北部地区月降水量的波动情况明显高于南部地区，而南部地区受涝渍灾害影响的程度是大于北方地区的，由此可以发现其与年降水序列对涝渍灾害的影响有较为相近的一个特点，即序列的变化波动虽小，但降水量偏大，因此与涝渍灾害的关系较为密切。同时也可以看到湖北省年内各月份之间的降水频次变化与涝渍灾害的关系不甚明显，湖北省除西南部分地区以外的其他大部分地区各月份之间的降水频次变化明显存在差异，而湖北省的涝渍灾害主要发生在中南部地区。

4.1.5.3 结论

本节主要从极端降水指数与涝渍灾害的关系、不同降水序列的变异性与涝渍灾害的关系等几个方面探讨了降水对涝渍灾害的影响。可以看到，降水与涝渍灾害之间表现的是一种多层次性的关系，即不同降水的形式与涝渍灾害都有着一定的联系，降水频次、极端降水指数以及不同降水序列的变异性特征对涝渍灾害都存在一定程度的影响。

同时，可以看到，灾害的发生往往牵涉到诸多因素，在变化环境下的涝渍灾害更是趋向于复杂化（谈广鸣等，2009），致灾因子的变异规律、孕灾环境的演变规律、承灾体的响应规律以及三者之间的相互作用机制对涝渍灾害在时空上的演变特征起到了决定性的作用。从图 4-2 与图 4-3 的对比来看，降水的空间分布特征与涝渍灾害在空间的演变特征并不十分一致，因此可以看到降水作为涝渍灾害致灾因子中的重要组成部分，其变异性特点对涝渍灾害的产生有着重要的影响，但并非是涝渍灾害发生的充分条件。涝渍灾害的发生也与孕灾环境以及承灾体的变化特点密切相关，反映了涝渍灾害的可控性，即通过排水措施、种植结构调整的人为干预，可以实现对涝渍灾害的综合控制。

为了更好的了解降水对涝渍灾害的影响，需要对降水在涝渍灾害形成过程中与各要素之间的相互作用的函数关系进行分析，找出降水与涝渍灾害之间具体的响应关系。由于资料的限制，本书只是从统计学角度来对涝渍灾害与降水空间分布的关系进行了分析，并未运用灾害动力学的原理对降水与涝渍灾害影响之间的动力学作用机理即降水与孕灾环境和承灾体之间相互作用的函数关系进行探讨。

4.1.6　渍害田治理方案研究

4.1.6.1　暗管排水工程

农田暗管排水系统是埋设在农田下一定设计深度的高标准农田排水设施。它的作用在于接纳通过地下渗流所汇集的田间土壤中的多余水分,经它汇流,将其排入骨干排水系统(一般为明沟)和容泄区,以创造适宜于农作物生长的良好土壤环境,保证高产稳产。完整的农田暗管排水系统由地下吸水管、排水井、农沟、支沟、集水井、干沟、抽水站或沟口,以及容泄区等组成。地下吸水管布设在田块土层的一定深度内,是地下排水系统的基本组成部分。地下吸水管直接吸收土层内的多余水分,流入排水井,经沉淀泥沙后进入农沟。田面上的积水则通过明沟排水系统或通过排水井上部的排水口流入井而转入农沟。各农沟里的水流,通过集水井汇入支流,再由支沟汇入干沟。如果容泄区的水位低于干沟水位,则通过干沟的沟口闸而流入容泄区。

农田水利工程的布置,既要考虑到地形地貌、降雨径流、辐射蒸发、土壤结构等自然因素的影响,又涉及到灌排系统中水源、输水方式、灌溉方式、作物、耕作方式的选择,甚至还与当地的人口、经济水平等社会发展状况有关。农田暗管排水工程布置模式的影响因素有很多,在规划设计、施工管理等过程中都需要充分了解这些影响因素及相关资料。运用这些资料综合分析渍害和盐害发生的原因,以便确定暗管排水的实施方案,做出适合于当地情况的排水排渍规划。具体说来,暗管排水工程布置模式影响因素主要包括地形、土壤、农业生产条件、经济社会环境等方面。

四湖地区是我国最早开展渍害田治理试验与示范的地区之一,自20世纪80年代开始,开展了以农田暗管排水为主的渍害田治理活动,积累了系统的经验,其中:潜江市田湖大垸曾经开展了以暗管排水为主要内容的渍害田改造工程,洪湖市开展了暗管与鼠道相结合的地下排水试验。

1.潜江市田湖大垸暗管排水工程

田湖大垸地势低洼,因天旱为田、雨后为湖,属于涝渍型渍湿型中低产田。1983年,由湖北省水利厅、荆州地区水利局确定田湖渍害田改造试点。

垸内耕地面积为2.03万亩,其中涝渍低产田1.43万亩,占耕地面积的70.44%。改造中选取试验小区360亩作为试点。

通过素混凝土管暗管排水,暗管设计根据垸内土壤和园田化格局情况,确定暗管间距为16 m,埋深1.0 m,纵坡1:500。

连续3年观测了地下水位的埋深,土体温度,土壤还原氧化电位的变化。

通过暗管排水改造,取得了明显成效,冬季地下水位由过去的30 cm下降到80 cm,土温升高了0.5~1.0 ℃,土壤氧化还原电位提高80~100 mV。

观测的3年时间里,平均水稻亩增产108 kg,增产27.7%,增收一季小麦(亩产225 kg),农田产出效益提高70%。

2.洪湖市周坊村暗管与鼠道相结合治理措施

洪湖市周坊村位于四湖地区的下游区,地势低洼属于潜渍型渍湿型中低产。1986年,由湖北省水利厅协同洪湖市在周坊村试点进行渍害田改造。

全村耕地面积 6 051 亩,其中渍害中低产田 3 100 亩,占耕地面积的 51.23%。从 1966 年开始经过多年的治理,使 3 870 亩农田达到园田化标准,已建 5 处泵站 234 千瓦,排涝标准达到十年一遇,但地下水埋深较浅,农业产量不高。

采用暗管和鼠道排水,其中暗管排水 800 亩,鼠道排水 600 亩。暗管间距为 12 m、16 m,埋深为 0.9 m、1.0 m、1.2 m,管材采用石屑管、塑料波纹管等;鼠道洞深 0.5 m,间距 3~5 m。

据 1987~1990 年连续 3 年观测了采用暗管排水、鼠道排水和明沟排水的农田水稻产量变化。间距 12 m 暗管农田水稻平均亩产 520.6 kg,比明沟排水的农田亩产 344.1 kg 增产 51.29%;间距 16 m 的暗管农田水稻平均亩产 465.3 kg,比明沟排水农田增产 35.1%。鼠道排水的农田比明沟排水的农田水稻亩产增加 100~150 kg。经此次改造推动下,洪湖市已在沙河、府场、曹市扩大试点,面积达 4 000 余亩。

4.1.6.2　旱改水

所谓的旱地改水田,是指发展水利灌溉事业,将原来的旱地变为水田,种植水稻。"旱改水"不仅使当地的农业生产面貌发生了根本性变化,而且对当地农业经济、社会生活乃至生态环境带来了巨大而深远的影响。当地民众对"旱改水"的好处多有总结,如增产了粮食、长好了芦苇、消灭了蝗虫、劳动力有了出路等。"旱改水"在促进当地社会经济发展、改善民众生活方面具有重大意义。

另外,随着"旱改水"的推广,水面也会随之扩大,鱼、虾、蟹等水产养殖逐渐发展起来。稻作及粮食生产的发展,还促进了家畜饲养的兴盛和畜产品的增加。

旱地改造成水田,不但不会破坏耕作层,反而会提高这块耕地的质量,这种做法并没有改变农用地的性质,对促进农业发展有积极的作用。

旱田改水田是四湖地区近几年通过农业种植结构调整而适应涝渍地自然状况的一种新的农业生产方式。以位于四湖流域下区监利县境内的螺山排区为例,该排区位于四湖流域南部,北面以四湖总干渠和洪排主隔堤为界,西部和南部抵长江干堤,东抵螺山电排渠,总排水面积 935.5 km²,2011 年耕地面积 528.4 km²(79.26 万亩)。

表 4-7　螺山排区土地利用方式的变化

土地类型	1994 年		2011 年		净增量
	面积(km²)	占比(%)	面积(km²)	占比(%)	面积(km²)
水田	224.8	24	303.6	32.5	78.8
旱地	112.4	12	68.7	7.3	−43.7
水域	190.1	20.3	96.3	10.3	−93.8
建筑	9.1	1	300.3	32.1	291.2
其他	399.2	42.7	166.7	17.8	−232.5
合计	935.6	100	935.6	100	0

4.1.6.3　虾稻共作

农业生态系统是人类在一定的时间和空间范围内对相互作用的生物因素和非生物因

素进行干预的人工生态系统。例如,当前荆州潜江市推广的"虾稻连作"是种植业和养殖业有机结合的一种新兴生态农业生产模式。该模式在农田水稻种植的闲置期利用余留稻茬和秸秆进行克氏原螯虾的养殖。

四湖地区进行渔作养种主要采用"回形池"或"日形池"的形式,根据实地调研情况,池子围绕田间布置,池深 0.8~1 m,池宽 2 m。"回形池"以方形为典型,长度 40 m,"日形池"由两个全等的矩形组成,矩形长 40 m,宽 30 m。两种形式水面率均为 17.4%。如图 4-5 所示:

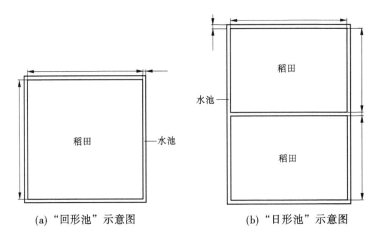

(a)"回形池"示意图　　　　　　(b)"日形池"示意图

图 4-5　四湖地区渔作养种示意图

渔作养种这一养殖模式产生和推广是由于近几年水产饲料价格大幅上涨,养殖成本不断增大,养殖效益不断下降,养殖户的经济收入也不断减少。为了降低养殖成本,提高经济效益,养殖户不断优化改进养殖模式来降低养殖成本从而增效,虾稻连作就是一种十分有效的措施,回形池虾稻连作在湖北四湖地区得到广泛应用。

稻虾共生是利用稻田的浅水环境,辅以人为措施,既种稻又养虾,可有效提高稻田单位面积的经济效益。一般情况下,稻虾共作模式,可亩产无公害稻谷 620 kg 左右,龙虾 170 kg 左右。主要技术要点为:

(1)田块选择。选择水质良好、水量充足、周围没有污染源、保水能力较强、排灌方便、不受洪水淹没的田块进行稻田养虾,周围没有高大树木,桥涵闸站配套,通电、通水、通路。

(2)开挖虾沟。由于龙虾有掘穴打洞的习性,一般洞穴在 0.5~0.8 m,部分洞穴超过 1 m。为防止掘穴外逃,沿稻田田埂内侧四周要挖养虾沟,沟宽 4~6 m,深 1 m,坡比 1∶25。并在埂上四周设置 0.5 m 高、内壁光滑的防逃墙和防逃板。田块面积较大的,还要在田中间开挖田间沟,田间沟宽 1 m,深 0.5 m。养殖沟和田间沟面积占稻田 20%以上左右。

(3)附属工程。进排水口要用铁丝网或栅栏围住,防止小龙虾外逃和敌害进入。同时防止青蛙进入产卵,避免蝌蚪残食虾苗。进水渠道建在田埂上,排水口建在虾沟的最低处,按照高灌低排的格局,保证灌得进,排得出。在离田埂 1 m 处,每隔 3 m 打一处 1.5 m 高的桩,用毛竹架设,在田埂边种瓜、豆、葫芦等,待藤蔓上架后,在炎热的夏季起到遮荫避暑的作用。田四周用塑料薄膜、水泥板、石棉瓦或钙塑板建防逃墙,以防小龙虾逃逸。

(4)水草种养。在稻田池埂四周布放宽 1.0 m 的水花生。田中栽种伊乐藻,覆盖率不低于 60%。环形沟内栽植沉水性水生植物,如轮叶黑藻、金鱼藻、马来眼子菜等,水面培植浮萍等水生植物。水草覆盖率占田间沟面积的 60% 以上,池坡种植水花生或蕹菜护坡。

目前,潜江市高标准建设了 10 万亩虾稻共作基地,建成万亩以上的基地 5 个、千亩以上的基地 20 个,同时配套建成了 3 000 亩的国家级小龙虾良种选育繁育中心。潜江市坚持虾稻共作与绿色食品产品认证对接的原则,组织标准化生产。制定、发布、实施了《潜江龙虾虾稻共作技术规程》《虾稻共作中稻种植技术规程》,极大推动水产品标准化养殖进程,见图 4-6~图 4-9。

图 4-6 潜江市高场镇虾稻共作

图 4-7 潜江市高场镇虾稻共作"回形池"

图 4-8　五三农场新农业产业园的水产养殖

图 4-9　五三农场新农业产业园的水产养殖与莲藕种植

4.2　安徽淮北平原

4.2.1　区域概况

4.2.1.1　地形地貌

安徽省位于中国东部、华东腹地,是我国东部襟江近海的内陆省份,兼跨长江、淮河、钱塘江三大流域,是我国的煤炭、钢铁、粮食、棉花、油料和水产品的重要产区之一。其地理位置位于东经 114°54′~119°37′ 与北纬 29°41′~34°38′ 之间,东西经度相差 4°43′,南北纬度相差 4°57′。最南端在休宁县桃村以南,最北端在砀山县周集以北,最西端在临泉县武场营以西,最东端在广德县境内山北以东。全省东西宽约 450 km,南北长约 570 km,总面积 13.96 万 km²。东界距海最近处只有 200 km 左右,最远处约 320 km。西界距海最远处约 550~600 km。

　　安徽淮北平原地处黄淮海平原的南端,安徽省北部,地处东经 114°55′~118°10′ 和北纬 32°25′~34°35′ 之间。东接江苏,南临淮河,与本省的江淮丘陵地相接,西与河南毗邻,北与山东接壤,为海拔 50 m 以下的广阔平原(海拔在 15~46 m),地势平坦,由西北向东南微微倾斜,地面坡降 1/7 500~1/10 000。平原由丰厚的第四纪堆积物组成,呈现典型的堆积性地貌景观。全新世以来黄河频繁决口、改道,大量的泥沙堆积于豫、鲁、皖黄泛平原区,厚度可达 20 m 左右,由北向南渐薄,叠加在晚更新世的剥蚀平原之上,加大了淮北平原的倾斜度,形成黄泛特殊地貌景观。

4.2.1.2　气象

　　安徽省淮北平原地处中纬度地带和我国东部季风气候区,在中国气候区划中,属暖温带半湿润季风气候,主要气候特征是:季风明显,四季分明,气候温和,雨量适中,光照充足。但由于淮北平原地处暖温带南部,淮河以南属北亚热带湿润季风气候,特定的地理位置使淮北平原气候具有明显的过渡性与不稳定性:暖温带的气候特征自北向南趋于减弱,而北亚热带气候特征趋于明显。如自北向南大于 10 ℃ 积温逐渐增加,降水逐渐增多,无霜期变长等;气候的年际变化大,特别是降水的年际变化大。淮北平原降水的一般特征一是降水量地区分布不均匀,多年平均降水量在 750~950 mm,由南向北递减。二是年降水量的分配极不均匀,春季降水量只占全年降水量的 20%~25%,而 6~9 月的降水量却占全年降水量的 60%~70%,且多暴雨,其中 7 月份降水量占全年的 20%~30%。三是降水的年际变化大,由于夏季风的迟早和强弱不同,致使淮北平原历年降水量的变幅较大,这种降水量时空分配悬殊的情况是易遭旱涝(渍)灾害的主要原因之一。

4.2.1.3　河流水文

　　境内河流均属淮河流域,各河流自西北向东南流入淮河及洪泽湖。主要自然河道有洪河、谷河、润河、颍河、西淝河、涡河、北淝河、懈河、浍河、沱河、濉河等。西部河流(北淝河以西)属淮河水系,东部河流(懈河以东)属洪泽湖水系。淮北地区先后开挖了不少以排涝为主、结合分洪和综合利用的人工河道,大型的有新汴河、茨淮新河和淮洪新河。受地势影响,淮河北岸支流较长,南岸支流较短,为不对称的羽状水系。淮河年平均流量为 825 m³/s,最大流量为 2 280 m³/s,最小 11 m³/s(蚌埠站)。支流水位、流量变化与干流一致。由于河床坡度缓,降水集中,而易发洪水。松散岩类孔隙水较发育,根据地下水的埋藏条件、水力特征及与大气降水和地表水的关系自上而下划分为浅层孔隙水和深层孔隙水。浅层孔隙水赋存于 50 m 以上的全新世、上更新世地层中,与大气降水、地表水关系密切。一般为潜水,局部微承压。水位埋深 1~3 m,富水程度不等,位于古河道可达 30~50 m³/h,一般 10~30 m³/h。深层孔隙水赋存于 50 m 以下的松散层中,与大气降水的联系随深度的增加逐渐减弱,甚至基本封闭,与地表水不存在直接的水力联系。承压水,单井涌水量大,一般在 500 m³/d 以上。区域地下水水位一般为 2~4 m。降水量的年际变化大,丰、枯水年降水量比差达 3~4 倍。丰水年可达 1 200~1 800 mm,枯水年 400~600 mm。多年平均蒸发量在 800~1 100 mm,由南向北逐增,南部一般在 800~900 mm,中部大都在 900~1 000 mm。蒸发量的年内分配受气候的月际变化支配,1 月蒸发量最小,一般在 20~40 mm,蒸发量最大值多出现在 6 月,一般在 150~240 mm。多年平均陆地蒸发为 605 mm,约占多年平均降水的 67%。降水量大部分耗于蒸发。

淮北平原多年平均径流量 77.72 亿 m³,径流深约合 208 mm,多年平均年径流系数为 0.24。径流特性受降水与地形地貌条件制约,河流为雨源型,即河川径流来源于降水,因而径流的时空分布与降水的时空分布大体相一致,但年内分配更为集中,汛期(6~9 月)径流可占年径流量的 70%~80%,最大值出现在 7、8 月份。在中小水年份,全年水量几乎都集中在汛期。径流的年际变化也远大于降水,各站最大年径流量与最小年径流量可相差 20~100 倍。

4.2.1.4　土壤

据安徽省第二次土壤普查,淮北平原主要有两大类土壤:潮土和砂姜黑土。砂姜黑土占土地面积 50% 以上,主要分布在淮北平原中、南部,见表 4-8。

表 4-8　淮北平原土壤分布

土壤	分布面积 (万亩)	占淮北地区 总土地面积(%)	分布区域
棕壤	4.98	0.09	怀远、萧县境内的低山残丘
褐土	34.53	0.60	淮北北部的低山残丘地区
砂姜黑土	3 006.90	52.34	河间平原地区
潮土	1 890.99	32.92	平原北部、淮河及淮北各主要河流的沿岸
潮棕壤	496.44	8.64	沿淮岗地、淮河及淮北主要河流中下游沿岸岗地
褐潮土	73.49	1.27	山丘谷地
棕潮土	67.05	1.17	淮河河谷的洲滩上
水稻土	114.18	1.99	沿淮岗地
黑色石灰土	56.45	0.98	石灰岩低山残丘的山坡
合计	5 745.01	100	

淮北平原位于黄淮海平原的南部,自第四纪以来,长期处于缓慢下沉的状态。该地区起伏较大,地形呈西北低、东南高的特点,地表堆积了以灰黄、黄灰或土黄色为主的较厚的第四纪松散沉积物,是砂姜黑土发育的物质基础。砂姜黑土中含有大量钙质结核(又称砂姜),成层分布,一般为 50~70 cm 的深度,浅者只有 20 cm 左右。多数情况下只有一层钙核,也有数层间隔分布,甚至连续多层分布。全新世以后整个淮河流域特别是淮北平原成为一蝶形盆地,呈现大片湖沼草甸景观,河流挟带大量泥沙淤积在这里,在海水入侵的作用下,形成了大面积河湖相沉积物的分布。喜湿性植物死后腐烂分解,积累了大量有机质,土粒吸附在暗色胶体腐殖质表面,使土壤带有黑色,随后,在氧化还原环境的成土作用

下土壤经过发育呈现灰黑色或暗灰色,但有机质含量不高。

淮北平原主要分布着砂姜黑土和潮土土壤,占总面积的 85.26%。其中,在中南部河间平原砂姜黑土分布面积占 90% 以上,这种土壤有明显的棱柱状,块状结构,垂直裂隙发达,干缩湿涨性强。汛前由于土壤缩裂,漏水和强透水性,地下水位在降雨的补给下迅速上升,当地下水位上升到较高状态或者受到较长时间连阴雨的影响时,土体膨胀,黏湿闭气,给土壤水侧向流动造成很大阻力。砂姜黑土土体构造不良,土壤物理性状差,养份含量底,其突出的特点是耕作层浅(一般仅 12 cm 左右),犁底层只有 15~20 cm。土壤的总孔隙度和通气孔隙度都很小,耕作层为 47% 和 8%,粉砂含量在 57% 以上。这种土体构造和物理性状,易造成干旱坚硬,遇水泥泞,耕作不良。耕层粉砂含量高,有机质含量底,吸热性强,蒸发量大。雨后易板结,旱时易断裂,从而切断了结构体单位之间毛管联系,地下水运行受阻,不能补给耕层,易产生干旱,湿时又由于土壤膨胀系数大,封闭孔隙,加上犁底层透水性弱,雨水难于下渗,同时整体地下水位又较高,遇水后很快土壤水分就达到饱和,而产生涝渍灾害。

淮北平原地势平坦,微地形起伏,汛期易积涝成灾,在广大的河间平原区,其地貌特点是,在河流两岸由于自然堤的存在,地势较高,而在两河之间相对较低,且地形平缓,倾斜度很小,自然坡度约为 1/7 000~1/10 000,形成了河间微凹的地貌单元。离河道较远的地方,地形更加平坦低洼,并分布着众多大小不一的浅碟形封闭洼地,汛期地面径流向洼地汇集,成为积水滞水区。另外在各个支流入淮的交汇处还形成了较多的河口洼地,农田内部也存在微地形起伏。这些河间封闭洼地,河口洼地和广泛分布于农田内部的微洼地段,汛期常易积水,致使农田地下水位过高和土壤过湿。

4.2.2　涝渍分布状况

安徽省涝渍灾害主要分布于沿淮湖洼地和淮北平原中部河间平原区,涝渍灾害范围大,损失严重。涝渍发生的时间多在汛期 6~9 月,尤其是在汛期连续集中降雨及连阴雨过程中发生。在汛期以 7、8 月发生机率最高,其次是 6、9 月。

4.2.2.1　涝渍灾害基本特征

根据 1949~2007 年 58 年的灾情统计资料分析,淮河中游安徽省境内受涝成灾面积超过 400 万亩以上有 28 年,平均约 2 年一遇,受灾面积占易涝渍耕地面积的 14%;受涝渍成灾面积超过 600 万亩以上有 21 年,平均约 3 年一遇,涝灾面积占易涝耕地面积的 21%;成灾面积超过 1 000 万亩以上有 15 年,平均 4 年一遇,涝灾面积占易涝耕地面积的 36%;受涝成灾面积超过 1 500 万亩以上有 5 年,平均 12 年一遇,涝灾面积占易涝耕地面积的 54%;受涝成灾面积超过 2 000 万亩以上有 2 年,发生机遇约 30 年一遇,涝灾面积占易涝耕地面积的 71%。淮北平原砂姜黑土区渍害成因的气候水文因素:地下水埋深是直接影响降雨后产生涝渍的重要因素之一,地下水位的变化与降水最变化基本上是一致的,一般情况下,6~9 月份为年总降水量的 60%~70% 以上,且暴雨、连阴雨多,地下水埋深浅,一般在 1.0~2.0 m,由于本区地势平坦,排水困难,遇到暴雨或连阴雨极易产生渍害。

4.2.2.2　涝渍灾害的特点

(1)具有突发性、频发性和交替性的特点。淮河流域涝渍灾害遇强降雨,往往当天或次日就成灾,1972 年 7 月 2 日,阜阳市一天降雨 440 mm,当天就发生灾情;沿淮地区平均 2~3 年就会发生一次涝灾,淮北平原中北部平均 4~5 年就会发生一次涝灾,同时伴随着渍害的发生。旱灾涝(渍)灾常常交替发生,旱涝急转频繁,一般是先涝后旱。

(2)淮北平原易涝(渍)面积大,危害程度高,发生机率高。据统计资料分析,淮北平原易涝面积 173 万 hm²,占该区耕地面积的 83.1%。多年平均受灾面积 55 万 hm²,约占该区耕地面积的 1/4,占全省涝灾面积的 78.5%,受灾面积大。受灾面积占该区耕地面积大于 40%、25%、12% 的机率分别为 7 年两遇、5 年两遇和 3 年两遇。

(3)淮河流域暴雨集中、雨期长、雨区广。安徽省淮河流域为我国南北气候的过渡地带,大气变化剧烈,降雨量年际年内变化大(年最大降水量是年最小降水量的 3~5 倍),暴雨集中,雨期长,雨区广,易形成涝渍灾害。如 1954 年、1991 年、2003 年、2005 年、2007 年,均为长历时大范围暴雨,均造成严重的洪涝灾害,危害极大。1991 年淮河中游安徽省境内 30 d 降雨量大于 600 mm 的面积为 3.7 万 km²,大于 200 mm 的面积为 5 万 km²;2003 年 32 d 降雨量大于 500 mm 的面积为 5 万 km²;2007 年 6 月 29~7 月 25 日累计降雨量大于 500 mm 的面积为 2.9 万 km²。淮河中游地区汛期暴雨相对集中。各地出现超过其本地除涝能力的暴雨的机会频繁,特别是极端性气候条件频繁出现,连续发生大暴雨的机率较高。

(4)地势平坦,微地形起伏,汛期易积涝成灾。淮北平原在广阔的河间平原区,其地貌特点是,在河流两岸由于自然堤的存在,地势较高,而在两河之间相对较低,且地形平缓,倾斜度很小,自然坡度约为 1/7 000~1/10 000,形成了河间微凹的地貌单元。离河道较远的地方,地形更加平坦低洼,并分布着众多大小不一的浅碟形封闭洼地,汛期地面径流向洼地汇集,成为积水滞水区。另外在各个支流入淮的交汇处还形成了较多的河口洼地,农田内部也存在微地形起伏。这些河间封闭洼地,河口洼地和广泛分布于农田内部的微洼地段,汛期常易积水,致使农田地下水位过高和土壤过湿。

(5)淮北平原大面积砂姜黑土透水性能差,易发生涝、渍灾害。淮北平原广泛覆盖着不同厚度的属第四纪上更新统河湖相沉积物,主要是砂姜黑土。这种土壤质地黏重致密,孔隙率较小,透水性能差,干时坚硬,多垂直裂缝,湿时泥泞。雨后地下水位极易上升到地面,而横向地下水运行迟缓,在缺乏田间排水沟渠的情况下,单靠地面蒸发,消退缓慢,最易发生涝、渍灾害。淮北地区是传统的旱作区,旱作物耐涝耐渍性能弱。两季旱作物都是一次暴雨强度大则涝灾重,连阴雨时间长则渍害重,如果暴雨与连阴雨相连,则灾害更重。大面积的砂姜黑土加之旱作物耐涝耐渍性能弱,使得淮北地区涝渍灾害频繁发生。

4.2.3　农田排水工程存在问题

(1)外排条件差、中小河道治理标准偏低。淮河干流进入安徽省境内,由上游山区进入中游平原地区,坡降骤然变缓。洪河口至蚌埠下游临淮关比降为 1/25 000,而临淮关到进入洪泽湖则成倒倾斜,坡降为 1/18 000,淮河干流中游河道排水处于上压下顶、水位壅高、泄洪困难的境地;对于淮河主要干支流,流域面积大,汛期来水集中,或由于中小河道受长期淤积影响,河床垫高,主汛期外河水位高,持续时间长,致使中小河道和大沟排水受到顶托。外水顶托问题已严重影响淮北平原面上排水工程效益的发挥。

（2）淮北平原多数中、小河道,排涝能力低。除少数河道和河段可达到3~5年一遇除涝标准外,绝大多数的排涝能力尚达不到3年一遇的排涝标准,满足不了农田排除涝渍水的要求。

（3）排水工程配套不完善。由于近十几年来淮北灌溉的发展、水资源短缺严重、农田排水系统缺乏控制工程等项因素的综合影响,自20世纪80年代后期以来,农田排水不再为人们所重视,形成了淮北农田排水的诸多隐患。忽视内部排水措施,都将加重涝渍灾害。有些排水渠道布置不当,排水工程体系不完善,缺乏田间配套设施。在农田排水沟渠布置不当,未起到应用的排水功能,甚至造成上排下淹,使得沟渠下游出现涝渍灾害。

（4）农业耕作措施不合理。不合理的灌溉制度,长期只灌不排或重灌轻排,加重了耕层水的滞留,形成大面积次生渍害田和次生潜育化渍害田。不合理的耕作制度,最突出的表现是长期单一种植水稻,农田灌水时间长达半年之久,不少地方大引大灌,使农田地下水位抬高,犁底层滞水消退极为缓慢,加上连年湿耕浅耕,黏粒下移,堵塞土壤孔隙,更加重了耕层水的滞留,因而形成大面积的次生潜育化渍害田。只蓄不泄、排水沟系布局和修建不当,也加重了涝渍灾害。长期铲趟不及时,造成土壤板结,土壤的合理结构被破坏,保水渗水能力降低,或在耕层以下形成通气透水性很差的梨底层,降雨后常常造成上层滞水,从而增加了涝渍灾害。

4.2.4　安徽省涝渍伴随特性分析

4.2.4.1　降雨的时空变化特性分析

标准化降水指数（简称SPI）是由Mckee等人在评估美国科罗拉多干旱状况时提出的,是一个基于降水量的相对简单的干旱指数。该指数是将某一时间尺度的降水量时间序列看作服从Γ分布,考虑了降水服从偏态分布的实际,通过降水量的Γ分布概率密度函数求累积概率,再将累积概率进行标准化处理而得到的。SPI一般要求采用30年以上时间尺度的降水量资料,能够计算不同时间尺度的干旱指数,较好地反映干旱强度和持续时间,因此在国内外得到广泛应用。干旱等级划分参照mckee等干旱等级标准,并增加了雨涝划分等级,见表4-9。

表4-9　SPI等级分类表

SPI	等级
SPI≥2.0	极涝
1.5≤SPI<2.0	重涝
1.0≤SPI<1.5	中涝
−1.0<SPI<1.0	正常
−1.5<SPI≤−1.0	中旱
−2.0<SPI≤−1.5	重旱
SPI≤−2.0	极旱

　　研究发现,SPI 的大小变化趋势在所考察的站点中的各个月份均与降水量有着极好的对应关系,对旱涝变化反应敏感,能够有效地衡量各个时段的旱涝状况。而 Z 指数值与降水时空分布特性有着密切的联系,在不同地区和不同时段对旱涝的敏感性不尽相同,在某些时段 Z 指数值大小的变化趋势与降水量的趋势并不一致,难以有效地反映旱涝程度。

　　Z 指数是假设某时段的降水量服从 Person Ⅲ(皮尔逊Ⅲ型)型分布,先求出其概率密度函数,再对降水量进行正态化处理,这样可将概率密度函数 Person Ⅲ(皮尔逊Ⅲ型)型分布转换为以 Z 为变量的标准正态分布。降水 Z 指数是在我们国家和各省级旱涝监测应用业务中的主要指标,因为某一时段的降水量在一般情况下并不是服从正态分布的,实践证明用皮尔逊Ⅲ型分布来拟合某一个时段的降水量效果会比较好。Z 指数的前提是要假设降水量服从皮尔逊Ⅲ型分布。

　　经验正交分解函数(简称 EOF)是在不损失或很少损失原有信息的前提下,从多变量序列中提取少数几个主要的彼此相互独立的新变量序列,更加简单明确的反映事物或现象的变化信息。它可以针对气象要素进行分解,其原理是对包含 n 个空间变量的场随时间变化进行分解。但研究表明,该方法仍存在一定的局限性,它不能充分揭示要素场中空间变化的特征。

　　旋转经验正交分解函数(REOF)是在 EOF 分解的基础上,对 EOF 的主因子进行正交旋转,使主因子载荷值平方的方差总和达到最大,从而使原始要素场的信息特征集中映射到空间载荷场所表示的优势空间性,进而更容易识别空间性,所反映的气候特征更明显、更突出。

4.2.4.2　空间变化特征

　　数据资料来源于中国气象局数据共享平台,共 18 个地面气象站,1960～2010 年逐月降水和平均气温观测数据。

　　根据前述研究方法,计算协方差阵的特征值,将其按照大小排列后,再计算各特征值的贡献率及累积贡献率,计算结果如表 4-10 所示。

表 4-10　特征向量的贡献率和累积贡献百分率

主成分(SPI3)	特征向量编号						
	1	2	3	4	5	6	7
特征值	10.79	2.94	1.06	0.59	0.45	0.34	0.28
贡献率(%)	59.94	16.31	5.88	3.28	2.50	1.91	1.57
累积贡献率(%)	59.94	76.25	82.12	85.40	87.91	89.81	91.38

　　由表 4-10 可以看出,第一主成分的方差占总体方差的 60% 左右,前 5 个主成分方差累积贡献率达到 67.91%,第五个以后所占贡献很小,期间差异也很小。显然,前五个主成分及其特征向量就可以很好的表征安徽省降水变化和空间分布特征。

　　将 Ti 进行标准化处理,$X_i = (V_i \cdot \sqrt{\lambda_i}) \cdot (T_i / \sqrt{\lambda_i})$,取 $EOF_i = V_i \sqrt{\lambda_i}$ 和 $PCA = T_i / \sqrt{\lambda_i}$ 为新的空间型和时间系数进行分析。将计算结果用 ARCGIS 软件进行地统计分析,并生成等值线图,各特征向量等值线分布图如图 4-10 所示。

图 4-10 第一特征向量空间分布图

图 4-10 给出了安徽省 3 个月时间尺度 SPI 第一特征向量空间分布情况,第一特征向量解释了总方差的 60% 左右。从图中可以看出,第一特征向量均为负值,取值范围在 -1.0～-0.5,而且高荷载值集中于六安、霍山、桐城、合肥、巢湖一带,这表明由于降水受大尺度天气形势影响,安徽省旱涝具有总体一致的变化趋势,而且中部地区对全区域旱涝的贡献大于北部和南部,是旱涝变率最大的地区,也是旱涝脆弱区。

图 4-11 给出了安徽省 3 个月时间尺度 SPI 第二特征向量空间分布情况,第二特征向量解释了总方差的 16.31%。从图中可以看出,第二特征向量取值范围为 -0.6～0.6,沿伊霍山、合肥、巢湖为分界线,南方为正值区,北方为负值区,反映了南北相反的旱涝发生趋势,且向南北两个方向这种趋势表现更为明显,这方面的表现主要是受季风等气候引起的南北降水量变异的影响。

图 4-12 给出了安徽省 3 个月时间尺度 SPI 第三特征向量空间分布情况,第三特征向量解释了总方差的 5.88%。从图中可以看出,第三特征向量取值范围为 -0.3～0.4,沿蚌埠—阜阳、安庆—芜湖为分界线,南方和北方为正值区,中间为正值区,反映了以中部为中心南北相反的旱涝发生趋势,且向南北两个方向这种趋势表现更为明显,这方面的表现主要是受地理位置等方面的地理因素的影响。

图 4-13 给出了安徽江省 3 个月时间尺度 SPI 第四特征向量空间分布情况,第四特征向量解释了总方差的 3.28%。从图中可以看出,第四特征向量取值范围为 -0.2～0.3,沿宿县—亳州、六安—合肥—巢湖、安庆—宁国为分界线,将整个安徽省分为正负值相互交错的四个区域,反映了分界线南北方向相反的旱涝发生趋势,这方面的表现主要是受地形地貌、地理位置等方面的地理因素的影响。

图 4-11　第二特征向量空间分布图

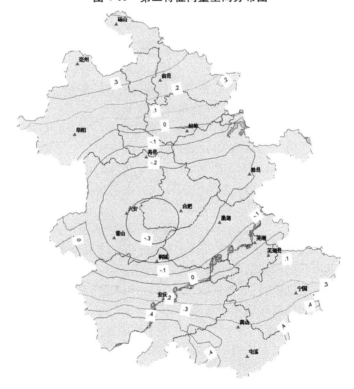

图 4-12　第三特征向量空间分布图

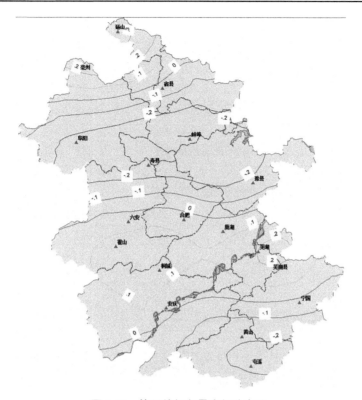

图 4-13　第四特征向量空间分布图

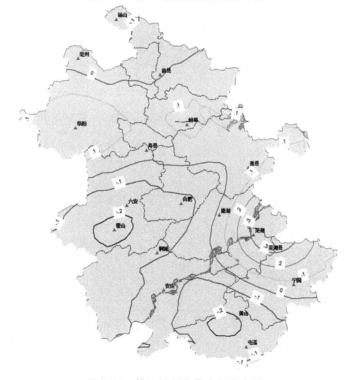

图 4-14　第五特征向量空间分布图

图 4-14 给出了安徽省 3 个月时间尺度 SPI 第五特征向量空间分布情况,第五特征向量解释了总方差的 2.50%。从图中可以看出,第五特征向量取值范围为-0.2~0.3,沿宿县—亳州、寿县—巢湖—宁国为分界线,将整个安徽省分为正负交错的几个区域,这方面的表现主要是受地形地貌、地理位置等方面的地理因素的影响。

通过 EOF 展开方法的讨论可以看出,安徽省的旱涝空间格局既有全区一致的现象,也存在区域内部南北、东西方向的差异以及地形因子的差异,但是其主要特点依然为纬向分布型,不能更为精细地描述不同地理区域的特征,因此在 EOF 分析的基础上,再进一步做最大正交方差旋转,进行 REOF 展开,可以得出非常细微的地理分区。由表 4-11 列出了旋转后的特征向量的贡献率和累积贡献率。

表 4-11　旋转特征向量的贡献率和累积贡献率

主成分(SPI3)	特征向量编号						
	1	2	3	4	5	6	7
特征值	4.22	3.06	4.81	2.56	1.18	4.22	3.06
贡献率(%)	23.42	16.99	26.73	14.23	6.54	23.42	16.99
累积贡献率(%)	23.42	40.41	67.13	81.37	87.91	23.42	40.41

可以看出,前 5 个主成分的累积方差达到了 87.91%,可以用此来代表原始的向量场。对前 5 个主成分进行方差最大旋转,并由前 5 个旋转载荷向量对安徽省进行旱涝分区。REOF 空间分布图如图 4-15~图 4-19 所示。

图 4-15　第一旋转特征向量空间分布图

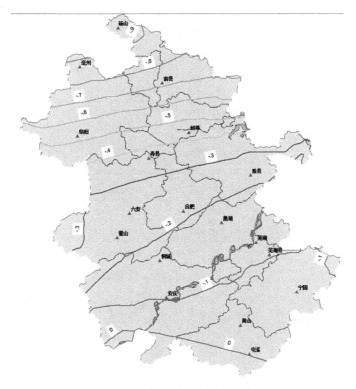

图 4-16　第二旋转特征向量空间分布图

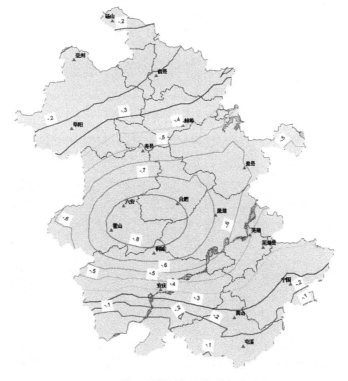

图 4-17　第三旋转特征向量空间分布图

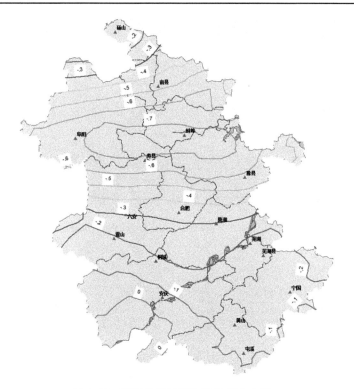

图 4-18　第四旋转特征向量空间分布图

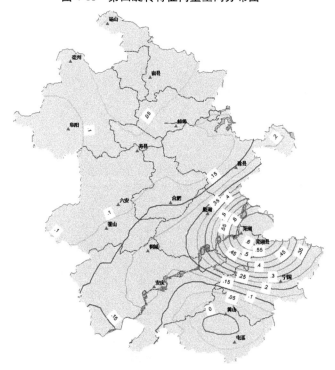

图 4-19　第五旋转特征向量空间分布图

按载荷绝对值>0.6 的高载荷分布区域来考虑,将安徽省从北向南分为 4 个区域,分别为Ⅰ区、Ⅱ区、Ⅲ、Ⅳ区(见图 4-20)。

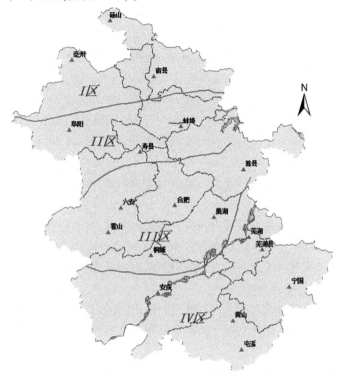

图 4-20　基于旋转特征向量空间分区图

4.2.4.3　时间变化特征

在完成不同时间尺度的单站 SPI 计算后,利用式(4-20)计算区域旱涝指数,不同时间尺度区域旱涝指标变化如下图 4-21 所示。

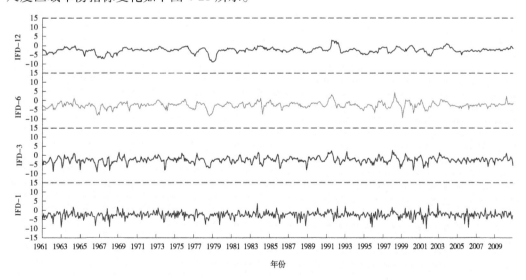

图 4-21　安徽省不同时间尺度区域旱涝指标

　　从图 4-21 可以看出,时间尺度短的区域旱涝指数和旱涝等级(1 个月和 3 个月),由于受短时间降水影响比较大,指数在 0 值频繁上下波动,反应出短期的旱涝变化特征,随着时间尺度的加大,区域旱涝指数对短期降水的响应减慢,旱涝变化趋于稳定,周期比较突出。

　　从图 4-21 中 12 个月时间尺度旱涝指数逐月变化过程中可以看出,安徽省 1961~2010 年共出现区域性重旱 15 次,分别出现于 1961 年、1962 年、1965 年、1966 年、1967 年、1968 年、1976 年、1977 年、1978 年、1979 年、1994 年、1995 年、2001 年、2002 年、2005 年,其中 1966 年、1967 年、1968 年、1978 年、1979 年干旱持续时间长达 5 个月以上,1994 年、1995 年干旱持续时间长达 3 个月以上;区域性重涝共出现 14 次,分别出现于 1963 年、1964 年、1973 年、1976 年、1983 年、1984 年、1991 年、1992 年、1998 年、1999 年、2000 年、2003 年、2004 年、2010 年,其中 1976 年、1983 年、1984 年、2000 年持续时间长达 3 个月以上,1991 年、1992 年、2003 年更是长达 5 个月以上。

　　以上分析可以看出,安徽省降水年际、年内变化极大,极易造成旱涝灾害。

　　在完成安徽省单站 SPI 计算后,根据不同分区内降水量观测站点,利用式(4-20)计算区域旱涝指数,并根据表 4-17 转化为区域旱涝等级,并绘制季节阶段旱涝等级变化图。

4.2.4.4　Ⅰ区旱涝变化规律分析

　　近 50 年春夏秋冬四季区域性 SPI3 指标(IFD3)的方差分别为:春季为 4.01,夏季为 3.79,秋季为 3.78,冬季为 3.82,可见,春冬季旱涝变化幅度最大,冬季次之,秋季最小,见图 4-22。

　　Ⅰ区多年平均降水量为 808.04 mm,春季多年平均降水量为 74.26 mm,占全年总降水量的 9.19%,由于降水时空分布不均,从 1961~2010 年共发生重涝以上灾情 7 次,发生重旱以上灾情 4 次,计算春季 SPI3(IFD3)趋势线倾向率 0.002 7,说明从长期变化趋势上看,安徽省春季水涝灾害增多,旱灾呈弱减少趋势,但变化趋势不显著。

　　夏季多年平均降水量为 211.88 mm,占全年总降水量的 26.22%,由于降水时空分布不均,从 1961~2010 年共发生重涝以上灾情 7 次,发生重旱以上灾情 3 次,计算夏季 SPI3(IFD3)趋势线倾向率 0.004 3,说明从长期变化趋势上看,安徽省夏季水涝灾害增多,旱灾呈弱减少趋势,但变化趋势不显著。

　　秋季多年平均降水量为 438.49 mm,占全年总降水量的 54.27%,由于降水时空分布不均,从 1961~2010 年共发生重涝以上灾情 7 次,发生重旱以上灾情 7 次,计算秋季 SPI3(IFD3)趋势线倾向率 −0.000 3,说明从长期变化趋势上看,安徽省秋季旱灾灾害增多,水涝呈弱减少趋势,但变化趋势不显著。

　　冬季多年平均降水量为 83.4 mm,占全年总降水量的 10.32%,由于降水时空分布不均,从 1961~2010 年共发生重涝以上灾情 8 次,发生重旱以上灾情 5 次,计算冬季 SPI3(IFD3)趋势线倾向率 0.001 5,说明从长期变化趋势上看,安徽省冬季水涝灾害增多,旱灾呈弱减少趋势,但变化趋势不显著。

4.2.4.5　Ⅱ区旱涝变化规律分析

　　近 50 年春夏秋冬四季区域性 SPI3 指标(IFD3)的方差分别为:春季为 3.94,夏季为 3.51,秋季为 3.6,冬季为 4.02,可见,冬季旱涝变化幅度最大,春季次之,夏季最小,见图 4-23。

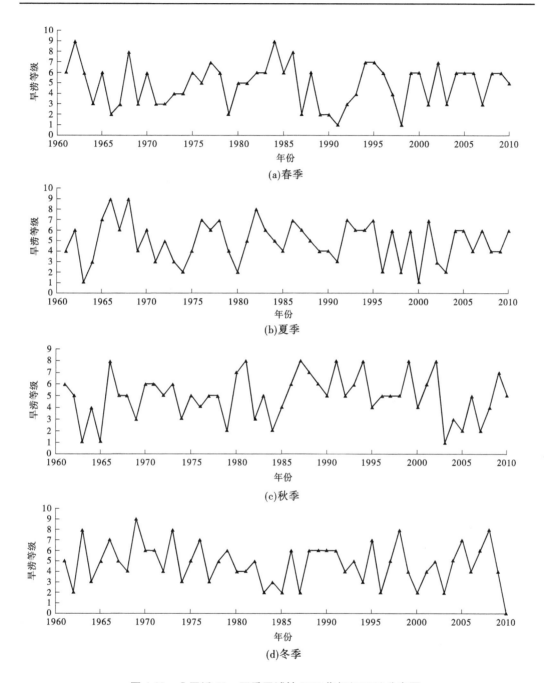

图 4-22　Ⅰ区近 50 a 四季区域性 SPI3 指标(IFD3)分布图

　　Ⅱ区多年平均降水量为 915.29 mm,春季多年平均降水量为 114.44 mm,占全年总降水量的 12.5%,由于降水时空分布不均,从 1961~2010 年共发生重涝以上灾情 8 次,发生重旱以上灾情 6 次,计算春季 SPI3(IFD3)趋势线倾向率 0.006 2,说明从长期变化趋势上看,安徽省春季水涝灾害增多,旱灾呈弱减少趋势,但变化趋势不显著。

　　夏季多年平均降水量为 274.99 mm,占全年总降水量的 30.04%,由于降水时空分布

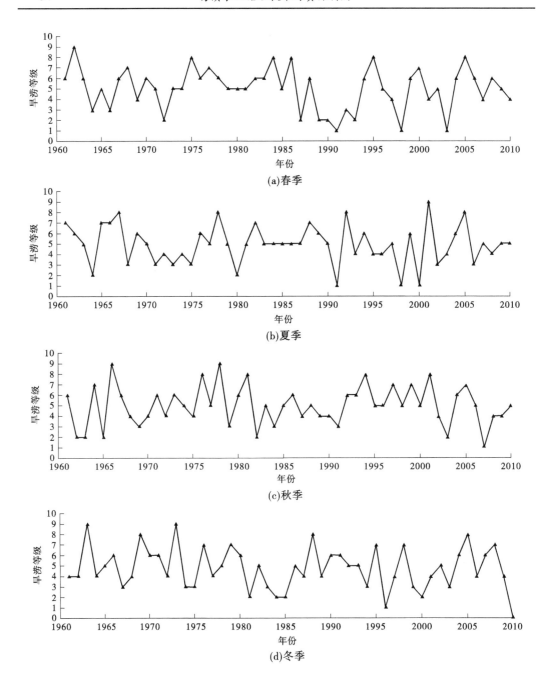

图 4-23　Ⅱ区近 50 年四季区域性 SPI3 指标(IFD3)分布图

不均,从 1961～2010 年共发生重涝以上灾情 5 次,发生重旱以上灾情 5 次,计算夏季 SPI3
(IFD3)趋势线倾向率 0.001 2,说明从长期变化趋势上看,安徽省夏季水涝灾害增多,旱灾
呈弱减少趋势,但变化趋势不显著。

　　秋季多年平均降水量为 414.73 mm,占全年总降水量的 45.31%,由于降水时空分布
不均,从 1961～2010 年共发生重涝以上灾情 6 次,发生重旱以上灾情 6 次,计算秋季 SPI3

（IFD3）趋势线倾向率 0.001 1，说明从长期变化趋势上看，安徽省秋季水涝灾害增多，旱灾呈弱减少趋势，但变化趋势不显著。

冬季多年平均降水量为 111.14 mm，占全年总降水量的 12.14%，由于降水时空分布不均，从 1961~2010 年共发生重涝以上灾情 6 次，发生重旱以上灾情 5 次，计算冬季 SPI3（IFD3）趋势线倾向率 0.003 7，说明从长期变化趋势上看，安徽省冬季水涝灾害增多，旱灾呈弱减少趋势，但变化趋势不显著。

4.2.4.6　Ⅲ区旱涝变化规律分析

近 50 年春夏秋冬四季区域性 SPI3 指标（IFD3）的方差分别为：春季为 3.92，夏季为 3.68，秋季为 3.68，冬季为 4.25，可见，冬季旱涝变化幅度最大，春季次之，夏秋季最小，见图 4-24。

Ⅲ区多年平均降水量为 1 127.16 mm，春季多年平均降水量为 179.81 mm，占全年总降水量的 15.95%，由于降水时空分布不均，从 1961~2010 年共发生重涝以上灾情 7 次，发生重旱以上灾情 5 次，计算春季 SPI3（IFD3）趋势线倾向率 0.015 6，说明从长期变化趋势上看，安徽省春季水涝灾害增多，旱灾呈弱减少趋势，但变化趋势不显著。

夏季多年平均降水量为 365.24 mm，占全年总降水量的 32.4%，由于降水时空分布不均，从 1961~2010 年共发生重涝以上灾情 6 次，发生重旱以上灾情 7 次，计算夏季 SPI3（IFD3）趋势线倾向率 0.001 6，说明从长期变化趋势上看，安徽省夏季水涝灾害增多，旱灾呈弱减少趋势，但变化趋势不显著。

秋季多年平均降水量为 430.83 mm，占全年总降水量的 38.22%，由于降水时空分布不均，从 1961~2010 年共发生重涝以上灾情 3 次，发生重旱以上灾情 8 次，计算秋季 SPI3（IFD3）趋势线倾向率 0.007 7，说明从长期变化趋势上看，安徽省秋季水涝灾害增多，旱灾呈弱减少趋势，但变化趋势不显著。

冬季多年平均降水量为 151.27 mm，占全年总降水量的 13.42%，由于降水时空分布不均，从 1961~2010 年共发生重涝以上灾情 5 次，发生重旱以上灾情 6 次，计算冬季 SPI3（IFD3）趋势线倾向率 −0.000 9，说明从长期变化趋势上看，安徽省冬季旱灾灾害增多，水涝呈弱减少趋势，但变化趋势不显著。

4.2.4.7　Ⅳ区旱涝变化规律分析

近 50 年春夏秋冬四季区域性 SPI3 指标（IFD3）的方差分别为：春季为 3.66，夏季为 3.3，秋季为 3.58，冬季为 3.99，可见，冬季旱涝变化幅度最大，春季次之，夏季最小，见图 4-25。

Ⅳ区多年平均降水量为 1 537.7 mm，春季多年平均降水量为 280.78 mm，占全年总降水量的 18.26%，由于降水时空分布不均，从 1961~2010 年共发生重涝以上灾情 6 次，发生重旱以上灾情 6 次，计算春季 SPI3（IFD3）趋势线倾向率 0.018 5，说明从长期变化趋势上看，安徽省春季水涝灾害增多，旱灾呈弱减少趋势，但变化趋势不显著。

夏季多年平均降水量为 606.7 mm，占全年总降水量的 39.46%，由于降水时空分布不均，从 1961~2010 年共发生重涝以上灾情 6 次，发生重旱以上灾情 4 次，计算夏季 SPI3（IFD3）趋势线倾向率 −0.001 6，说明从长期变化趋势上看，安徽省夏季水涝灾害减少，旱灾呈弱增多趋势，但变化趋势不显著。

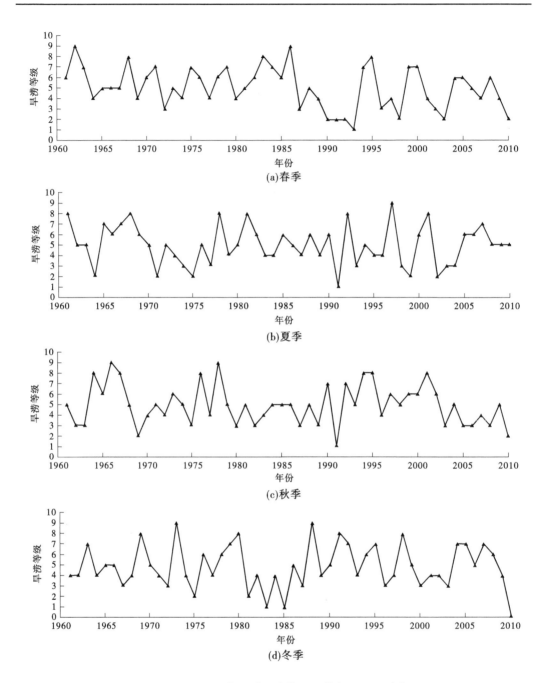

图 4-24　Ⅲ区近 50 年四季区域性 SPI3 指标(IFD3)分布图

秋季多年平均降水量为 467.07 mm,占全年总降水量的 30.37%,由于降水时空分布不均,从 1961~2010 年共发生重涝以上灾情 5 次,发生重旱以上灾情 3 次,计算秋季 SPI3(IFD3)趋势线倾向率 0.002,说明从长期变化趋势上看,安徽省秋季旱灾灾害减少,水涝呈弱趋势增多,但变化趋势不显著。

冬季多年平均降水量为 183.14 mm,占全年总降水量的 11.91%,由于降水时空分布

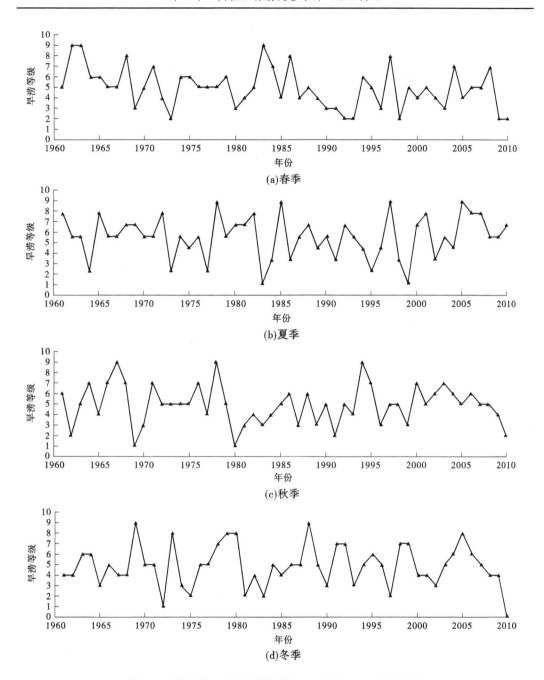

图 4-25　Ⅳ区近 50 年四季区域性 SPI3 指标(IFD3)分布图

不均,从 1961~2010 年共发生重涝以上灾情 6 次,发生重旱以上灾情 6 次,计算冬季 SPI3 (IFD3)趋势线倾向率−0.003,说明从长期变化趋势上看,安徽省冬季水涝灾害减少,旱灾呈弱增多趋势,但变化趋势不显著。

4.2.4.8　涝渍伴随特性研究

1.降水变化特征分析

淮北雨季平均长度为 22 d,平均降水量为 182 mm,近 49 年来没有明显的上升或下降趋势,但具有比较明显的年代际变化特征,年际变化波动很大。淮北雨季平均开始日为 6 月 25 日,49 年里共有 11 年开始偏早和 9 年开始偏晚,开始日最早和最晚相差达 40 d。淮北雨季平均结束日为 7 月 16 日,共有 9 年结束偏早和 10 年结束偏晚,结束日最早和最晚相差达 48 天。1961 年以来仅有两年淮北雨季是在 8 月结束,表明淮北雨季发生时期主要在 6 月和 7 月之间。淮北平原的降水主要集中在汛期,统计结果表明,汛期降水量占全年降水量 60% 以上,其中主汛期 6~8 月占年降水量的一半左右。主汛期降水的显著特点是降水强度大、暴雨集中,常常造成洪涝灾害。

淮北平原平均年水量 760~920 mm,呈自南向北递减大趋势,但从上世纪 90 年代到本世纪,大部分台站出现了有气象记录以来的年降水量的历史极大值。从 50 年的降水趋势分析,淮北平原年降水变化可以分为三个区,即南部沿淮区、西北区和东北区。20 世纪 90 年代以来,各区年降水量虽有增加,但其整体上增加的趋势均不明显。淮北平原年降水量年际间波动较大,变异系数达到 0.23~0.31,平均为 0.26;最大极差达到 1 151.5 mm,最小极差也达到了 899.8 mm,平均 1 000.7 mm,最大极比达到 3.46,最小 2.61,平均 3.14。丰水年和枯水年降水量差异较大,是导致淮北平原旱涝频繁的主导因素。

淮北平原主汛期平均降水量为 460.9 mm,占全年降水量的 54%,但年际间波动较大,变异系数达到 0.39,极比达到 5.07,均比年降水变异系数、极比值明显偏大,表明主汛期降水年际间多寡十分不均,是夏季洪涝和伏旱多发的主导因素。淮北平原多年平均暴雨日数为 2.96 d/站·年,南北分布差异不大。1990 年以来,暴雨日数有增加的趋势,并且暴雨日较集中,整个淮北雨季范围内总体平均为 11.2 d,占淮北雨季平均长度的一半,表明淮北雨季期间,平均有 一半为降水日,易造成洪涝(渍)灾害。

2.涝渍伴随特性

涝渍灾害的形成与当地气候、土壤、种植结构、作物品种等有关系。大范围持续性的暴雨或连阴雨则容易形成涝渍灾害。涝害是土表积水不能迅速排泄从而影响作物生长,渍害与土壤的关系更密切,是土壤中的水分过剩从而抑制作物的正常生长的灾害。涝渍灾害的发生常常伴有大量或长时期的降水,形成暴雨或连阴雨天气。涝渍常给作物的生长发育与产量构成影响。

淮北地区在春夏时节通常出现多个强降水过程,当第一次降水过程产生的地表水排除不久甚至还没有完全排除、地下水位尚处于高水位或耕层土壤水分仍处于过饱和状态时,第二次降水过程又发生了,因而出现涝去渍存、渍未了又受涝、涝后持续受渍的情况。如果区内调蓄能力较大、排水工程体系以及排水管理比较完善,涝渍作用的持续时间就会缩短,对作物的影响就会小一些。反之,如果不能在一定时间削弱涝渍作用强度,将会造成较大损失。根据涝渍发生情况,可将涝渍相随的作用形式分为持续受渍型和涝渍综合型。一般持续受渍型其田间滞水时间较短(1 d 内或数小时),主要特征是在作物生长的某个时期或阶段地下水位偏高,使土壤水分特别是根系活动层水分出现了不适应作物生长发育的状况。涝渍综合型的主要特征是在一个或几个相隔时间较短的强降水影响下,作物在某个时期或阶段受涝渍双重胁迫,可分为先涝后渍型和先渍后涝型。

涝渍灾害对作物的危害主要是由于水分过多诱导产生次生胁迫。涝渍环境下作物所受到的伤害首先发生在根部,通过对其生长发育的影响,进而最终影响作物的产量和质量。从作物生理角度看,根系缺氧、酶保护系统受到极大破坏,从而引起植物体生物代谢功能发生紊乱,造成作物减产或失收。

涝渍灾害产生的降水特征是单独一场降水量不小于最小透雨,相邻两场降水量之和大于 150 mm,相邻两场降水间隔 1~5 d;或每场降水 100 mm 以上、彼此相隔 6~10 d;每场降水不小于 150 mm、相邻两场降水间隔 10 d 以上;相邻两场降水中,一场介于 20~300 mm,一场介于 60~150 mm,彼此间隔 6~10 d。

4.2.5　渍害田治理对策及建议

4.2.5.1　土壤培肥改良

砂姜黑土是黄淮海平原三大低产土壤之一,有近 2/3 分布于淮北平原。该土壤自动调节水分的能力差,易涝,易渍,并且常常是涝、渍灾害交替发生或伴随发生。砂姜黑土的土壤特性使农作物产量长期低而不稳。

(1)砂姜黑土特点。砂姜黑土土体构造不良,土壤物理性状差,养份含量低,耕作层浅(一般仅 12 cm 左右),犁底层只有 15~20 cm,该土层除耕作层为粒状结构外,其余土层土体均呈棱柱状结构,容重较大。土壤的总孔隙度和通气孔隙度都很小,耕作层为 47%和 8%,其余土层分别在 45%和 2%左右。在机械组成上,耕作层黏粒含量比犁底层和砂姜层低,平均为 22.95%,粉砂含量在 57%以上。这种土体构造和物理性状,易造成干旱坚硬,遇水泥泞,耕作不良,作物适耕期短,只有 3~5 d。砂姜黑土耕层粉砂含量高,有机质含量底,湿时由于土壤膨胀系数大,封闭孔隙,加上犁底层透水性弱,雨水难于下渗,同时整体地下水位又较高,遇水后很快土壤水分就达到饱和,而产生涝渍灾害。这种状况不仅影响作物生长,而且严重制约土壤中水肥气热的协调。尤其在雨季,地下水位不足 1 m,30~50 cm 以下土壤湿度较高,有效蓄水容积很小,只要一般的降雨量就导致土壤含水量超过田间持水量,以至土壤达到饱和而造成涝渍。

(2)秸秆还田。秸秆还田不仅可变废为宝,培肥土壤,提高土壤地力,降低无机化肥用量,节约农业生产成本,促进农业可持续发展。长期施用秸秆可起到良好的改善土壤结构与培肥作用。因此,秸秆直接还田是充分利用农业资源,减少环境污染最有效的措施之一。还田秸秆的质量要符合要求,严重病虫害的作物秸秆不适宜于直接还田,同时保持还田秸秆的含水量在 10%~25%;还田秸秆粉碎的质量要符合要求,一般要求秸秆合格切碎长度小于 15 cm,翻埋深度大于 20 cm,旋埋深度 7~15 cm;同时合理使用促腐剂,要求使用的促腐剂产品质量与技术指标要达到"农用微生物菌剂 GB 20287—2006"要求,并适应淮北地区的施用环境,用法和用量严格按照促腐剂产品的使用说明进行。

(3)施用有机肥或有机复合肥。有机肥或有机复合肥具有有机质含量高,使用方便等特点。由于成本较高,一般用在高效的设施农业和果树上,使用方法上最好集中施用,例如进行条施穴施。

(4)合理使用粉煤灰等无机物料。改良土壤,除了有机物料改良土壤外,施用化学改良剂、粉煤灰等均有较好的改良土壤效果。施用适量的粉煤灰可降低砂姜黑土耕层容重。

(5)推广平衡施肥技术。建立长期定点监测点和监测网络,进行实时土壤养分检测。推广平衡施肥主要也把握以下几方面的关键技术:一是进行土壤养分测试和作物需肥特性试验以及肥料养分检测。摸清土壤养分现状,另一方面要加强作物需肥规律和施肥效应研究,做到因土因作物平衡施肥。另外,由于肥料品种和产地不同,其质量也可能会有差异,因此也需要对使用的肥料进行检测,以保证肥料(原料)的质量。建立试验、示范区,确定合理施肥用量及比例。将肥料试验、示范资料及土壤分析测试数据进行收集、汇总,经过专业分析后,提出各类土壤、各种作物、各种元素的肥料最佳施用量、施肥时期、施肥次数、科学的施用方法等建议。在有条件的地方建立平衡施肥配肥站或推广使用专用肥。配肥站(厂)根据肥料平衡配方,配置出不同区域、各种作物的配方肥料,直接供应农户,或者把平衡施肥技术物化,由肥料企业生产出专用肥,指导农民使用。

4.2.5.2　农田排水系统

淮北平原农田排水系统一般分为三级,局部洼地采用四级,由田间排水系统和骨干排水系统组成。

1.田间排水系统

由于田间排水沟直接与农田排水地块相连,在骨干排水沟断面合理、建筑物配套且无水路阻碍的情况下,它对于排除农田积水、降低土壤上层地下水位和作物主要根系区的多余土壤水分更直接、更有效,成为农田排涝排渍的基础。

田间排水系统直接与排水地块相连结。工程有小沟、毛沟、地头沟(又称为腰沟)、犁沟(又称墒沟)等,其中小沟为固定末级排水沟,它们共同肩负排涝和排渍双重任务。淮北地下排水工程即暗管和鼠洞规模非常有限,因种种原因,现已大都报废。

2.骨干排水系统

骨干排水系统系指大中级排水沟,主要任务是担负涝渍水的输送。它是连接田间工程和容泄区的骨干排水沟。对于一个完整的农田排水系统而言,若骨干工程排水能力较低,就不能及时完成输水和水位控制任务,从而会降低田间排水工程的效果。

3.分区排水系统规划工程规格标准

分区排水系统规划工程规格标准见表 4-12～表 4-15。

表 4-12　河灌区排水系统规格标准

沟类型	间距(m)	沟深(m)	边坡	底宽(m)
大沟	1 500～2 500	3.5～4.5	1∶2.0～1∶3.0	5.0
中沟	600～800	2.5～3.0	1∶2.0	2.0
小沟	100～200	1.0～1.5	1∶1.0～1∶1.5	1.0
毛沟	30～40	0.8～1.0	1∶1.0	0.5

表 4-13　井灌区排水沟规格标准

沟类型	间距(m)	沟深(m)	边坡	底宽(m)
大沟	2 000～3 000	3.0	1∶2.0～1∶3.0	5.0
中沟	600～800	2.0	1∶1.5～2.0	2.0
小沟	200～250	1.0～1.5	1∶1.0～1∶1.5	0.5
毛沟	100～150	0.7～1.2	1∶1.0	0.3

表 4-14　一般平坡地区排水沟规格标准

沟类型	间距(m)	沟深(m)	边坡	底宽(m)
大沟	1 000~2 000	3.0~3.5	1∶3.0	5.0
中沟	600~800	2.0~2.5	1∶2.0	2.0
小沟	150~250	1.0~1.5	1∶1.0~1∶1.5	0.5
毛沟	80~120	0.6~1.0	1∶1.0	0.5

表 4-15　井灌井排区各级排水沟规格标准

沟类型	间距(m)	沟深(m)	边坡	底宽(m)
大沟	1 500~2 500	3.0~4.0	1∶2.0~1∶3.0	5.0
中沟	500~1 000	1.2~2.0	1∶1.5~1∶2.0	2.0
小沟	200~250	1.0~1.2	1∶1.0~1∶1.5	0.5
毛沟	100~150	0.7~1.0	1∶1.0	0.3

4.2.5.3　农田组合排水系统

1.沟井组合形式

在沟井组合区,由于雨前地下水位埋深大,这样就缓和了雨季雨多而集中的矛盾。因此沟井组合排水系统,在雨季之前,正值农作物缺水之际,利用井灌降低地下水位,这样在遇到大雨、中雨或连阴雨的天气,即可减缓或不发生涝渍灾害,其排水沟的设计规格标准也可适当减小,有利于减少工程造价及占地面积。

机井的出水量为 30~50 m³/h,单井影响半径为 100~150 m,单井抽水试验,稳定降深为 2.6 m 左右,停抽后约 16 h 即可恢复原水位。机井井深一般为 30~40 m。每眼机井控制约 100 亩地。

2.沟管结合形式

沟管结合除涝防渍组合排水以大、中沟构成骨干排水系统,小沟和暗管构成田间排水系统。由大、中、小三级排水明沟组成农田除涝排水系统,小沟和暗管构成控制地下水位的防渍系统。在整个农田排水系统中,小沟既要与大、中沟构成除涝系统满足除涝要求,又要与暗管构成防渍系统满足防渍要求,骨干排水系统大、中沟按照传统方法,根据区域排水规划统一布置。田间排水系统小沟与暗管的布置既要满足除涝防渍要求,又要经济合理。排水暗管一般采用一级排水管,排水暗管垂直小沟布置。

沟管结合除涝防渍组合中沟间距 500~700 m,小沟间距 220~250 m,小沟垂直中沟布置。断面尺寸为沟深 1.2 m,底宽 1.0 m,边坡为 1∶1,暗管埋深 1.0 m,垂直于小沟布置,坡降 1/1 000,间距 40~60 m。

4.3　黑龙江三江平原

4.3.1　区域概况

4.3.1.1　**地形地貌**

黑龙江省位于中国东北边陲,是中国位置最北、纬度最高的省份。地理北纬 43°26′ 至北纬 53°34′,南北相距 1 120 km,纵跨 10 个纬度以及寒温带和中温带两个热量带;东经 121°10′ 到东经 135°05′,东西相距 930 km,横跨 14 个经度以及湿润、半湿润和半干旱三个湿润区。黑龙江省西部与内蒙古自治区毗邻,南部与吉林省接壤,北部和东部以黑龙江和乌苏里江与俄罗斯为界,总面积 47.3 万 km^2。

三江平原位于黑龙江省东北部,包括黑龙江、松花江与乌苏里江汇流的三角地带,以及倭肯河、穆棱河流域和兴凯湖平原。其范围东起乌苏里江,西接汤旺河与牡丹江分水岭,南至大兴凯湖与绥芬河分水岭,北界黑龙江。全区总控制面积 10.89 万 km^2,占全省总面积的 22.6%,其中山区面积为 3.75 万 km^2,丘陵面积为 0.94 万 km^2,平原面积为 6.2 万 km^2。耕地面积约为 467 万 km^2。

全区地形西南高东北低。西北部是小兴安岭东南沿,构成低丘陵地貌;南部有隆起的完达山脉东西横置,完达山西部有勃依弧形构造断陷盆地形成倭肯河谷;在小兴安岭东南沿有梧桐河、嘟噜河等南北向河谷及完达山纵横切割河谷,组成山区河谷地貌单元。第四纪以来一直间歇性沉降,尤其全新纪以来下沉更甚,经三条大江冲积形成沉降的三江低冲积平原;在完达山以南有沉降的穆棱河、兴凯湖冲积低平原,组成平原区地貌单元。平原区河网稀少,坡降平缓,一般为 1/7 000~1/10 000。地面高程约 50~80 m,沼泽化湿地大片分布,土质黏重,易受渍涝灾害。

4.3.1.2　**气象**

黑龙江省地处北半球中纬度,欧亚大陆的东部、大西洋西岸,属于北温带(局部地区)及中温带大陆季风性气候。气候特点是气温变化大、日照时间长、降水量过分集中。春季多风、少雨干旱;夏季短促而高温多雨;秋季降温急剧,常有霜冻发生;冬季漫长、严寒干燥。黑龙江省是全国气温最低的省份,年平均气温自北向南变化在 -4.3~5.1 ℃,全年有 5 个月平均气温在 0 ℃ 以下,大兴安岭北部山区则长达 7 个月之久。

三江平原区属寒温带半湿润大陆季风气候区,冬季受西伯利亚寒流控制,气候寒冷干燥,一月份平均气温 -19 ℃,结冻期 140~190 d,冻土深度 1.4~2.5 m,春季气候多变,气温回升快,多大风,易旱易涝。夏季受副热带海洋气团影响,气候温热,雨量充沛,七月份平均气温 21~22 ℃。多年平均降雨量 550 mm,降水时空分配很不均匀,70% 集中在作物生长季节。年平均相对湿度为 61%~72%,陆面蒸发量 300~500 mm,无霜期 120~140 d。年平均气温 1.3~3.9 ℃,全年日平均气温大于 10 ℃ 的有效积温 2 250~2 800 ℃,农作物生长期日照 1 200~1 500 h,作物生长期太阳辐射量 66~77 千卡/ cm^2,光温资源丰富,雨热同季,适于小麦、大豆、玉米、水稻等多种作物生长。

4.3.1.3 河流水文

黑龙江境内河流纵横,水系发达,江河湖泊众多,有黑龙江、乌苏里江、松花江和绥芬河四大水系,有流域面积 50 km² 以上的河流 1 918 条。主要湖泊有兴凯湖、镜泊湖、五大连池等。全省水资源总量为 772.2 亿 m³,地表水和地下水水质良好,全省水面面积 108.4 万 hm²,其中江河湖泊水面 68.6 万 hm²,水库塘坝水面 39.8 万 hm²。全省地表水资源总量为 655.8 亿 m³,其时空分布趋势与降水基本一致。江河水质具有良好的天然性状,属重碳酸盐类水,矿化度不高,总硬度不大,一般符合灌溉、渔业及饮用水标准。全省地下水资源储量为 273.5 亿 m³,其中平原区储量 159.1 亿 m³,山丘区 125.1 亿 m³,年可开采量为 99.1 亿 m³。

三江平原山地丘陵区基岩风化裂隙潜水和局部构造破碎带承压水,由降雨下渗补给,含水层厚度 30～50 cm,潜水埋深 0～30 cm,矿化度小于 0.2 g/L,为重碳酸钙型水,pH 值为 5.9～7.4,单井出水量为 1～30 m³/h,个别达 30～40 m³/h,构造盆地砂岩、砂砾岩和泥页岩裂隙孔隙多层承压水,主要受基岩裂隙水和降雨补给,含水层厚 10～100 m,潜水埋深 1～15 m,矿化度 0.2～0.5 g/L,属重碳酸钙或钙钠型,pH 值 6～7,单井出水量上部为 30～50 m³/h,下层小于 10 m³/h;岗坡地砂层承压水,由于砂层较薄,单井出水量小于 10 m³/h,其下层风化裂隙水或裂隙空隙水,局部汇水条件好的地段单井出水量为 10～30 m³/h;河谷砂砾卵石层孔隙潜水含水层厚 2～45 m,补给来源为基岩裂隙潜水和降雨,水位埋深 0～5 m,矿化度小于 0.5 g/L,以碳酸钠型为主,单井出水量 10～100 t/h。三江低平原区地下普遍沉积有很厚的砂砾石层,自西部厚度 100 m 向东部递增,可达 300 m 左右。兴凯湖低平原含水层厚度约 10～100 m,补给来源除大气降水外,还有三大江补给,储量丰富,水质良好,矿化度一般小于 0.5 g/L,pH 值 6～7,总硬度 5～20,属低矿化度水,主要为碳酸钙钠型水。从分布看,挠力河以北为弱承压水,埋深 3～10 m,单井涌水量 150～300 t/h;挠力河以南为承压水,埋深 3～5 m,单井涌水量 30～50 t/h;萝北地区为潜水,埋深小于 4 m,单井涌水量 100～200 t/h;兴凯湖地区为弱承压水,埋深 1～4 m,单井涌水量 10～50 t/h。

4.3.1.4 土壤质地

全省土壤类型繁多,大部分比较肥沃,有机质和养分储量比全国其他省份高 2～5 倍。主要土类有以下几种:黑土是温带草甸条件下形成的土壤,土层较厚,有机质含量丰富,团粒结构,土壤中的水、肥、气、热协调好,肥力高。黑龙江省素以黑土闻名于世,主要分布在滨北、京哈铁路两侧的缓坡漫岗和地势较高的平地,黑土面积 482.5 万 hm²,占土壤总面积的 10.9%。黑钙土是在半干旱气候条件下形成的地带性土壤,其肥力仅次于黑土,主要分布在松嫩平原西部,全省共有 232.2 万 hm²,占土壤总面积的 5.2%。暗棕壤是温带湿润地区针阔混交林下发育的地带性土壤,主要分布在小兴安岭、张广才岭、老爷岭的中山、低山及其边缘丘陵地带,是黑龙江省面积最大的土类。全省共有 1 594.9 hm²,占土壤总面积的 36.0%。白浆土属于地带性土壤,主要分布在三江平原和张广才岭、老爷岭的漫岗、平地、低平地上。全省共有 331.4 万 hm²,占土壤总面积的 7.5%。草甸土是在地势低平、地下水位较高、土壤水分较多和草甸植被生长繁茂的条件下发育的非地带性土壤。主要分布在松嫩平原、三江平原的低平地,以及沿江河的河漫滩地带和山间谷底。全省共有 802.5 万 hm²,占土壤总面积的 18.1%。

三江平原土壤有五大类:棕壤、黑土、白浆土、草甸土及沼泽土。其中:棕壤面积 5 200 万亩,占全区总面积 31.86%,多分布在山地丘陵及松花江以北平原中的高地上;黑土面积 1 000 万亩,占总面积 6.13%,多分布在平原中的高岗地和岗坡地上;白浆土面积 3 100 万亩,占总面积 19%,多分布在完达山前的岗平地和抚远三角地带;草甸土面积 4 194 万亩,占总面积 25.70%,多分布在平地、低平地及江河沿岸;沼泽土面积 2 184 万亩,占总面积 13.38%,多分布在广大低湿荒原中。上述的后三类土壤属湿地型土壤,质地黏重,渗透不良,易成渍涝,其总面积 9 480 万亩,占全区总面积的 58.10%。另外,还有少量泛滥土和苏打盐土分布于江河沿岸和零星分布于佳木斯至富锦一带盐化草甸土中,见表 4-16。

表 4-16　三江平原的土壤分布

类型	分布面积 (万亩)	占国土总面积 (%)	分布区域
棕壤	5 200	31.86	山地丘陵及松花江以北平原中的高地
黑土	1 000	6.13	平原中的高岗地和岗坡地
白浆土	3 100	19.00	完达山前的岗平地和抚远三角地带
草甸土	4 194	25.70	平地、低平地及江河沿岸
沼泽土	2 184	13.38	低湿荒原
泛滥土和苏打盐土	642	3.93	江河沿岸和佳木斯至富锦一带
合计	16 320	100.00	

4.3.2　渍害现状及存在的问题

4.3.2.1　涝渍灾害基本特征

降水量较大,降雨集中(一般 4~6 个月的降水量约占年降水量的 75% 以上)或降水持续时间长,水分下渗困难或径流滞缓是平原涝渍地形成的主要气候水文特征。在北方寒冷地区,冻层的融冻过程会使土壤产生一种特殊的水文层次,在春季,土壤融冻水或降水会由于冻层的顶托形成临时滞水而导致农田渍涝。

(1)三江平原涝渍形成的地质地貌条件。三江平原是松花江、黑龙江和乌苏里江及其支流多次改道变迁而形成的冲积低平原。第四纪以来,大部分地区处于间歇性缓慢下沉阶段,因而地势低平,坡降小,地面切割微弱,河道弯延曲折,河漫滩宽广,径流滞缓,在平原上遍布古河道、牛轭湖和形状大小各异的洼地,这些微地貌类型对地表径流的汇集起了很大的作用,加之地表组成物质黏重,水分下渗困难,故造成平原区水分较多形成渍害。

(2)地势平坦低洼,河流坡降平缓,水分下渗困难或径流滞缓。三江平原地区的主体是冲积低平原,面积为 6.2 万 km²,占土地总面积的 57%。平原地势平坦低洼,地面坡降在 1/6 000~1/15 000 左右,地表径流缓慢,而且微地形复杂,有很多蝶形、线形闭流区,降水滞蓄于低洼地区,难于排泄,长期积水,形成内涝。沼泽与湿地面积大,天然泡沼众多,河流坡降平缓,地下水位高。一到雨期,河流宣泄能力差,积水不易排除,产生渍涝灾害。

三江平原处于黑龙江省湿润、半湿润气候区,平均降水量 560 mm,年际间变化较大,最大达 800 mm,最小为 270 mm,由于降水年际年内分配不均,多集中在夏秋季节,7~9 月份降水量占全年降水量的 60% 左右,由于降水集中,易造成土壤饱和及地表积水,加上地势平坦低洼,土质黏重,天然泡沼众多,河流坡降平缓,一到雨期,河流宣泄能力差,积水不易排除,使涝渍灾害几乎年年发生。三江平原补给水源以大气降水和径流补给为主,其次是泛滥水、湖水和地下水补给。从三江平原分析,暴雨在生长季内发生频率少,暴雨量相对不大。三江平原主要成灾雨型是长历时降雨型和长历时、短历时两者叠加雨型,而不是短历时暴雨,故形成洪涝轻,渍害重的特点,渍害成为三江平原的主要矛盾。又由于受冻融影响,前一年秋涝必造成第二年春涝。

(3)涝渍灾害的水分来源主要为当地降水及径流补给和地下水等。在以三江平原为代表的北部低湿平原区,降水集中,7~8 月份常发生大范围降雨,有时也受台风影响,产生连续暴雨,由于一时难以排除,造成夏秋涝渍灾害。形成涝渍灾害的水分来源主要为当地降水及径流补给和地下水等,不同地区涝渍灾害的形成与降雨历时的关系也不尽相同。以当地降雨成涝为主的地区,涝渍灾害主要由长历时降雨形成的,但也与短期暴雨有很大关系。以客水入侵而形成的涝渍灾害主要由短期暴雨形成的,但也与长期降雨有一定关系。长历时降雨与短期暴雨是相互影响,互为因果的,它们的综合作用可造成某一区域大面积的涝渍灾害。冻层对土壤水分的传导、保蓄和隔水作用,使土壤产生了一种特殊的水文层次。春季,融冻水在冻层上形成一个临时上层滞水的自由水面,而在冻层上潴渍。

(4)冬季气温低,土壤中形成冰夹层,上部积水无法排除形成渍害。受到冻层和其他隔层顶托,在土体内形成临时上层滞水层。年降水量一般为 500~600 mm 上下,绝大部分集中在 4~9 月,占全年降水总量的 90% 左右,以 7~9 月为最多,占全年降水量的一半以上。年平均气温为 0.5~4 ℃。冬季严寒少雪,土壤冻结深、延续时间长,季节性冻层特别明显。土层冻结深度一般为 1.5~2.0 m,最深的近 3.0 m。从地表开始结冻到开始融冻,土壤冻结期为 120~200 d,从地表开始结冻到冻层融通,则可长达 120~240 d。一般由于秋雨大,气温下降,蒸发小,土壤过湿及地表积水尚来不及排除就被冻结,且受土壤热力作用,下层水向上层聚集,形成冰夹层,再加上冬春雨雪较多,第二年春天化冻时,出现地表积水与土壤过湿,形成具有高寒地区特色且难以防治的春季涝渍。

(5)表层土壤的性质及土壤母质岩层组成易形成渍害。三江平原地区土壤质地黏重,透水性差。该区现有耕地中白浆土和草甸土占 75%,雨期土壤水分超过农作物需水量,透性不良,积水难以下渗,渍涝严重。特别是荒地开垦后,结构被破坏,有机质减少,土壤有变黏的趋势。根据耕地土壤类型和水分来源,三江平原涝渍地可分为三种类型:①地表残积水型渍涝,以白浆土类为代表。由于表层土壤很薄,仅几厘米,心土黏重,即使土壤饱和,重力水也很少,降雨之后,常会有大量的地表水滞留在地表之上而形成涝渍;②地下上层滞水型涝渍,以黑土、草甸土、泥炭沼泽土为典型。由于表层土壤厚,结构好,孔隙度达 15% 以上,而心土黏重,透水性差,降雨大量入渗后受心土阻隔,滞蓄于上层土壤中直至饱和,形成地下上层滞水而导致涝渍;③地下水位过高型涝渍,主要分布在松花江、黑龙江沿岸和兴凯湖湖畔及一些古河道地区,此类型土壤透水性较好,心土无明显隔水层,但由于降水或地表、地下径流的补给,抬高了地下水位而造成季节性或长期渍泡耕层,形成渍涝。

4.3.2.2　存在的问题

（1）治涝工程标准低，工程不配套，影响工程效益的发挥。三江平原的治涝工程标准是根据其开发建设的不同阶段而逐步提高的。中华人民共和国成立至1974年，治涝工程只是为满足最基本的生活生产需要而实施的阶段，没有全面规划及科学论证，治涝工程标准普遍偏低，当时受经济条件限制，资金投入有限，人工和技术还不够发达，测量和规划欠长远，水利设施的耐用性和抗灾能力较弱。1974年至1982年，编制了规划，治涝工程逐步进入科学实施阶段，治涝标准为5年一遇，但由于投资有限，系统性的治涝配套工程较少；根据1982年水利部"三江平原治理座谈会"精神，骨干工程治涝标准为3年一遇，田间配套治涝标准为5年一遇；1998年以后，部分涝区工程的治理标准才提高到5年一遇。已治理的大部分涝区各级沟道不配套，建筑物缺乏，不少沟道因此而被道路堵塞，淤积现象日益严重。

（2）排水出路没有解决，承泄区没有整治或治理标准低。本地区大部分支流防洪治涝总体方案是筑堤为主方案，如挠力河等支流由于施工及投资等条件限制，河道没有整治，上游来水不能及时下泄，顶托两岸排水；如七星河、七虎林河河道治理标准低，设计水面线高于地面，影响排水效果。

（3）工程治理周期长，半截子工程多，影响工程效益的发挥。由于三江平原范围大，工程项目较多，国家和地方投资力度有限，很多工程项目依据可能投资进行，治理措施跟着旱涝年走，每遇连续旱年治涝工程徘徊不前，半截子治涝工程及不达标工程多，既有工程不能充分发挥效益。

（4）重建设，轻管理，工程管理的软硬件设施不健全。涝区工程为公益工程，多年来管理体制不健全，现有的管理职能远远满足不了日益发展的农业经济对涝区工程建设及管理需求。

4.3.3　涝渍伴随特性

4.3.3.1　三江平原成灾雨型

黑龙江省的暴雨，最早可于4月份出现在黑龙江省上游的呼玛河和松花江下游绥滨县，最晚在10月下旬结束于松花江下游汤原县和绰尔河泰来县。而暴雨主要集中在盛夏7、8月份。据1950~1985年共234次24 h雨量超过100 mm的大暴雨资料统计，其发生的时间集中在6~9月份，其中87%以上出现在7、8月份，而6、9两月不足12%。黑龙江省位于我国高纬度地区，受水汽输送距离的影响，暴雨持续时间较东北其他省份稍短，一次暴雨过程历时1~3 d，暴雨在时程分配上比较集中。从24 h雨量记录来看，黑龙江省境内都可能出现暴雨，除大兴安岭北部部分地区以外，可能出现日雨量超过100 mm的大暴雨，暴雨强度与地形、水汽来源方向存在密切的关系，小兴安岭、张广才岭对暴雨的形成起着重要的作用。小兴安岭南坡、西南坡及张广才岭西坡受地形抬升作用强烈，24 h雨量超过200 mm特大暴雨较为普遍。

长历时大降雨及长短历时大暴降雨迭加雨型是三江平原主要和最主要的成灾雨型，而不是短历时暴雨，形成洪涝轻、渍涝重的特点，渍涝及涝渍迭加是三江平原主要灾害。故渍涝是三江平原主要矛盾，治渍应为治理的主攻方向。

　　三江平原处于黑龙江省湿润、半湿润气候区,平均降水量 560 mm,年际间变化较大,最大达 800 mm,最小为 270 mm,由于降水年际年内分配不均,多集中在夏秋季节,7~9 月份降水量占全年降水量的 60% 左右。年内降雨集中,暴雨频繁,造成春旱和夏、秋涝。本地区属大陆季风气候区,夏秋受大陆季风影响,由太平洋补给水气,形成集中降雨,年雨量越大,汛期降雨比例越高。暴雨或特大暴雨形成的集中降雨,致使洪灾频繁。

4.3.3.2　研究方法

　　数据资料来源于中国气象局数据共享平台,共 32 个地面气象站,1960~2010 年逐月降水和平均气温观测数据。

　　标准化降水指数(Standardized Precipitation Index,简称 SPI)是一个基于降水量的相对简单的旱涝指数,只需要较长时间的降水量(一般应超过 30 年)资料,即可计算不同时间尺度的旱涝指数。该指数是将某一时间尺度的降水量时间序列看作服从 Γ 分布,考虑了降水服从偏态分布的实际,通过降水量的 Γ 分布概率密度函数求累积概率,再将累积概率进行标准化处理而得到。

　　旱涝灾害的直接原因是大气环流异常而导致降雨量过多或过少造成的,降雨量是重要的旱涝程度度量指标,然而旱涝实际上是指某地水分的缺余,其不仅与降雨量有关,还应与蒸发量有关。因此,在定义单站旱涝指数时,采用降水量与蒸发量之差作为计算旱涝指数的物理量,从而得到划分旱涝强度的标准。本书采用高桥浩一郎公式作为计算蒸发量的方法,高桥浩一郎的陆面蒸发经验公式为:

$$E = \frac{3\,100P}{3\,100 + 1.8P^2 \mathrm{EXP}\left(-\dfrac{34.4T}{235 + T}\right)} \qquad (4\text{-}10)$$

式中:E、P、T 分别为月地面蒸发量(mm)、月降水量(mm)和月平均气温(℃)。降水与蒸发量之差可作为衡量水分余缺的指标,用 X(mm)表示:

$$X = P - E \qquad (4\text{-}11)$$

　　设某一时间尺度下的水分余缺为 x,则其 gamma 分布的概率密度函数为:

$$g(x) = \frac{1}{\beta^{\alpha}\Gamma(\alpha)} x^{\alpha-1} \mathrm{e}^{\frac{-x}{\beta}} \qquad (x > 0)$$

$$\Gamma(\alpha) = \int_{0}^{\infty} y^{\alpha-1} \mathrm{e}^{-y} \mathrm{d}y \qquad (4\text{-}12)$$

式中:α、β 分别为形状参数和尺度参数;$\Gamma(\alpha)$ 为 gamma 函数。

　　用极大似然法估算 α、β 的值,可得:

$$\hat{\alpha} = \frac{1}{4A}\left(1 + \sqrt{1 + \frac{4A}{3}}\right) \qquad (4\text{-}13)$$

$$\hat{\beta} = \frac{\bar{x}}{\hat{\alpha}} \qquad (4\text{-}14)$$

在这里,$A = \ln(\bar{x}) - \dfrac{\sum \ln(x)}{n}$,$n$ 为观测系列长度。

　　由此,给定时间尺度的累积概率可计算如下:

$$G(x) = \int_0^x g(x)\,\mathrm{d}x = \frac{1}{\hat{\beta}^{\hat{\alpha}}\Gamma(\hat{\alpha})}\int_0^x x^{\hat{\alpha}-1}e^{-x/\hat{\beta}}\,\mathrm{d}x \qquad (4\text{-}15)$$

假设 $t=x/\hat{\beta}$，则式（4-15）转化为不完全 gamma 函数，

$$G(x) = \frac{1}{\Gamma(\hat{\alpha})}\int_0^x e^{-t}\,\mathrm{d}t \qquad (4\text{-}16)$$

由于 gamma 函数不包括 $x=0$ 的情况，但在实际情况中，水分余缺可能为 0，所以累积概率以下式表示：

$$H(x) = q + (1-q)G(x) \qquad (4\text{-}17)$$

式中：q 为水分余缺等于 0 的概率，如果 m 表示观测序列中水分余缺等于 0 的数量，则 $q = m/n$。

累积概率 $H(x)$ 此时可转化为标准正态分布函数。

当 $0 < H(x) \leqslant 0.5$ 时，

$$Z = SPI = -\left(t - \frac{c_0 + c_1 t + c_2 t^2}{1 + d_1 t + d_2 t^2 + d_3 t^3}\right)$$

$$t = \sqrt{\ln\left[\frac{1}{[H(x)]^2}\right]} \qquad (4\text{-}18)$$

当 $0.5 < H(x) \leqslant 1.0$ 时，

$$Z = SPI = t - \frac{c_0 + c_1 t + c_2 t^2}{1 + d_1 t + d_2 t^2 + d_3 t^3}$$

$$t = \sqrt{\ln\left[\frac{1}{1.0 - [H(x)]^2}\right]} \qquad (4\text{-}19)$$

式中：$c_0 = 2.515\,517$，$c_1 = 0.802\,853$，$c_2 = 0.010\,328$，$d_1 = 1.432\,788$，$d_2 = 0.189\,269$，$d_3 = 0.001\,308$。

根据上面的公式可以求得 SPI，根据 2006 年 11 月 1 日开始实施的 8 个气象国家标准之一的《气象干旱等级》（GBT 20481—2006）中旱涝的等级划分标准及等级命名，并参阅国内外应用 SPI 研究旱涝的相关文献，对表征单站旱涝严重程度的等级进行划分的标准参见表 4-17。

得到单站的旱涝指标序列之后，在计算区域旱涝指数时，如果采用各站 SPI 平均来作为区域旱涝指数，可能会出现旱情偏轻洪涝偏重的情况，因此拟采用在划分单站历年旱涝等级的基础上来计算区域旱涝指数，区域内单站旱涝对于区域旱涝的贡献，应该与其相应的旱涝等级出现的概率成反比，考虑到实际概率与理论概率相当接近，根据理论概率中各旱涝等级所出现的概率比值，同时为了计算的简便，采用下式计算区域旱涝指数：

$$\begin{cases} I_F = \sum_{i=1}^4 \dfrac{n_i}{p_i} + \dfrac{n_5^+}{p_5} \\[2mm] I_D = \sum_{i=6}^9 \dfrac{n_i}{p_i} + \dfrac{n_5^-}{p_5} \end{cases} \qquad (4\text{-}20)$$

式中：I_F 为雨涝指数；I_D 为干旱指数；p_i 是旱涝等级为 i 级所出现的概率；p_5 是旱涝等级为

5 级（本文中的正常级）所出现的概率；n_i 是区域内旱涝等级为 i 级的站数；n_5^- 为区域内负 5 级（正常级）站数；n_5^+ 为区域内正 5 级（正常级）站数。在本书中，定义区域旱涝指数

$$IFD = IF - ID \tag{4-21}$$

区域旱涝指数所对应的旱涝等级和灾情类型如表 4-17 所示。

表 4-17　基于 SPI 的旱涝等级划分标准

旱涝等级	SPI	旱涝类型	累积频率	理论概率（%）	区域旱涝指数 IFD
1	$\geqslant 2.0$	特涝	$97.72\% < P(\text{SPI})$	2.28	$\dfrac{n}{p_2} \leqslant I_F - I_D$
2	$[1.5, 2.0)$	重涝	$93.32\% \leqslant P(\text{SPI}) < 97.72\%$	4.4	$\dfrac{n}{p_3} \leqslant I_F - I_D < \dfrac{n}{p_2}$
3	$[1.0, 1.5)$	中涝	$84.13\% \leqslant P(\text{SPI}) < 93.32\%$	9.19	$\dfrac{n}{p_4} \leqslant I_F - I_D < \dfrac{n}{p_3}$
4	$[0.5, 1.0)$	轻涝	$69.15\% \leqslant P(\text{SPI}) < 84.13\%$	14.98	$\dfrac{n}{p_5} \leqslant I_F - I_D < \dfrac{n}{p_4}$
5	$(-0.5, 0.5)$	正常	$30.85\% \leqslant P(\text{SPI}) < 69.15\%$	38.3	$-\dfrac{n}{p_5} \leqslant I_F - I_D < \dfrac{n}{p_5}$
6	$(-1.0, -0.5]$	轻旱	$15.87\% \leqslant P(\text{SPI}) < 50.00\%$	14.98	$-\dfrac{n}{p_6} \leqslant I_F - I_D < -\dfrac{n}{p_5}$
7	$(-1.5, -1.0]$	中旱	$6.68\% \leqslant P(\text{SPI}) < 30.85\%$	9.19	$-\dfrac{n}{p_7} \leqslant I_F - I_D < -\dfrac{n}{p_6}$
8	$(-2.0, -1.5]$	重旱	$2.28\% \leqslant P(\text{SPI}) < 15.87\%$	4.4	$-\dfrac{n}{p_8} \leqslant I_F - I_D < -\dfrac{n}{p_7}$
9	$\leqslant 2.0$	特旱	$2.28\% \leqslant P(\text{SPI})$	2.28	$I_F - I_D \leqslant \dfrac{n}{p_8}$

区域旱涝指数在区域旱涝程度的时间分布上能在进行一定的反应，但在区域旱涝的空间分布上有一定的欠缺，因此本书采用经验正交函数分析方法分析长江中下游地区旱涝变化的敏感区域。经验正交函数分析方法（empirical orthogonal function，缩写为 EOF），也称特征向量分析（eigenvector analysis），或者主成分分析（principal component analysis，缩写为 PCA），是一种分析矩阵数据中的结构特征，提取主要数据特征量的一种方法。Lorenz 在 1950 年代首次将其引入气象和气候研究，现在在地学及其他学科中得到了非常广泛的应用。

EOF 基本原理是将包含多个空间点（变量）的气象要素场随时间变化进行分解，通过计算特征向量的方差贡献率，用几个方差较大的时间函数与其对应的空间函数乘积作为原气象要素场的估计。然而，EOF 分析虽然能反映区域的全域性特征，但不能清晰表示要素场局域特征，REOF 分析则是在全域特征分析基础上突出局域特征的客观分析方法。REOF 对 EOF 结果做方差最大正交旋转，重新分配方差，使各主成分间具有更多的分离性，得到旋转因子荷载向量，每个向量代表的是空间相关性分布结构，值越大代表相关性越好，接近 0 代表不相关，从而可以更好地对主成分分析结果进行合理的解释，并进行旱

涝的区域划分。

在进行数据分析前,首先要对原始数据进行极端值、异常值、缺测值等预处理,然后对标准化降水指数进行分类汇总成站点—时间降水量表,以矩阵 X 表示。

经验正交函数展开就是将变量场矩阵 X 分解成空间函数 V 和时间函数 T 二部分的乘积之和,即:

$$X = VT \tag{4-22}$$

根据正交性,V 和 T 应该满足 $\begin{cases} \sum_{i=1}^{m} v_{ik}v_{il} = 1 & \text{当 } k = l \text{ 时} \\ \sum_{j=1}^{n} t_{kj}t_{lj} = 0 & \text{当 } k \neq l \text{ 时} \end{cases}$,若 X 为距平资料矩阵,则方程 $X = VT$ 右乘 X',则 $XX' = VTT'V'$,根据实对称分析定理,则有 $XX' = V\Lambda V'$,其中,Λ 为 XX' 矩阵的特征值构成的对角矩阵,则可得 $TT' = \Lambda$,由特征向量的性质可知,$V'V$ 是单位矩阵,即满足正交性的要求。可见,空间函数矩阵可以由 XX' 中的特征向量求出。V 得出后,即可得到时间函数:$T = V'X$。

应用正交经验分解函数 5 对 SPI3 进行分析。首先对研究区域气象观测站降水数据进行筛选和分类汇总,然后还要对数据进行标准化处理。因为气象、降水变量存在季节性变化,平稳性很差,常造成经验正交函数不稳定。所以,进行气象、降水经验正交函数展开时需要对原始数据资料进行标准化处理,从而得到标准化矩阵。

得到标准化矩阵后,根据协方差公式 $S = X \cdot X'$,协方差阵 S 是一个实对称矩阵,运用求实对称矩阵特征值和特征向量的方法求得其特征值矩阵,常用方法为 Jacobi 方法。特征值矩阵为对角阵,对角元素即为协方差阵的特征值,将其按照大小排列后,计算各特征值的贡献率及累积贡献率。第 i 个特征值对应的特征向量(V 中的第 i 个列向量)和时间系数(T 中的第 i 个行向量)即为该气象场所对应的空间向量和时间系数。

4.3.3.3 空间变化特征

根据前述研究方法,计算协方差阵的特征值,将其按照大小排列后,再计算各特征值的贡献率及累积贡献率,计算结果如表 4-18 所示。

表 4-18　特征向量的贡献率和累积贡献百分率

主成分(SPI3)	特征向量编号						
	1	2	3	4	5	6	7
特征值	13.59	3.51	2.64	1.30	1.20	0.83	0.81
贡献率(%)	42.45	10.98	8.24	4.05	3.75	2.60	2.54
累积贡献率(%)	42.45	53.43	61.67	65.72	69.47	72.07	74.62

由表 4-18 可以看出,黑龙江省降水量场收敛性很好,第一主成分的方差占总体方差的 1/2 左右,前五个主成分方差累积贡献率达到 69.47%,第五个以后所占贡献很小,期间差异也很小。显然,前五个主成分及其特征向量就可以很好的表征黑龙江省降水变化和空间分布特征。

特征向量反映空间结构,但由于计算得出的 V 是归一化的,所有分量的平方和等于 1,在选取站点比较多时,每个站点上的分量比较小,且对同一气象场所取的站点数不同时,V 的分量值也不同。由特征向量和特征值的性质可知,对于同一个特征值,矩阵的特征向量可以相差任意常数倍。第 i 个特征值 λ_i 所对应的空间向量 Vi 和时间系数 Ti,由式 4-22 可知,$X_i = V_i \cdot T_i$,而 T_i 的均方差为 $\sqrt{\lambda_i}$,在此可以将 T_i 进行标准化处理,使该空间型表达出的 X_i 在量值上主要依赖于空间型,于是,$X_i = (V_i \cdot \sqrt{\lambda_i}) \cdot (T_i / \sqrt{\lambda_i})$,取 $EOF_i = V_i \cdot \sqrt{\lambda_i}$ 和 $PCA = T_i / \sqrt{\lambda_i}$ 为新的空间型和时间系数进行分析,EOF_i 的空间分布形势是与 V_i 图完全一致的,但包含了更多的数量信息。

将计算结果用 ArcGIS 软件进行地统计分析,并生成等值线图,各特征向量等值线分布图如图 4-26 所示。

图 4-26　第一特征向量空间分布图

图 4-26 给出了黑龙江省 3 个月时间尺度 SPI 第一特征向量空间分布情况,第一特征向量解释了总方差的 42.45%。从图中可以看出,第一特征向量均为负值,取值范围在 -0.3~0.78,而且高荷载值集中于北安、富裕、明水、绥化、依兰、通河、富锦一带,这表明由于降水受大尺度天气形势影响,黑龙江省旱涝具有总体一致的变化趋势,而且中部地区对全区域旱涝的贡献大于北部和南部,是旱涝变率最大的地区,也是旱涝脆弱区。

图 4-27 给出了黑龙江省 3 个月时间尺度 SPI 第二特征向量空间分布情况,第二特征向量解释了总方差的 10.98%。从图中可以看出,第二特征向量取值范围为 -0.4~0.5,沿伊春、铁力、绥化、安达、泰来为分界线,东南方为负值区,西北方为正值区,反映了南北相反的旱涝发生趋势,且向南北两个方向这种趋势表现更为明显,这方面的表现主要是受季风等气候引起的南北降水量变异的影响。

图 4-28 给出了黑龙江省 3 个月时间尺度 SPI 第三特征向量空间分布情况,第三特征向量解释了总方差的 10.98%。从图中可以看出,第三特征向量取值范围为 -0.4~0.4,沿嫩江、孙吴、伊春—鹤岗、铁力—依兰,哈尔滨—尚志为分界线,东南方和西北方为负值区,

图 4-27　第二特征向量空间分布图

图 4-28　第三特征向量空间分布图

西方为正值区,反映了东西相反的旱涝发生趋势,且向东西两个方向这种趋势表现更为明显,这方面的表现主要是受地理位置等方面的地理因素的影响。

　　图 4-29 给出了黑龙江省 3 个月时间尺度 SPI 第四特征向量空间分布情况,第四特征向量解释了总方差的 10.98%。从图中可以看出,第四特征向量取值范围为 $-0.5 \sim 0.3$,沿

图 4-29　第四特征向量空间分布图

嫩江、克山、安达、哈尔滨、鸡西为分界线,东北方为正值区,西南为负值区,反映了东西相反的旱涝发生趋势,且向东西—南北两个方向这种趋势表现更为明显,这方面的表现主要是受地形地貌、地理位置等方面的地理因素的影响。

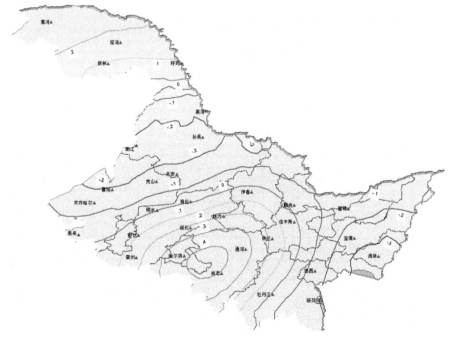

图 4-30　第五特征向量空间分布图

图 4-30 给出了黑龙江省 3 个月时间尺度 SPI 第五特征向量空间分布情况,第五特征向量解释了总方差的 10.98%。从图中可以看出,第五特征向量取值范围为 −0.3 ~ 0.4,沿明水、海伦、伊春、鹤岗、佳木斯、牡丹江为分界线,分界线东方、北方为负值区,西南方为正值区,反映了东西—南北相反的旱涝发生趋势,且向南北两个方向这种趋势表现更为明显,这方面的表现主要是受地形地貌、地理位置等方面的地理因素的影响。

通过 EOF 展开方法的讨论可以看出,黑龙江省的旱涝空间格局既有全区一致的现象,也存在区域内部南北、东西方向的差异以及地形因子的差异,但是其主要特点依然为纬向分布型,不能更为精细地描述不同地理区域的特征,因此在 EOF 分析的基础上,再进一步做最大正交方差旋转,进行 REOF 展开,可以得出非常细微的地理分区。由表 4-19 列出了旋转后的特征向量方差贡献。

表 4-19　旋转特征向量的贡献率和累积贡献百分率

主成分(SPI3)	特征向量编号				
	1	2	3	4	5
特征值	5.33	4.01	6.87	4.26	1.76
贡献率(%)	16.65	12.52	21.48	13.31	5.51
累积贡献率(%)	16.65	29.17	50.65	63.96	69.47

可以看出,前五个主成分的累积方差达到了 69.47%,可以用此来代表原始的向量场。对前五个主成分进行方差最大旋转,并由前五个旋转载荷向量对黑龙江省进行旱涝分区。REOF 空间分布图如下图 4-31 ~ 图 4-34 所示。

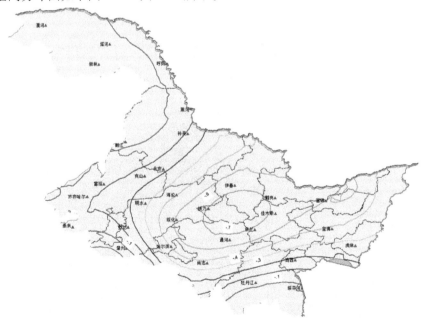

图 4-31　第一旋转特征向量空间分布图

图 4-32　第二旋转特征向量空间分布图

图 4-33　第三旋转特征向量空间分布图

由图 4-35 可知, 第一旋转荷载向量场的高荷载区位于黑龙江省中部地区, 第二旋转荷载向量场的高荷载区位于北部, 第三旋转荷载向量场的高荷载区位于中部偏西, 第四旋转荷载向量场的高荷载区位置中部偏东地区, 第五旋转荷载向量场的高荷载区东北部。

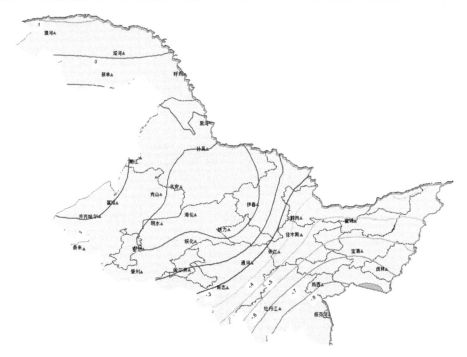

图 4-34　第四旋转特征向量空间分布图

图 4-35　第五旋转特征向量空间分布图

按载荷绝对值>0.6 的高载荷分布区域来考虑,将黑龙江省分为五个区域,分别为 Ⅰ 区北部区域、Ⅱ 区中部偏西区域、Ⅲ 区东部偏北、Ⅳ 区中部偏南区域、Ⅴ 区东南部区域。

图 4-36　基于旋转特征向量空间分区图

4.3.3.4　时间变化特征

SPI 具有多时间尺度的特征,如 12 月份 1 个月时间尺度的 SPI 代表了 12 月降水量的标准差,12 月份 3 个月的 SPI 代表了 10~12 月 3 个月降水量的标准差, 12 月份 12 个月的 SPI 代表了 1~12 月 12 个月降水量的标准差。本文主要分析 1 个月、3 个月、6 个月和 12 个月时间尺度的 SPI。

在完成不同时间尺度的单站 SPI 计算后,利用式(4-21)计算区域旱涝指数,见图 4-37。

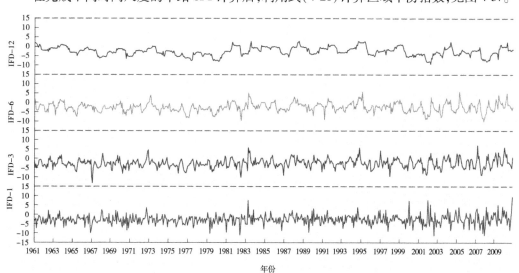

图 4-37　黑龙江省不同时间尺度区域旱涝指标

从图4-37可以看出,时间尺度短的区域旱涝指数和旱涝等级(1个月和3个月),由于受短时间降水影响比较大,指数在0值频繁上下波动,反应出短期的旱涝变化特征,随着时间尺度的加大,区域旱涝指数对短期降水的响应减慢,旱涝变化趋于稳定,周期比较突出。

从图4-37中12个月时间尺度旱涝指数逐月变化过程中可以看出,黑龙江省1961～2010年共出现区域性重旱11次,分别出现于1967年、1970年、1976年、1977年、1979年、1980年、2001年、2002年、2007年、2008年、2009年,其中1977年、1979年、1980年、2007年、2008年干旱持续时间长达5个月以上,1976年、2001年、2002年干旱持续时间长达3个月以上;区域性重涝共出现11次,分别出现于1961年、1981年、1983年、1988年、1991年、1994年、1995年、1999年、2004年、2009年、2010年,其中1961年、1988年、1999年涝持续时间长达3个月以上,1994年、1995年更是长达5个月以上。2009年还出现了由极涝到极旱的急转。

以上分析可以看出,黑龙江省降水年际、年内变化极大,极易造成旱涝灾害。

在完成黑龙江省单站SPI计算后,根据不同分区内降水量观测站点,利用式(4-21)计算区域旱涝指数,并根据表4-17转化为区域旱涝等级,并绘制各生育阶段旱涝等级变化图。

4.3.3.5 Ⅰ区旱涝变化规律分析

3个月时间尺度的区域性SPI(IFD)指标可用于分析季节旱涝,并且能够较好地代表农业旱涝变化状况。因此,本研究采用SPI3(IFD3)来分析区域旱涝的季节变化,用方差分析每个季节旱涝的变化幅度。结果表明,近50年春夏秋冬四季区域性SPI3指标(IFD3)的方差分别为:春季2.4,夏季3.05,秋季2.6,冬季2.98,可见,夏季旱涝变化幅度最大,冬季次之,春季最小,见图4-38。

Ⅰ区多年平均降水量为485.13 mm,春季多年平均降水量为15.29 mm,占全年总降水量的3.15%。由于降水时空分布不均,从1961～2010年共发生重涝以上灾情5次,发生重旱以上灾情2次。计算春季SPI3(IFD3)趋势线倾向率0.015 5,说明从长期变化趋势上看,黑龙江省春季水涝灾害增多,旱灾呈弱减少趋势,但变化趋势不显著。

夏季多年平均降水量为142.23 mm,占全年总降水量的29.32%,由于降水时空分布不均,从1961～2010年共发生重涝以上灾情3次,发生重旱以上灾情5次。计算夏季SPI3(IFD3)趋势线倾向率0.006 4,说明从长期变化趋势上看,黑龙江省夏季水涝灾害增多,旱灾呈弱减少趋势,但变化趋势不显著。

秋季多年平均降水量为290.54 mm,占全年总降水量的59.89%,由于降水时空分布不均,从1961～2010年共发生重涝以上灾情3次,发生重旱以上灾情4次。计算秋季SPI3(IFD3)趋势线倾向率-0.003 8,说明从长期变化趋势上看,黑龙江省秋季旱灾灾害增多,水涝呈弱减少趋势,但变化趋势不显著。

冬季多年平均降水量为37.07 mm,占全年总降水量的7.64%,由于降水时空分布不均,从1961～2010年共发生重涝以上灾情5次,发生重旱以上灾情3次。计算冬夏季SPI3(IFD3)趋势线倾向率0.013 6,说明从长期变化趋势上看,黑龙江省冬季水涝灾害增多,旱灾呈弱减少趋势,但变化趋势不显著。

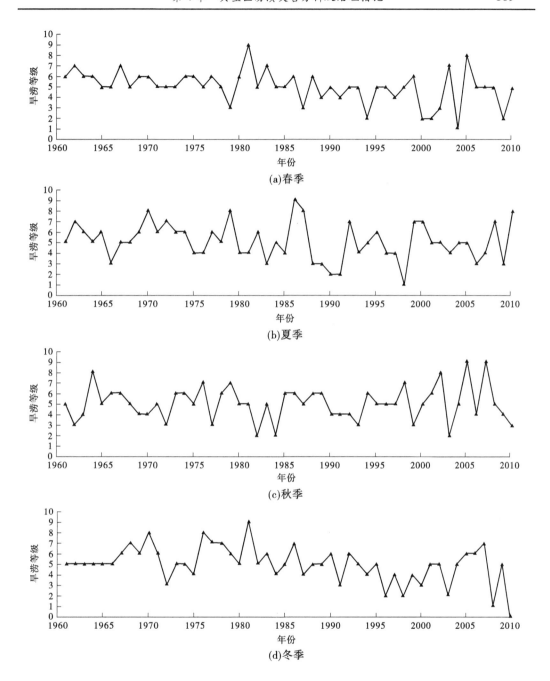

图 4-38 Ⅰ区不同季节 SPI3(IFD3)变化图

4.3.3.6 Ⅱ区旱涝变化规律分析

近 50 年春夏秋冬四季区域性 SPI3 指标(IFD3)的方差分别为:春季 3.04,夏季 3.28,秋季 3.28,冬季 4.24,可见,夏秋两季旱涝变化幅度最大,冬季次之,春季最小,见图 4-39。

Ⅱ区多年平均降水量为 480.62 mm,春季多年平均降水量为 12.01 mm,占全年总降水量的 2.5%,由于降水时空分布不均,从 1961～2010 年共发生重涝以上灾情 5 次,发生重旱

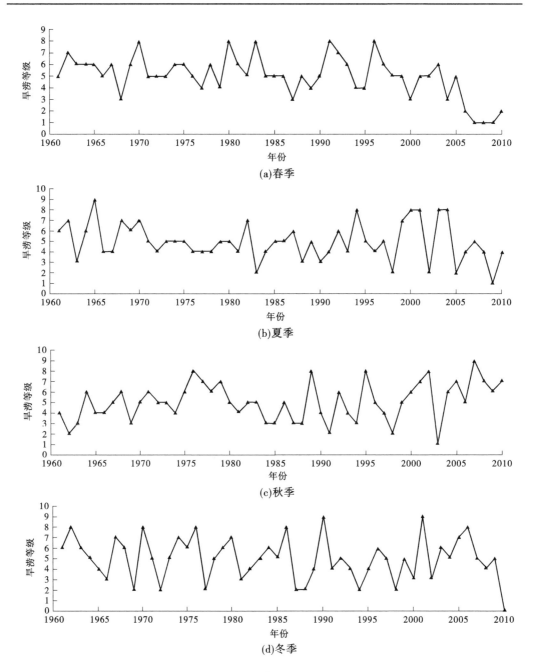

图 4-39　Ⅱ区不同季节 SPI3(IFD3)变化图

以上灾情 5 次。计算春季 SPI3(IFD3)趋势线倾向率 0.035 7,说明从长期变化趋势上看,黑龙江省春季水涝灾害增多,旱灾呈弱减少趋势,但变化趋势不显著。

夏季多年平均降水量为 137.46 mm,占全年总降水量的 28.6%,由于降水时空分布不均,从 1961~2010 年共发生重涝以上灾情 5 次,发生重旱以上灾情 6 次。计算夏季 SPI3(IFD3)趋势线倾向率 0.017 3,说明从长期变化趋势上看,黑龙江省夏季水涝灾害增多,旱灾呈弱减少趋势,但变化趋势不显著。

秋季多年平均降水量为 301.69 mm,占全年总降水量的 62.77%,,由于降水时空分布不均,从 1961～2010 年共发生重涝以上灾情 4 次,发生重旱以上灾情 5 次。计算秋季 SPI3(IFD3)趋势线倾向率-0.015 2,说明从长期变化趋势上看,黑龙江省秋季旱灾灾害增多,水涝呈弱减少趋势,但变化趋势不显著。

冬季多年平均降水量为 29.46 mm,占全年总降水量的 6.13%,,由于降水时空分布不均,从 1961～2010 年共发生重涝以上灾情 8 次,发生重旱以上灾情 7 次。计算冬季 SPI3(IFD3)趋势线倾向率 0.005 7,说明从长期变化趋势上看,黑龙江省冬季水涝灾害增多,旱灾呈弱减少趋势,但变化趋势不显著。

4.3.3.7　Ⅲ区旱涝变化规律分析

近 50 年春夏秋冬四季区域性 SPI3 指标(IFD3)的方差分别为:春季 3.7,夏季 3.12,秋季 3.48,冬季 4.12,可见,冬季旱涝变化幅度最大,春季次之,夏季最小,见图 4-40。

Ⅲ区多年平均降水量为 575.62 mm,春季多年平均降水量为 21.09 mm,占全年总降水量的 3.66%,由于降水时空分布不均,从 1961～2010 年共发生重涝以上灾情 7 次,发生重旱以上灾情 4 次,计算春季 SPI3(IFD3)趋势线倾向率 0.028 1,说明从长期变化趋势上看,黑龙江省春季水涝灾害增多,旱灾呈弱减少趋势,但变化趋势不显著。

夏季多年平均降水量为 166.79 mm,占全年总降水量的 28.98%,由于降水时空分布不均,从 1961～2010 年共发生重涝以上灾情 3 次,发生重旱以上灾情 5 次,计算夏季 SPI3(IFD3)趋势线倾向率 0.005 9,说明从长期变化趋势上看,黑龙江省夏季水涝灾害增多,旱灾呈弱减少趋势,但变化趋势不显著。

秋季多年平均降水量为 337.06 mm,占全年总降水量的 58.56%,由于降水时空分布不均,从 1961～2010 年共发生重涝以上灾情 6 次,发生重旱以上灾情 9 次,计算秋季 SPI3(IFD3)趋势线倾向率-0.012 2,说明从长期变化趋势上看,黑龙江省秋季旱灾灾害增多,水涝呈弱减少趋势,但变化趋势不显著。

冬季多年平均降水量为 50.68 mm,占全年总降水量的 8.8%,由于降水时空分布不均,从 1961～2010 年共发生重涝以上灾情 8 次,发生重旱以上灾情 7 次,计算冬季 SPI3(IFD3)趋势线倾向率 0.005 9,说明从长期变化趋势上看,黑龙江省冬季水涝灾害增多,旱灾呈弱减少趋势,但变化趋势不显著。

4.3.3.8　Ⅳ区旱涝变化规律分析

近 50 年春夏秋冬四季区域性 SPI3 指标(IFD3)的方差分别为:春季 3.5,夏季 3.51,秋季 3.34,冬季 3.75,可见,冬旱涝变化幅度最大,夏季次之,秋季最小,见图 4-41。

Ⅳ区多年平均降水量为 541.93 mm,春季多年平均降水量为 19.11 mm,占全年总降水量的 3.53%,由于降水时空分布不均,从 1961～2010 年共发生重涝以上灾情 7 次,发生重旱以上灾情 3 次,计算春季 SPI3(IFD3)趋势线倾向率 0.005,说明从长期变化趋势上看,黑龙江省春季水涝灾害增多,旱灾呈弱减少趋势,但变化趋势不显著。

夏季多年平均降水量为 156.56 mm,占全年总降水量的 28.89%,由于降水时空分布不均,从 1961～2010 年共发生重涝以上灾情 8 次,发生重旱以上灾情 3 次,计算夏季 SPI3(IFD3)趋势线倾向率 0.000 6,说明从长期变化趋势上看,黑龙江省夏季水涝灾害增多,旱灾呈弱减少趋势,但变化趋势不显著。

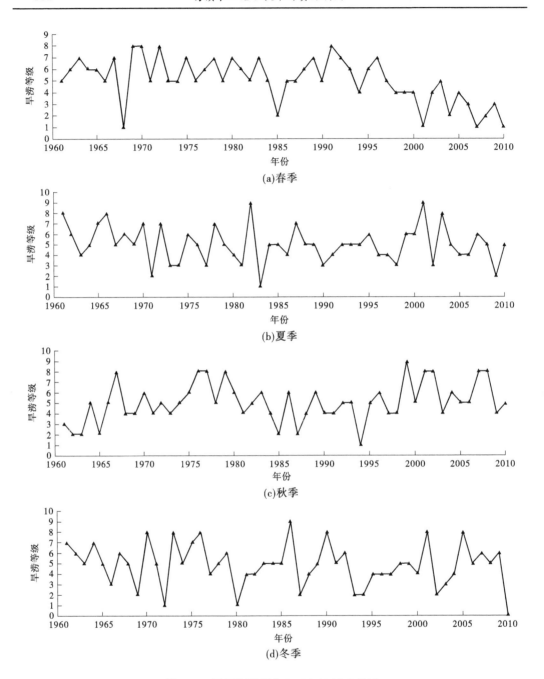

图 4-40　Ⅲ区不同季节 SPI3（IFD3）变化图

　　秋季多年平均降水量为 322.91 mm，占全年总降水量的 59.59%，由于降水时空分布不均，从 1961～2010 年共发生重涝以上灾情 5 次，发生重旱以上灾情 6 次，计算秋季 SPI3（IFD3）趋势线倾向率-0.003 7，说明从长期变化趋势上看，黑龙江省秋季旱灾灾害增多，水涝呈弱减少趋势，但变化趋势不显著。

　　冬季多年平均降水量为 43.34 mm，占全年总降水量的 8%，由于降水时空分布不均，从 1961～2010 年共发生重涝以上灾情 7 次，发生重旱以上灾情 8 次，计算冬季 SPI3

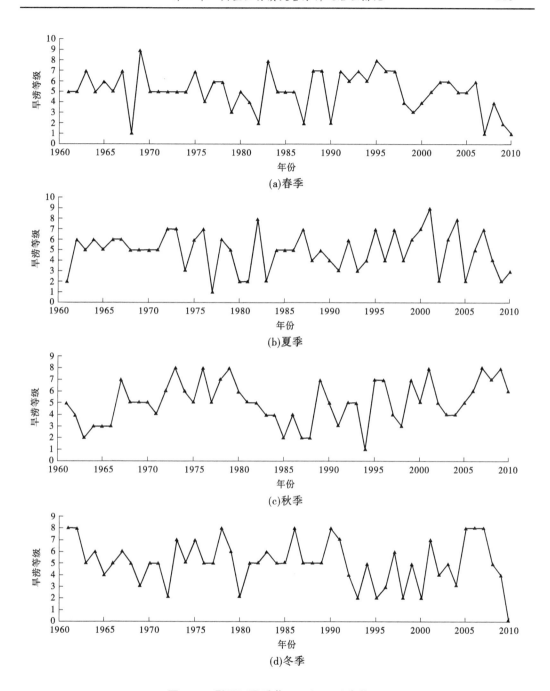

图 4-41　Ⅳ区不同季节 SPI3(IFD3)变化图

(IFD3)趋势线倾向率 0.001 2,说明从长期变化趋势上看,黑龙江省冬季水涝灾害增多,旱灾呈弱减少趋势,但变化趋势不显著。

4.3.3.9　V区旱涝变化规律分析

近 50 年春夏秋冬四季区域性 SPI3 指标(IFD3)的方差分别为:春季为 3.54,夏季为 3. 26,秋季为 3.49,冬季为 4.03,可见,冬季旱涝变化幅度最大,春季次之,夏季最小,见图 4-42。

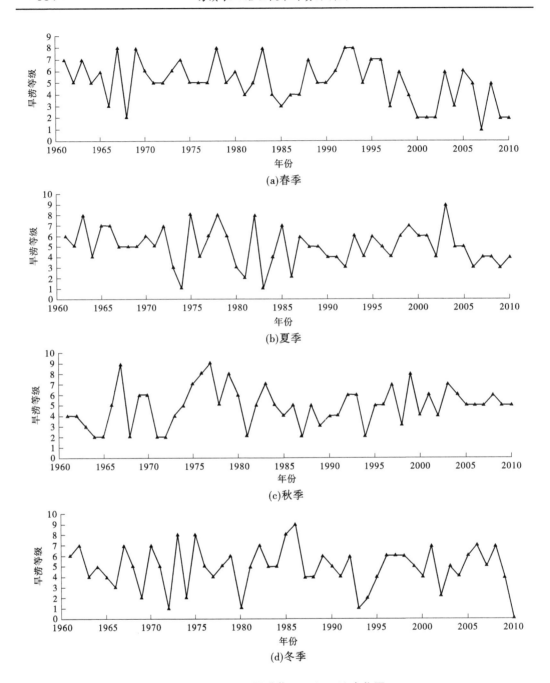

图 4-42　V 区不同季节 SPI3(IFD3)变化图

　　V 区多年平均降水量为 544.79 mm,春季多年平均降水量为 24.34 mm,占全年总降水量的 4.47%,由于降水时空分布不均,从 1961~2010 年共发生重涝以上灾情 7 次,发生重旱以上灾情 6 次,计算春季 SPI3(IFD3)趋势线倾向率 0.014 1,说明从长期变化趋势上看,黑龙江省春季水涝灾害增多,旱灾呈弱减少趋势,但变化趋势不显著。

　　夏季多年平均降水量为 164.91 mm,占全年总降水量的 30.27%,由于降水时空分布不均,从 1961~2010 年共发生重涝以上灾情 4 次,发生重旱以上灾情 5 次,计算夏季 SPI3

（IFD3）趋势线倾向率 0.003 2,说明从长期变化趋势上看,黑龙江省夏季水涝灾害增多,旱灾呈弱减少趋势,但变化趋势不显著。

秋季多年平均降水量为 296.07 mm,占全年总降水量的 54.35%,由于降水时空分布不均,从 1961~2010 年共发生重涝以上灾情 8 次,发生重旱以上灾情 5 次,计算秋季 SPI3（IFD3）趋势线倾向率-0.004 2,说明从长期变化趋势上看,黑龙江省秋季旱灾灾害增多,水涝呈弱减少趋势,但变化趋势不显著。

冬季多年平均降水量为 59.47 mm,占全年总降水量的 10.92%,由于降水时空分布不均,从 1961~2010 年共发生重涝以上灾情 8 次,发生重旱以上灾情 4 次,计算冬季 SPI3（IFD3）趋势线倾向率 0.001 2,说明从长期变化趋势上看,黑龙江省冬季水涝灾害增多,旱灾呈弱减少趋势,但变化趋势不显著。

4.3.3.10　结论

由于受大气候的影响,在旱涝规律分布上存在一定的一致性,又由于受地形地貌、地理位置以及季风等因素的影响,而存在空间变异性。研究表明:3 个月时间尺度的区域性 SPI(IFD)指标可用于分析季节旱涝,并且能够较好地代表农业旱涝变化状况。采用 SPI3（IFD3）来分析区域旱涝的季节变化,用方差分析每个季节旱涝的变化幅度。综合以上分析可以看出,黑龙江省旱涝灾害交替发生,且以涝灾为主。因此,需要加强该地区内农田排水工程和技术等方面的研究。

标准化降水指数是一个基于降水量的旱涝指数,SPI 适用于任意时间尺度,对于旱涝的反应较灵敏,使不同地区和不同时段发生的旱涝程度具有可比性。通过简单编程可以方便、快捷地对标准化降水指数进行计算,具有良好的计算稳定性。

4.3.4　治理对策与措施

4.3.4.1　涝渍伴随特性

影响涝渍形成的主要因素是许多自然地理因素相互影响和相互制约形成的,其形成主要受控于区域地质构造、地貌与地表物质组成、气候、水文等自然因素和人为因素,其中地质、地貌和气候属于基础性因素,决定了涝渍形成环境与空间展布格局。水文因素实际上是前几个要素的派生因素,在前几个要素的基础上形成,并参与涝渍地的形成过程。

多年的实践表明,一些解除了涝灾威胁的农田虽然可以保收,产量却不高,特别是地势低洼的地方,产量长期偏低,成为中低产田。究其原因,大多是由于土壤过湿,农田通气状况不良,排水不畅,形成渍害所致。渍地指常年地下水位偏高,雨季又容易受涝的土地。渍是由于降水入渗或地下水位过高,耕层内土壤水分过多而形成的。经常是,一次强降雨过程带来的地面积水刚刚排完,地下水位还未来得及下降,下一次降雨又来了,从而导致地下水位持续较高,形成了先涝后渍的局面。因此,涝渍危害的发生具有相伴相随的特征,久涝必定滞水为渍,先涝后渍,涝渍相随。

4.3.4.2　江河防洪标准

提高江河的防洪标准。工程措施是治理洪涝渍害的根本措施,根据各地区所处的地理位置不同,可采取不同的治理措施。在沿江河地区,首先应修筑江河堤防工程,防止江河洪水泛滥成灾,黑龙江、松花江等大江大河的农田防洪堤要按 50 年一遇洪水标准建设,中小河农田防洪堤要按 20~30 年一遇标准建设。即沿山脚修建截流沟,将坡水引入坡洪沟排入容泄区,实现高水高排,内外分流。在涝区内部开挖排水沟道,做到干、支、斗、农沟齐全,田块排水工程配套,实现沟网化,排除多余的地表径流,排水标准要达到 5 年一遇(或 10 年一遇),做到一日暴雨,两日排除地表积水。在内部排水受到外水顶托时,可根据顶托时间长短、地形条件等,采取滞蓄或强排等措施。在有滞蓄条件的地区可修建滞洪区,滞蓄涝水,采取错峰排水的方法来排除内涝积水,在没有条件修建滞洪区时,可采取强排措施,排水泵站规模可根据有无滞蓄条件确定,一般按 5 年一遇流量的 70% 左右设计。

4.3.4.3　农田排水系统

工程措施可分为地上排水措施和地下排水措施,三江平原农田易产生大量地表残存积水,要靠地上和地下排水结合才能达到理想效果,地下排水技术也是渍涝农田改良的治本措施。

地上排水措施主要是挖排水沟,该方法简单实用、短期效益明显。在排水沟上分片设闸还可实现强制和控制排水,从而提高排水作用和效率。排水沟的间距由地下水位和排水流量等指标确定,干沟深>3 m,支沟深>2.5 m,斗沟深>2 m,农沟深>1.5 m,密网要求末级固定排水沟间距一般<200 m。明沟排水要注意沟坡不稳定、易淤积以及挤占农田减少耕作面积等问题。

地下排水措施主要有暗管排水、鼠道排水及竖井排水。暗管排水,适宜于土质较轻,适水性较好的土壤,暗管埋深和间距受气候、土壤性质、排水条件等因素的影响,一般暗管埋深 0.8~2.5 m,间距 50~150 m,暗管比降 1/300~1/2 000;暗管多用 PVC 塑料管和波纹塑料管,使用年限达二十年以上,其管径一般 10 cm 左右,暗管排水的出路是明沟排水,因此面上明沟排水效果的好坏直接影响暗管排水效果,三江平原地势平缓,在涝渍治理时应重点解决渍涝排水出路,采用配套闸站深沟、系统或区间治理等关键技术,在排水过程中考虑与水旱灌溉联用,除害兴利,使得工程量减少,节约投资,从而合理地利用水资源。

在三江平原低湿地单纯用暗管排水难于达到目的,但将暗管排水和超深松结合起来,或与鼠道排水相结合,则排水效果明显。鼠道排水即采用鼠道排除土壤中水,三江平原几种低湿渍涝土壤符合打鼠道要求的粒含量为大于 25.5%,沙粒含量小于 20%,鼠道排水施工时的适宜土壤含水率应为田间持水率的 70%~90%。鼠道深度由农作物、土质和鼠道犁成孔所能达到的深度等条件确定,宜为 40~70 cm,长度应由田块长度或宽度确定,间距一般为 2.5 m 左右。地表以下有犁底层时,鼠道应置于犁底层以下,鼠道使用年限为 2~5年,当出水流量明显减小时应避开原线路再打新鼠道。另外,用鼠道犁打洞,不仅可排除土壤重力水,还能加快地表水的排出,起到了临时排水毛沟的作用,暗管和鼠道排水具有不占耕地和便利田间机械耕作等优点。竖井排水在保证水稻高产同时又能降低地下水位,实现垂直治渍排水,尤其潜水地区,可解除土壤过湿。

黑龙江省耕地地势平缓、微地形复杂、大平小不平、土壤黏重或尚有障碍层(白浆层、潜育层、犁地层),为了适宜机械化作业,以排水单元确定田块大小 [400 m×(800~1 000) m] 和垄沟长(500~1 000 m)。

在自流灌区中,把以往灌排分开,变为"灌排一条沟"。通过改造原有排水沟(加深加大沟道),作为每个地块分散提水前池,把灌区来水放入排水沟,再分别提水灌溉,不仅使灌区中降水、田块排水可回归利用,而且由于抽水灌溉,使排水沟经常处低水位状态,又可防止一般自流灌区地下水位高的冷渍问题,而且充分利用区间渗漏及降水资源。

治渍与"排蓄灌"工程结合。从 20 世纪 50 年代以来,探索出类似治理模式,如建设"赛马场型农田与经营"模式,"沟池井田"模式,"内水内销"模式,以洼地为封闭容泄区又作蓄水池模式、"井灌井排"模式等。其特点是其既考虑排水出路,又考虑水资源合理利用、湿地保护、灌溉问题。

4.3.4.4　提高涝渍治理工程的设计标准

在三江平原地区现行的灌排设计标准一般为 5~10 年一遇,该区大部分涝渍地区排涝标准均为"干三支五",即排水干沟按 3 年一遇标准设计,而支沟为 5 年一遇标准设计。目前,这样的设计标准已经不能满足涝渍治理的要求,应该加强农业基础设施建设,提高抵御自然灾害的能力,进一步将涝区的排涝标准提高。

4.3.4.5　发展水田、以稻治涝

发展水田、以稻治涝是三江平原地区治理涝渍最有效的措施。白浆土、草甸土透水性差,水不易下渗,具有发展水田的优越性。低湿耕地旱改水后不仅获得高产高效益,最重要的是缓解了涝渍问题,变劣势为优势。水稻对渍涝有一定的适应性,且产量高经济效益好,通过在渍涝田种植水稻可以达到除害兴利的作用。井灌种稻可采用"一晒、二深、浅层间歇性灌水"方法。一晒是分蘖末期,排水晒田 3~5 d,地面有微裂纹,控制无效分蘖和排除有害气体,促进根系发育。二深是稻穗分化和出穗期加深水层 7~12 cm,防止低温冷害。其余为生育期浅层间歇性灌水,大大节省用水量。达到了降低地下水位,防止了涝渍的发生。但应该注意的是,随着井灌水稻面积的逐年增加,地下水局部超采严重。20 世纪 90 年代开始,三江平原大面积发展水稻,截止 1998 年底,水稻种植面积已经接近 70 万 hm²,其中 80%以上是井灌水稻。由于缺乏节水意识和现代化管理手段,人为浪费水资源现象十分严重。无计划开采地下水,破坏了地下水动态平衡,致使地下水位持续下降,造成打井成本提高。地下水来不及回补,出现"漏斗"和"吊泵"等现象。目前三江平原地下水超采达 5 亿 m³,受水土资源限制,三江平原涝渍耕地很难全部发展为水田。只能适当发展水田面积,以稻治涝,将中低产田变为高产田。根据三江地区现在的情况,控制井灌水稻的面积,应合理控制对地下水的开采,做到采补平衡,防止地下水位继续下降。

4.3.4.6　农艺措施

耕作措施主要是采取浅翻深松、深翻深松及超深松等措施,以改良土壤结构和理化性质,深松是利用机械打破犁底层、白浆层、淀积层等密实的土体结构,扩大孔隙度,加大水分下渗速度,降低滞水面,改变土壤水、肥、气、热四性,秋翻可增大土壤蒸发面,利于水分蒸发,减少水分滞留,改善土壤结构。

三江平原低湿地气候规律是秋涝自然带来第 2 年春涝,因此春涝应秋防,采取秋翻措施可减少覆盖面增大蒸发面。三江平原 60%~70%的雨量集中在 7~9 月份,此间采用深耕、深松等措施,一般年份 1 m³ 土体可增加 160~200 mm 的水分。使用振动式深松机可以将犁底层打破,使 0~45 cm 耕层内土壤蓬松,土壤水渗透系数提高 20 倍以上,有利于垂直排水、降渍,年可调节天然降水 60~80 mm。

渍涝农田长期淹水、潜育化严重亏缺,磷素亏缺氮素过剩,应加强平衡施肥;渍涝农田

土壤有机质含量呈下降趋势,加强有机物料的施用,可使土壤通透性、宜耕性、保肥供肥性和调节土温等一系列土壤性质得到改善,从而减轻暗渍的危害,秸秆还田、施有机肥和土壤改良剂对提高土壤有机质含量效果显著。大力推广测土配方施肥技术,开展肥料肥效区域试验,制订不同区域、不同类型低产田上不同作物的施肥指标,对农民进行肥料合理使用、种地养地技术的培训,指导农民科学施肥,提高肥料的利用效率。建立健全测土配方体系、加工配肥体系和施肥服务体系以及土肥测试网络、配方肥料区试网络、肥料价格信息网络、服务质量监控网络和配方肥料推广网络。

第5章　溃害田治理技术及涝渍关系分析

5.1　溃害田治理模式分析

结合对三个典型区的调查可知,溃害田的治理模式主要包括:田间排水工程、种植结构调整和土壤改良等。

5.1.1　田间排水工程

田间排水工程包括明沟排水、暗管排水、农田组合排水。

5.1.1.1　明沟排水

田间排水沟直接与农田排水地块相连,在骨干排水沟断面合理、建筑物配套且无水路阻碍的情况下,它对于排除农田积水、降低土壤上层地下水位和作物主要根系区的多余土壤水分更直接、更有效,成为农田排涝、排溃的基础。

排水系统直接与排水地块相连结。工程有农沟、毛沟、地头沟(又称为腰沟)、犁沟(又称墒沟)等,其中农沟为固定末级排水沟,他们共同肩负排涝和排溃的双重任务。

5.1.1.2　暗管排水

暗管排水系统是埋设在农田下一定设计深度的高标准农田排水设施。它的作用在于接纳通过地下渗流所汇集的田间土壤中的多余水分,经它汇流,将其排入骨干排水系统(一般为明沟)和容泄区。以创造适宜于农作物生长的良好土壤环境,保证高产、稳产。完整的农田暗管排水系统由地下吸水管、排水井、农沟、支沟、集水井、干沟、抽水站或沟口,以及容泄区等组成。地下吸水管布置在田块土层的一定深度内,是地下排水系统的基本组成部分。地下吸水管直接吸收土层内的多余水分,流入排水井,经沉淀泥沙后进入农沟。田面上的积水则通过明沟排水系统或通过排水井上部的排水口流入井而转入农沟。各农沟里的水流,通过集水井汇入支流,再由支沟汇入干沟。如果容泄区的水位低于干沟水位,则通过干沟的沟口闸而流入容泄区。

农田水利工程的布置,既要考虑到地形地貌、降雨径流、辐射蒸发、土壤结构等自然因素的影响,又涉及到灌排系统中水源、输水方式、灌溉方式、作物、耕作方式的选择,甚至还与当地的人口、经济水平等社会发展状况有关。农田暗管排水工程布置模式的影响因素有很多,在规划设计、施工管理等过程中都需要充分了解这些影响因素及相关资料。运用这些资料综合分析溃害和盐害发生的原因,以便确定暗管排水的实施方案,做出适合于当地情况的排水排溃规划。具体来说,暗管排水工程布置模式影响因素主要包括地形、土壤、农业生产条件、经济社会环境几个方面。

四湖地区是我国最早开展溃害田治理试验与示范的地区之一,自20世纪80年代开始,开展了以农田暗管排水为主的溃害田治理活动,积累了系统的经验,其中潜江市田湖大垸曾经开展了以暗管排水为主要内容的渍害田改造工程,洪湖市开展了暗管与鼠道相结合的地下排水试验。

5.1.1.3　农田组合排水系统

1. 沟井组合

在沟井组合区,由于雨前地下水位埋深大,这样就缓和了雨季雨多而集中的矛盾。因此沟井组合排水系统,在雨季之前,正值农作物缺水之际,利用井灌降低地下水位,这样在遇到大雨、中雨或连阴雨的天气,即可减缓或不发生涝渍灾害,其排水沟的设计规格标准也可适当减小,有利于减少工程造价及占地面积。

2. 沟管组合

沟管结合除涝防渍组合排水以大、中沟构成骨干排水系统,小沟和暗管构成田间排水系统。由大、中、小三级排水明沟组成农田除涝排水系统,小沟和暗管构成控制地下水位的防渍系统。在整个农田排水系统中,小沟既要与大、中沟构成除涝系统满足除涝要求,又要与暗管构成防渍系统满足防渍要求,骨干排水系统大、中沟按照传统方法,根据区域排水规划统一布置。田间排水系统小沟与暗管的布置既要满足除涝防渍要求,又要经济合理。排水暗管一般采用一级排水管,排水暗管垂直小沟布置。

3. 暗管与鼠道、松土的组合

在三江平原低湿地单纯用暗管排水难以达到目的,但将暗管排水和超深松结合起来,或与鼠道排水相结合,则排水效果明显。鼠道排水即采用鼠道排除土壤中水,三江平原几种低湿渍涝土壤符合打鼠道要求的粒含量为大于25.5%,沙粒含量小于20%,鼠道排水施工时的适宜土壤含水率应为田间持水率的70% ~90%。鼠道深度由农作物、土质和鼠道犁成孔所能达到的深度等条件确定,宜为40 ~70 cm,长度应由田块长度或宽度确定,间距一般为2.5 m左右。地表以下有犁底层时,鼠道应置于犁底层以下,鼠道使用年限为2 ~5年,当出水流量明显减小时应避开原线路再打新鼠道。另外,用鼠道犁打洞,不仅可排除土壤重力水,还能加快地表水的排出,起到了临时排水毛沟的作用,暗管和鼠道排水具有不占耕地和便利田间机械耕作等优点。竖井排水在保证水稻高产的同时又能降低地下水位,实现垂直治渍排水,尤其潜水地区,可解除土壤过湿。

5.1.2　种植结构调整

5.1.2.1　旱地改水田

所谓的旱地改水田(简称"旱改水"),是指发展水利灌溉事业,将原来的旱地变为水田,种植水稻。"旱改水"不仅使当地的农业生产面貌发生了根本性变化,而且给当地农业经济、社会生活乃至生态环境带来了巨大而深远的影响。当地民众对"旱改水"的好处多有总结,如增产了粮食,长好了芦苇,消灭了蝗虫,劳动力有了出路等。"旱改水"在促进当地社会经济发展、改善民众生活方面具有重大意义。

另外,随着"旱改水"的推广,水面也会随之扩大,鱼、虾、蟹等水产养殖逐渐发展起来。稻作及粮食生产的发展,还促进了家畜饲养的兴盛和畜产品的增加。

旱地改水田,不但不会破坏耕作层,反而会提高这块耕地的质量,这种做法并没有改变农用地的性质,对促进农业发展有积极的作用。

旱地改水田是四湖地区近几年通过农业种植结构调整而适应涝渍地自然状况的一种新的农业生产方式。以位于四湖流域下区监利县境内的螺山排区为例(见表 5-1),该排区位于四湖流域南部,北面以四湖总干渠和洪排主隔堤为界,西部和南部抵长江干堤,东抵螺山电排渠,总排水面积 935.5 km²,2011 年耕地面积 528.4 km²(79.26 万亩)。

表 5-1 螺山排区土地利用方式的变化

土地类型	1994 年		2011 年		净增量
	面积(km²)	占比(%)	面积(km²)	占比(%)	面积(km²)
水田	224.8	24	303.6	32.5	78.8
旱地	112.4	12	68.7	7.3	−43.7
水域	190.1	20.3	96.3	10.3	−93.8
建筑	9.1	1	300.3	32.1	291.2
其他	399.2	42.7	166.7	17.8	−232.5
合计	935.6	100	935.6	100	0

5.1.2.2 虾稻共作

详见 3.5.3 节。

5.1.2.3 发展水田、以稻治涝

发展水田、以稻治涝是三江平原地区治理涝渍最有效的措施。白浆土、草甸土透水性差,水不易下渗,具有发展水田的优越性。低湿耕地旱改水后不仅获得高产高效益,最重要的是缓解了涝渍问题,变劣势为优势。水稻对渍涝有一定的适应性,且产量高、经济效益好,通过在渍涝田种植水稻可以达到除害兴利的作用。井灌种稻可采用"一晒、二深、浅层间歇性灌水"的方法。一晒是分蘖末期,排水晒田 3~5 d,地面有微裂纹,控制无效分蘖和排除有害气体,促进根系发育。二深是稻穗分化和出穗期加深水层 7~12 cm,防止低温冷害。其余为生育期浅层间歇性灌水,大大节省用水量。达到了降低地下水位的目的,防止了涝渍的发生。但应该注意的是,随着井灌水稻面积的逐年增加,地下水局部超采严重。20 世纪 90 年代开始,三江平原大面积发展水稻,截至 1998 年底,水稻种植面积已经接近 70 万 hm²,其中 80% 以上是井灌水稻。由于缺乏节水意识和现代化管理手段,人为浪费水资源现象十分严重。无计划开采地下水,破坏了地下水动态平衡,致使地下水位持续下降,造成打井成本提高。地下水来不及回补,出现"漏斗"和"吊泵"等现象。目前,三江平原地下水超采近 5 亿 m³,受水土资源限制,三江平原涝渍耕地很难全部发展为水田。只能适当发展水田面积,以稻治涝,将中低产田变为高产田。根据三江地区现在的情况,控制井灌水稻的面积,应合理控制对地下水的开采,做到采补平衡,防止地下水位继续下降。

5.1.3 土壤改良

砂姜黑土是黄淮海平原三大低产土壤之一,有近 2/3 分布于淮北平原。该土壤自动调节水分的能力差,易涝,易渍,并且常常是涝、渍灾害交替发生或伴随发生。砂姜黑土的

土壤特性使农作物产量长期低而不稳。

5.1.3.1 秸秆还田

秸秆还田可变废为宝,培肥土壤,提高土壤地力,降低无机化肥用量,节约农业生产成本,促进农业可持续发展。长期施用秸秆可起到良好的改善土壤结构与培肥作用。因此,秸秆直接还田是充分利用农业资源,减少环境污染最有效的措施之一。还田秸秆的质量要符合要求,严重病虫害的作物秸秆不适宜于直接还田,同时保持还田秸秆的含水量在10%~25%;还田秸秆粉碎的质量要符合要求,一般要求秸秆合格切碎长度小于15 cm,翻埋深度大于20 cm,旋埋深度7~15 cm;同时合理使用促腐剂,要求使用的促腐剂产品质量与技术指标要达到"GB 20287—2006 农用微生物菌剂"要求,并适应淮北地区的施用环境,用法和用量严格按照促腐剂产品的使用说明进行。

5.1.3.2 施用有机肥或有机复合肥

有机肥或有机复合肥具有有机质含量高、使用方便等特点。由于成本较高,一般用在高效的设施农业和果树上,使用方法上最好集中施用,例如进行条施、穴施。

5.1.3.3 合理使用粉煤灰等无机物料

改良土壤,除了施用有机物料改良土壤外,施用化学改良剂、粉煤灰等均有较好的改良土壤效果。施用适量的粉煤灰可降低砂姜黑土耕层容重。

5.1.3.4 推广平衡施肥技术

建立长期定点监测点和监测网络,进行实时土壤养分检测。推广平衡施肥主要把握以下几方面的关键技术:一方面是进行土壤养分测试和作物需肥特性试验以及肥料养分检测,摸清土壤养分现状;另一方面要加强作物需肥规律和施肥效应研究,做到因土因作物平衡施肥。另外,由于肥料品种和产地不同,其质量也可能会有差异,因此也需要对使用的肥料进行检测,以保证肥料(原料)的质量。建立试验、示范区,确定合理施肥用量及比例。将肥料试验、示范资料及土壤分析测试数据进行收集、汇总,经过专业分析后,提出各类土壤、各种作物、各种元素的肥料最佳施用量、施肥时期、施肥次数、科学的施用方法等建议。在有条件的地方建立平衡施肥配肥站或推广使用专用肥。配肥站(厂)根据肥料平衡配方,配置出不同区域、各种作物的配方肥料,直接供应农户,或者把平衡施肥技术物化,由肥料企业生产出专用肥,指导农民使用。

5.2 不同治理模式对排涝流量的影响
——以四湖地区为例

四湖地区是一个围垦区,现有涝渍地451.6万亩,本章利用 SWAT 模型,模拟涝渍地的治理方式对排涝流量的影响。

5.2.1 模型的建立

5.2.1.1 SWAT 模型的简介

20 世纪80 年代中期以来,借助计算机技术和 GIS、RS 技术的不断发展,分布式水文模型能方便客观地反映气候和下垫面因子的空间分布不均匀性对流域降雨径流形成的影响。SWAT 模型以其强大的功能、先进的模块化结构、高效的计算、免费的程序源代码、友好的输入输出模式和界面、专门的网络交流平台等优势,迅速在世界范围内得到了广泛的应用和发展,成为具有重要国际影响的分布式水文模型。

SWAT(Soil and Water Assessment Tool)模型是建立在 SWRRB 模型(包括田间尺度非点源污染模型 CREAMS、地下水污染物对农业生态系统影响的 GLEAMS 模型、作物生长模型 EPIC)的基础上逐步发展起来的。20 世纪 90 年代,在美国农业部农业研究中心 Aronld 博士主持下,将 SWRRB 模型与河道演算 ROTO 模型整合成 SWAT 模型。至 2014 年,SWAT 已发布 8 个版本,各版本都有诸多改进。SWAT 模型与 G1S 集成(SWAT/GRASS 界面、AVSWAT 界面、ArcSWAT 界面)大大提高了 SWAT 模型在数据管理、参数提取、结果表达等方面的效率。在实际应用中根据研究的重点对象和研究区域环境的不同,各国学者在各版本基础上进行了一系列的改进与扩展。

SWAT 模型是一个分布式模型。由集总式模型向分布式模型的转变,要通过空间离散化(Discretization)和空间参数化(Parameterization)过程来实现。所谓离散化是指将流域分成模型运行的较小地域元(子流域 Subbasin)的方法。所谓参数化是指对地域元属性进行说明的方法。早期的分布式参数模型要求的参数需要实地测量,事实证明是不可行的,即使美国等发达国家现在也无法达到实测参数这种要求。

SWAT 模型可以模拟流域内多种不同的水循环物理过程。为了减小流域下垫面和气候因素时空变异对该模型的影响,SWAT 模型通常将研究流域离散化成许多子流域(Subbasin),每个子流域可以包括以下几种基本单元:水文响应单元;水库、池塘或湿地;河道。其中水文响应单元是最小的空间单元,在每个水文响应单元内,土地利用、土壤和管理措施是单一的((Neitsch 等,2002;WuKansheng,2006)。特别提出的是,就 SWAT 模型而言,子流域内部的水文响应单元局限于统计意义上的虚拟划分(属性意义),而不是空间意义上的实际划分,每一类水文响应单元的空间位置是无法确定的,输出结果的空间定位精度只能达到子流域。该模型只能近似的反映和模拟实际发生的复杂物理、化学和生物过程,模型的准确性和可靠性是有限的。

SWAT 模型的整个模拟过程可以分为两大部分,即坡面产流、汇流部分和河道汇流部分,前者控制着每个子流域内主河道的水、沙、营养物质和化学物质等的输入量,后者决定水、沙等物质从河网向流域出口的输移情况。SWAT 模型采用类似于 HYMO 模型(Williams and Hann,1973)的命令结构(command structure)来控制径流和化学物质的演算,见图 5-1。

1. 坡面产流过程

SWAT 模型坡面水文过程依循下列水量平衡方程:

$$SW_t = SW_o + \sum_{i=1}^{t}(R_{day} - Q_{surf} - E_a - W_{deep} - Q_{gw}) \tag{5-1}$$

式中:SW_t 为土壤最终含水量,mm;SW_o 为在第 i 天时的土壤初始含水量,mm;i 为时间;R_{day} 为第 i 天的降水量,mm;Q_{surf} 为第 i 天的地表径流量,mm;E_a 为第 i 天的地表蒸散发量,mm;W_{deep} 为第 i 天进入地下含水层的水量,mm;Q_{gw} 为第 Z 天的逆反回流量,mm。

超渗地表径流(Horton 径流)和饱和地表径流(Dunne 径流)是计算地表径流的两个

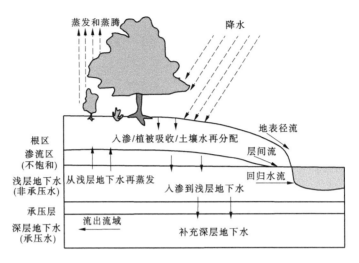

图 5-1　流域水文循环示意图

主要概念模型。SWAT 模型采用前者进行地表径流的计算,并给出 SCS 曲线和 Green-Ampt 两种计算方法。本文选择 SCS 曲线法进行地表径流的计算,其计算原理及参数获得均较为方便,且容易与 GIS 结合反映参数的空间变异性,适宜计算不同土壤类型和土地利用条件下连续下垫面的径流量。SCS 曲线的降雨—径流关系式如下:

$$Q_{surf} = \frac{(R_{day} - I_a)^2}{R_{day} - I_a + S} \tag{5-2}$$

式中:I_a 为地表有积水前的初损量,mm,只有当 $R_{day} > I_a$ 时,才有可能产生径流;I_a 一般设定为 $0.2S$,这样,公式(5-2)便简化为:

$$Q_{surf} = \frac{(R_{day} - 0.2S)^2}{R_{day} + 0.8S} \tag{5-3}$$

式中:S 为流域当时可能的最大滞留量,mm。

土壤、植被、田间管理措施和坡度不同,S 的值也不尽相同,其具体的计算公式如下:

$$S = 25.4\left(\frac{1\,000}{CN} - 10\right) \tag{5-4}$$

CN 值是一个无量纲参数,可以综合反映土壤层特征、地表覆盖和初始土壤含水量等信息。为了反映土壤初始含水量不同对 CN 值的影响,SCS 曲线将前期水分条件划分为干燥(凋萎点)、一般湿润和湿润(田间持水量)三类,对应的 CN 值分别为 CN_1、CN_2 和 CN_3,计算公式如下:

$$CN_1 = CN_2 - \left\{\frac{20 \times (100 - CN_2)}{100 - CN_2 + \exp[2.533 - 0.063\,6 \times (100 - CN_2)]}\right\} \tag{5-5}$$

$$CN_3 = CN_2 \times \exp[0.000\,673 \times (100 - CN_2)] \tag{5-6}$$

假定土壤水分条件在一般湿润的曲线数适用于 5% 坡度。Williams(1995)提出了不同坡度下的曲线数计算式,可用下式对 CN 值进行坡度订正:

$$CN_{2s} = \frac{(CN_3 - CN_2)}{3} \times [1 - 2\exp(-13.86 \times SLP)] + CN_2 \tag{5-7}$$

式中:CN_{2s} 为订正后的正常土壤水分条件下的 CN_2 值;SLP 为子流域平均坡度,m/m。

SWAT 模型中的蒸散发量是指所有地表水的蒸散发,包括了水面、裸地、土壤和植被的蒸散发量,即实际蒸散发过程,受植被、地形和土壤特性等因素的影响较大。土壤蒸发和植被蒸腾是分开计算的。SWAT 模型首先计算潜在蒸散发,主要有三种方法:Hargreaves 法、Priestley-Taylor 法和 Penman-Monteith 法。本书采用目前广泛使用的Penman-Monteith 法,该方法将蒸发所需的热能、水及水蒸气运动的动能,以及接触层的蒸散发阻力等因素均考虑在内,具体公式如下:

$$\lambda E = \frac{M}{\gamma + \Delta M}\Big[(R_n - G)\Delta + \frac{\rho C_p(e_s - e)}{r_{atm}} \Big] \tag{5-8}$$

式中:λE 为进入大气的潜在通量,W·m^2;λ 为蒸发潜热,J·kg^{-1};E 为水汽质量通量,kg·s^{-1}·m^{-2};γ 为空气湿度常数,Pa·K^{-1};Δ 为饱和水汽压梯度,Pa·K^{-1};$e_s - e$ 为蒸汽压差,Pa;ρ 为空气密度,kg·m^{-3};C_p 为恒压下的比热容,J·kg^{-1}·K^{-1};M 为可供水汽量;r_{atm} 为蒸散发阻力,s·m^{-1};$R_n - G$ 为净辐射与地面辐射之差,W·m^{-2}。

在潜在蒸散发计算完成的基础上,从植被冠层截留的水分蒸发开始依次计算植被蒸散发量和土壤水分蒸发量。植被蒸散发量是潜在蒸散发、土壤根区深度和植被叶面积指数的函数,而土壤水分蒸发量则是土壤深度、土壤水分和潜在蒸散发的函数。

2. 河道汇流过程

坡面水文过程计算完成以后,则进入河道水文过程的计算。其中,流速和流量采用曼宁方程(Manning′s equation)计算。其计算方程如下:

$$\begin{cases} q = \dfrac{A \cdot R^{2/3} \cdot slp^{1/2}}{n} \\ v = \dfrac{R^{2/3} \cdot slp^{1/2}}{n} \end{cases} \tag{5-9}$$

式中:q 为河道流量,m^3/s;A 为过水断面面积,m^2;R 为水力半径,m;slp 为地面坡降,m/m;n 为河道曼宁系数;v 为流速,m/s。

水流在河道中的运动则采用马斯京根(Masking routingmethod)进行模拟。马斯京根法是水文上常用的河道洪流演算法,是 1934 年由美国麦卡锡(Mctarthg)率先提出的,因首先应用于美国的马斯京根河而得名。该方法是一种线性汇流模型,它是以运动波理论为基础,主要使用连续方程和简化或近似处理的动力方程联解。具体而言,SWAT 模型河道中总蓄水量的模拟公式如下:

$$\begin{cases} V = K \cdot [X \cdot q_{in} + (1 + X)q_{out}] \\ v = \dfrac{600 \cdot L_{ch}}{v_c} \end{cases} \tag{5-10}$$

式中:V 为河道水量,m^3;K 为河道储水时间,s;X 为衡量河段出流和入流相互关系的权重因子,可以控制河道贮水量(取值范围为 0.0 ~ 0.5);q_{in}、q_{out} 为入流和出流的流量,m^3/s;L_{th} 为河道长度,km;v_c 为流速,m/s。

3. SWAT 模型的结构和特点

SWAT 根据河网水系将研究流域划分为多个子流域,各子流域内有不同的水文、气象、土壤、作物生长、农业管理措施、农药施用等,子流域再根据地面覆盖、土壤类型等的一致性划分为不同的水文响应单元 HRUs(Hydrologic Response Units) ,每个水文单元独立计算水分循环的各个部分及其定量的转化关系,然后进行汇总演算,最后求得流域的水分平衡关系。各水文响应单元垂直方向上分为植物冠层、根系层、渗流层、浅蓄水层、隔水层和深蓄水层。

SWAT 模型结构如图 5-2 所示。

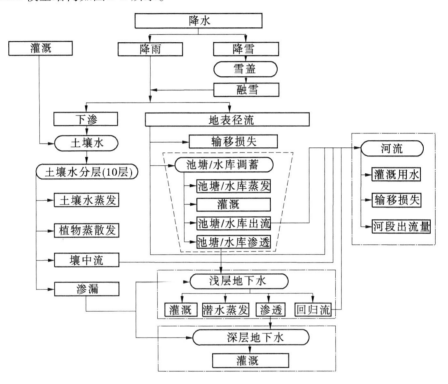

图 5-2　　SWAT 模型结构示意图

5.2.1.2　计算分区及输入参数

1. 平原湖区分布式空间结构划分

研究区四湖流域以长湖,田关河一线为界,分为上区和中下区。上区分为长湖流域和北片区,集水面积分别为 2 245.6 km² 和 983.7 km²。上区外排受汉江水位制约,内排受中下区接纳排水条件所限制,主要通过长湖调蓄。中下区内垸面积 7 135 km²,按水系和排灌系统分为中区、下区和螺山等三个排水区。模型计算选定是中区的福田寺子流域,流域面积 1 931 km²,该区域在四湖地区的位置如图 5-3 所示。

分布式水文模型对自然流域进行子流域划分时,通常基于最陡坡度原则和最小给水面积阈值的概念,对 DEM 进行处理,即以山谷线作为汇流路径,生成河网并进行编码;以分水岭作为子流域的边界,生成的子流域保持着流域的地理位置,并同其他的子流域保持空间联系;每个子流域进行汇流演算,最后求得出口断面流量。

平原灌区与自然流域的重要区别为:①平原区的地形高差使模型通常无法提取完整的自然河网;②灌区内复杂的人工渠、沟分布改变了自然的水流路径和产汇流形式,尤其

图 5-3　计算区域在四湖地区的位置

对于自流灌区,人工渠系中的填方、挖方等工程人为改变了渠道处原本的高程值;③灌区是以输配水渠系与排水沟网覆盖的区域为单元进行用水管理,而分布式水文模型对自然流域的水文模拟是以集水区为单元,直接划分的空间子流域无法反映灌区用水管理特点。

空间结构处理方法针对上述问题,文中根据研究区自然河道与人工排水沟网的空间分布,运用"burn-in"算法对 DEM 进行凹陷化处理。该方法的原理是将数字河系与排水沟网转成栅格形式,其栅格单元大小与原 DEM 一致,经投影转换统一坐标系中,再通过叠加运算,将其叠加到原 DEM 上,保持修正河道所在栅格单元高程值不变,将其垂直于河道方向的非河道所在栅格高程值增加一微小值,其增量以使河道栅格高程低于沿岸高程为准。然后重新对修改过的 DEM 进行处理,生成新的流域河网。

对于人工输配水渠道,借鉴高程增量迭加算法原理对 DEM 进行处理。文中将数字渠系转换为栅格形式并使其栅格单元大小与原 DEM 一致,经投影转换、叠加运算等方法将数字渠系叠加到经河网修正过的 DEM 上。通过编制算法检查渠系中的栅格单元与渠系外的栅格单元的高程关系:若渠道上某单元高程比渠道外相邻单元低,将增加渠道上该单元的高程,增量为该单元与周围相邻单元高程的最大差值加 0.001 m;若渠道某单元高程值与渠道外相邻单元一致,则将该单元高程仅增加 0.001 m;若高于相邻单元,不作处理。待检查运算完成后,重新生成的 DEM 基本可以反映灌区内实际的人工渠、沟与河网布置。

为使 SWAT 模型在灌区内划分的子流域与灌区内干支渠系覆盖的灌域基本保持一致,并避免模型在空间离散化的过程中生成子流域太多而导致过多的空间数据转换和计算量,以骨干渠道与排水干沟覆盖的区域为划分标准,设置合理的最小水道集水区面积阈值划分子流域,继而根据土地利用、土壤类型的一致性剖分每一个子流域,再考虑不同作物种植结构,将农田域细化形成水文响应单元。模型的河道分布和子流域划分如图 5-4、图 5-5 所示。

图5-4　河道分布

图5-5　子流域划分

2.SWAT 模型数据库的构建

SWAT 模型数据库主要包括空间数据库和属性数据库两部分。其中,空间数据库包括流域 DEM,流域坡度、坡向的空间数据,土地利用/覆被空间数据,以及土壤类型空间分布数据。这些数据均应统一到同一投影和空间坐标系统下。本书采用与 TM 影像相同的投影及空间坐标,详见表5-2。

表5-2　所用投影及空间坐标系统

参数	英文名称	
坐标投影系统	Projected Coordinate System	Beijing_1954
纵轴偏移量	False Easting	0.000 0
横轴偏移量	False Northing	0.000 0
中央经线	Centralmeridian	105°
1 号标准纬线	1st Standard Parallel	25
2 号标准纬线	2nd Standard Parallel	47
起始纬度	Latitude Of Origin	0
长度单位	Linear Unit	Meter

关于空间数据,前文均已述及,此处仅对 SWAT 模型所用的属性数据,包括土地利用/覆被属性数据、土壤属性数据、气象和天气发生器数据进行概述。

1)土地利用类型

利用表 5-3 对解译得到的流域土地利用类型进行重分类,将 LANDSATS 遥感影像数据生成的土地利用代码转换为 SWAT 模型能够识别的模型代码。因此,模型中有关土地利用/覆被的属性数据即可直接调用模型自身的数据。土地利用类型如图 5-6 所示。

表5-3　土地利用重分类表

编码	土地利用类型	模型代码	编码	土地利用类型	模型代码
1	林地	FRSD	4	建筑用地	URMD
2	水域	WATR	5	水田	RICE
3	草地	PAST	6	旱地	AGRL

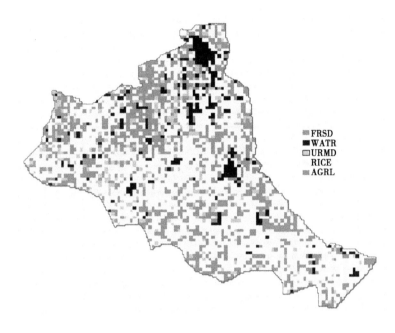

FRSD
WATR
URMD
RICE
AGRL

图 5-6 土地利用类型图

2）土壤属性数据库

SWAT 模型内部的土壤属性数据可分为土壤物理属性数据和土壤化学属性数据两大类。其中,土壤的物理属性决定了土壤剖面中水和气的运动情况,并且对 HRU 中的水循环起着重要的作用。物理属性数据主要包括土层厚度、砂粉砂、黏土、容积密度、有机炭、有效含水率、饱和水力传导率等。所以说物理属性数据对土壤剖面中水分和气体的运动以及 HRUs 中的水循环过程均具有重要作用,各属性数据值的精确与否会对模型模拟结果产生较大影响,见表 5-4。而化学属性数据用来为模型的初始运行赋值,是可选的,见表 5-5。建立土壤物理属性数据库是 SWAT 模型建模过程中较为重要的环节。

表 5-4 模型土壤物理属性表

变量名称	模型定义	变量名称	模型定义
SNAM	文件名称	HYDGRP	土壤水文学分组
SOL_ZMX	土壤剖面最大根系深度	ANION_EXCL	阴离子交换空隙度
SOL_CRK	土壤最大可压缩量	TEXTURE	土壤层的结构
SOL_Z	土壤表层到底层的深度	SOL_BD	土壤湿密度
SOL_AWC	土层可利用的有效水	SOL_K	饱和水力传导系数
SOL_CBN	有机炭含量	CALY	黏土（%）
SILT	壤土（%）	SAND	沙土（%）
ROCK	砾石（%）	SOL_ALB	地表反射率（湿）
USLE_K	USLE 方程中土壤侵蚀力因子	SOL_EC	电导率

表 5-5　模型土壤化学属性表

变量名称	模型定义	变量名称	模型定义
TITLE	文件名称	NUTRIENT TITLE	营养元素
SOL LAYER	土壤的层数	SOL_NO$_3$	土壤中 NO$_3$ 的起始浓度(可选)
SOL_ORGN	土壤中有机氮的起始浓度(可选)	SOL_SOLP	土壤中可溶解磷的起始浓度(可选)

现将土壤各物理属性数据的获得方法简述如下:

土壤质地指土壤中不同直径大小的土壤颗粒的组合情况。土壤质地与土壤通气、保肥、保水状况及耕作的难易程度有密切关系。国际上比较通用的土壤质地分类标准主要有四类:国际制、美国制、威廉－卡庆斯基制(苏联)和中国土粒分级标准。由于历史原因,我国的土壤普查资料有多种土壤质地体系同时存在。在已经进行过的两次土壤普查中,第一次土壤普查采用了苏联制(卡庆斯基制),第二次则采用了国际制,而 SWAT 模型采用的土壤粒径级配标准是 USDA 简化的美制标准,因此,要利用我国现有的土壤普查资料就必然涉及到不同分类标准的土壤质地转换问题,就存在一个国际制向美国制转换的问题。

将国际制和美国制土壤质地分类标准对比,见表 5-6。

表 5-6　土壤质地分类的美国制和国际制标准

土壤质地名称	美国制		国际制	
	粒径(mm)	名称	粒径(mm)	名称
ROCK	>2	石砾	>2	石砾
SAND	2 ~ 0.05	砂粒	2 ~ 0.02	砂粒
SILT	0.05 ~ 0.002	粉粒	0.02 ~ 0.002	粉粒
CLAY	<0.002	黏粒	<0.002	黏粒

关于土壤质地的转换,在以往的研究中主要采用的是图解法,通常是在半对数纸上绘制出土壤颗粒的级配曲线,然后查图读出某一土壤粒径对应的百分含量。但是这种方法存在一定的缺陷,即曲线的绘制有一定的随意性,且不同人的读数也不一样。因此许多学者提出使用数学模型进行土壤质地转换。吕喜玺、沈荣明于 1992 年提出应用二次样条插值的数学方法进行土壤质地转换,并采用了江西宁冈的砂质壤土进行了实例转换。与图解法相比较,二次样条插值法提供了一种数学工具对土壤质地进行客观的转换。但是由于只采用了江西宁冈的砂质红壤,且没有实测资料验证转换的结果是否正确,其结论是否适用于其他地区尚有待于进一步研究。朱秋潮、范浩定(1999)应用三次样条插值的数学方法进行土壤质地转换,将土壤颗粒分级标准的卡庆斯基制换算成国际制。蔡永明等(2003)在朱秋潮等的研究基础上,对比了三次样条插值、二次样条插值、线性插值法插值的结果,表明三次样条插值法最优,且提供了一种对土壤质地进行客观转换的数学工具。但以上研究仅限于特定地区的土壤类型,是在具有详细的土壤颗粒组成资料基础上进行的。考虑到模型的通用性,参数形式的土壤粒径分布模型更便于标准程序的编制以及不

同来源粒径分析资料的对比和统一。刘建立等(2003)比较了对数线性插值、三次样条插值这两种非参数模型和逻辑生长、改进的逻辑生长以及 van Genuchten 方程等参数模型的估计效果,表明改进的逻辑生长曲线模型预测效果最好。

　　上面的计算全部在 MATLAB 中实现。MATLAB 是一个可视化、可编程的数学工具软件,是集数值计算与图形处理等功能于一体的工程计算应用软件,被广泛应用于数学、电子、生物等各学科的科研领域及工业研究开发中。

　　在利用三次样条插值法插值时,在 MATLAB 命令窗口中的输入为:

```
clc;clear;
load soil.txt;% 导入国际制土壤质地文件 soil.txt
rot90(soil);
b1 = ans;
flipud(b1);
c1 = ans;
x = [0.02,0.2,2];
xx = 0.05;
i = 1;
n = 1;
for j = 3:3:9
yy(n) = interp1(x,c1(i:j),xx,'spline');% 一维插值函数
i = i + 3;
n = n + 1;
end
rot90(yy);
```

flipud(ans)% 得到小于 0.05 mm 土壤粒径累积百分含量(垂直排列);flipud(ans)% 得到小于 0.05 mm 土壤粒径累计百分含量(垂向排列)。

　　这样就可以确定表中的 CLAY、SILT、SAND、ROCK 4 个参数。

　　土壤分组数目(NLAYERS)、土壤坡面最大根系深度(SOL_ZMX)、土壤最大可压缩量(CSOL_CRK)和土壤表层到底层的深度是通过中国土壤数据库网站(http://www.soil.csdb.cn/)直接查询。

　　土壤有机碳含量(SOL_CBN)可以根据方精云等的研究成果,利用土壤有机质含量,乘以 Bemmelen 换算系数(即 0.58gC/gSOC)获得。其中,土壤有机质的含量可从中国土壤数据库网中查到。

　　土壤反射率(SOL_ALB)是土壤对太阳辐射的反射通量密度与总入射通量密度之比,是土壤理化特性的综合反映,主要受有机质、氧化铁、质地、水分和母质等因素的影响。研究表明,随着有机质含量的增加,土壤颜色变深,土壤反射率降低;采样的深度不同,有机质含量也有一定的差异,土壤反射率也不同;一般土壤湿度越大,土壤反射率越小。土壤反射率的计算较为复杂,但研究发现,土壤反射率与土壤有机质含量关系较为密切,呈一定的指数函数关系,因而目前较常用的土壤反射率的经验计算公式如下:

$$SOL - ALB = 0.222\ 7 \times \exp(-1.867\ 2 \times SOL - CBN) \tag{5-11}$$

土壤湿密度(SOL - BD),有效田间持水量(SOL - AWC),饱和水传导系数(SOL - K)可以借助美国华盛顿州立大学开发的土壤水特性软件 SPAW 的 Soil Water Characteristics 模块获得。SPAW 即 Soil Plant Atmosphere Water,是在土壤质地和土壤物理属性进行统计分析的基础上研发的,其计算值和实测值有很好的拟合关系。要计算出 SOL_BD, SOL_AWC, SOL_K,除了需要前面计算获得的土壤各粒径含量外,还需要输入以下属性:Organicmatter(有机物)、Salinity(盐度)、Gravel(砂砾),这些均可从中国土壤数据库获得。估算结果可以初步反映出这些土壤参数的空间分布特征,最终结果还需要在模型率定过程中进行调整。软件界面见图 5-7。

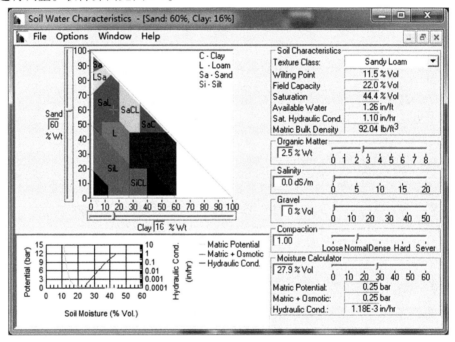

图 5-7　SPAW 计算模型

土壤水文性质分组(HYDGRP)是美国自然资源保护署(Natural Resources Conversation Service)在土壤入渗特征的基础上,将在降雨和土地利用/覆被相同的条件下具有相似产流特征的土壤划分成一个水文组,共划分为 4 组,见表 5-7。

进行水文分组的前提是计算出土壤的最小渗透率,其经验公式如下:

$$X = (20Y)^{1.8} \tag{5-12}$$

$$Y = \frac{P_{sand}}{10} \times 0.03 + 0.002 \tag{5-13}$$

式中:X 为土壤渗透系数;Y 为土壤平均颗粒直径值(沙粒含量)。

在 Y 的计算公式中,P_{sand} 为沙粒含量百分比(%)。计算得到 X 值,并结合表 5-7 即可对土壤水文性质进行分组。

表 5-7　土壤水文性质分组及定义

土壤水文性质分组	土壤水文性质	最小下渗率（mm/h）
A	在完全湿润的条件下具有较高的渗透率的土壤。这类土壤主要由砂砾石组成，有很好的排水，导水能力（产流力低）。如厚层沙、厚层黄土、团粒化粉沙土	7.26 ~ 11.14
B	在完全湿润的条件下具有中等渗透率的土壤。这类土壤排水，导水能力和结构都属于中等。如薄层黄土、沙壤土	3.81 ~ 7.26
C	在完全湿润的条件下具有较低渗透率的土壤。这类土壤大多数有一个阻碍水流向下运动的层，下渗率和导水能力较低。如黏壤土、薄层沙壤土、有机质含量低的土壤、黏质较高的土壤	1.27 ~ 3.81
D	在完全湿润的条件下具有很低渗透率的土壤。这类土壤主要由黏土组成，有很高的涨水能力，大多数有一个永久的水位线，黏土层接近地表，其深层土几乎不影响产流，具有很低的导水能力。如吸水后显著膨胀的土壤、塑性的黏土，某些盐渍土	0 ~ 1.27

　　土壤可蚀性因子(UELE – K)是美国通用土壤流失方程(USLE)中评价土壤对侵蚀影响作用的因子。根据 USLE 中的定义，K 值是标准小区上单位降雨侵蚀力。K 值的大小表示土壤遭受冲蚀的难易程度，也是定量研究土壤侵蚀和水土流失的重要基础。经研究发现，K 值大小与土壤质地有密切关系。20 世纪 30 年代以来，国内外学者也在诸多定量化土壤因子评价模型中提出了不同的 K 值计算公式。其中，应用较为广泛的有两种，即 USLE 模型中自带的计算公式和 Williams 等人在 EPIC 模型中提出的 K 值估算公式。后者只需要土壤有机碳含量和颗粒组成的数据即可求出 K 值，其计算公式如下：

$$K = \left\{ 0.2 + 0.3\exp\left[0.025\,6 P_{sand}\left(1 - \frac{P_{alit}}{100}\right)\right]\right\}\left(\frac{P_{silt}}{P_{silt} + P_{clay}}\right)^{0.3}$$

$$\left[1 - \frac{0.2 P_{orge}}{P_{oegc} + \exp(3.72 - 2.95)P_{orgc}}\right]\left[1 - \frac{0.7 P_{sn}}{P_{sn} + \exp(- 5.51 + 0.229 P_{sn})}\right] \quad (5\text{-}14)$$

式中：P_{sand} 为粒径在 0.05 ~ 2 mm 的沙粒的百分含量；P_{silt} 为粒径在 0.002 ~ 0.05 mm 的粉粒的百分含量；P_{clay} 为粒径 <0.002 mm 的黏粒的百分含量；P_{orgc} 为各土壤层中有机碳的含量。

　　研究区域的土壤类型分布如图 5-8 所示，土壤类型有水稻土（SDT）和潮土（CT）两种类型，其中水稻土在研究区域的面积为 76.06%，潮土在研究区域的面积为 23.94%。

表 5-8　土壤物理属性各参数计算结果

参数名称	土壤类型						
	潮土（灰潮沙土）			水稻土（马肝泥田）			
层次代码	A11	Cu₁	Cu₂	Aa	Ap	W	C
层次厚度（cm）	12	26	62	13	7	15	65
有机质含量（%）	1.69	1.57	0.61	3.42	2.13	1.34	0.59

续表 5-8

参数名称	土壤类型						
	潮土(灰潮沙土)			水稻土(马肝泥田)			
土壤质地	SL	SL	SL	SiC	LC	LC	LC
clay < 0.002	9.6	12.6	6.2	28.6	36.7	44.3	44.8
silt < 0.05	42.15	44.73	34.61	40.1	53.2	47.5	46.5
sand < 2.0	47.49	42.65	59.19	11.5	10.1	8.3	8.8
rock > 2.0	0	0	0	0	0	0	0
SNAM	CT			SDT			
HYDGRP	B	B	A	D	D	D	D
SOL_BD	1.499	1.51	1.585	1.26	1.31	1.296	1.301
SOL_ AWC	1.866	0.538	0.170	1.392	2.3	0.966	0.218
SOL_K (mm/h)	32.51	22.86	50.8	10.4	4.32	2.79	1.78
SOL_CBN	0.980	0.910	0.353	1.983	1.235	0.777	0.342
COL_ALB	0.035	0.040	0.115	0.005	0.022	0.052	0.117
USLE_K	0.174	0.174	0.188	0.163	0.214	0.235	0.235
Y	0.144	0.129	0.179	0.036	0.032	0.026	0.028
20Y	2.889	2.599	3.591	0.73	0.646	0.538	0.568
X	6.752	5.580	9.987	0.567	0.455	0.327	0.361

图 5-8　土壤类型分布图

3.气象数据库

气象数据来源于中国气象科学数据共享服务网(http://cdc.cma.gov.cn/home.do),结合研究区域选取荆州、监利、洪湖三个国家站作为天气发生器中的气象站站点。天气发生器中的气象站站点,同时作为提供逐日降水、最高、最低气温、风速、太阳辐射量、相对湿度等天气数据。降水量部分,除使用以上三个国家站的降水之外,四湖地区的 34 个雨量站中选取研究区域周围的沙市、习口、福田寺、螺山的逐日降水数据。各气象站点和雨量站点的位置见表5-9。

表 5-9　气象站及雨量站站点统计表

	站点	纬度	经度	数据年份	海拔(m)
气象站点	荆州	30.33°N	112.24°E	1953~2013	32.6
	监利	29.82°N	112.90°E	1960~2013	29.5
	洪湖	29.81°N	113.47°E	1960~2013	34.7
雨量站点	沙市	30.31°N	112.26°E	1960~2012	
	习口	30.39°N	112.38°E	1960~2012	
	福田寺	29.90°N	113.08°E	1960~2012	
	螺山	29.67°N	113.31°E	1960~2012	

太阳辐射是地表物质运动和能量循环的能量基础,是水循环的主要外动力因素之一,也对降水、蒸散发、径流、下渗等水循环的各个过程产生影响。研究区域的实际太阳辐射是到达流域大气上界的太阳辐射被大气吸收、辐射、散射等削弱后的结果,其大小不仅受流域地理纬度、日地距离等天文因素的影响,还受太阳高度角、云量和大气透明度等的影响。

按照 SWAT 模型对输入文件格式的要求,对逐日天气数据进行整理并导出为 dbf 格式。主要是通过建立日照时数与太阳辐射的关系来提供逐日太阳辐射量的计算方法。

首先计算大气上空太阳辐射:

$$H_o = \frac{24}{\pi} I_{SC} E_o [\omega_s T_{SR} \sin\delta\sin\phi + \cos\delta\cos\phi\sin(\omega T_{SR})] \tag{5-15}$$

式中:I_{SC} 为太阳常数,4.921 MJ^{-2}h^{-1};E_o 为地球轨道偏心率矫正因子;ω 为地球自转的角速度,0.261 81 radh^{-1};T_{SR} 为日出时数;δ 为太阳赤纬,rad;φ 是地理纬度,rad。

地球轨道偏心率矫正因子 E_o 由 Duffie 等给出的简单表达式来计算:

$$E_o = \left(\frac{r_0}{r}\right)^2 = 1 + 0.333\cos\left(\frac{2\pi d_n}{365}\right) \tag{5-16}$$

式中:r_0 为平均地日距离,1 AU;r 为任意给定天的地日距离,AU;d_n 为该年的天数,从 1 到 365,二月总被假定为 28 天。

太阳赤纬 δ 由 Perrin de Brincham baut 提出的公式计算:

$$\delta = \sin^{-1}\left\{0.4\sin\left[\frac{2\pi}{365}(d_n - 82)\right]\right\} \tag{5-17}$$

日出时数 T_{SR} 由式(5-18)得出：

$$T_{SR} = \frac{\cos^{-1}(-\tan\delta\tan\varphi)}{\omega} \tag{5-18}$$

在晴空的情况下，总辐射在大气中的透明系数在 0.8 左右，此时太阳总辐射的计算公式如下：

$$H_L = 0.8H_o \tag{5-19}$$

逐日实测太阳总辐射采用下列经验公式计算：

$$H = H_L\left(0.248 + 0.752\frac{S}{S_L}\right) \tag{5-19}$$

式中：S、S_L 为日照时数和日长。

对于 SWAT 模拟来说，需要用到天气发生器的气候信息来填补缺失的信息。天气发生器中要求的参数达 168 个，包括月平均最高气温(℃)、月平均最低气温(℃)、最高气温标准偏差，最低气温标准偏差，月均降水量(mm)、降雨量标准偏差、降雨的偏度系数、月内干日数(d)、月内湿日数(d)、平均降雨天数(d)、露点温度(℃)、月平均太阳辐射量(KJ/m²·d)、月平均风速(m/s)、最大半小时降雨量(mm)等。其中，部分参数运用 pcpSTAT、dew02 计算得到。各参数的计算公式如表 5-10 所示。

表 5-10　天气发生器各参数的计算公式

参数(单位)	公式
月平均最低气温 TMP – MIN(℃)	$\mu mn_{mon} = \sum\limits_{d=1}^{N} T_{mn,mon}/N$
月平均最高气温 TMP – MAX(℃)	$\mu mx_{mon} = \sum\limits_{d=1}^{N} T_{mx,mon}/N$
最低气温标准偏差 TMPSTDMIN	$\sigma mn_{mon} = \sqrt{\sum\limits_{d=1}^{N}(T_{mn,mon} - \mu mn_{mon})^2/(N-1)}$
最高气温标准偏差 TMPSTDMAX	$smx_{mon} = \sqrt{\sum\limits_{d=1}^{N}(T_{mx,mon} - \mu mx_{mon})^2/(N-1)}$
月均降水量 PCPMM(mm)	$\bar{R}_{mon} = \sum\limits_{d=1}^{N} R_{day,mon}/yrs$
平均降雨天数 PCPD(d)	$\bar{d}_{wet,i} = day_{wet,i}/yrs$
降雨量标准偏差 PCPSTD	$\sigma_{mon} = \sqrt{\sum\limits_{d=1}^{N}(R_{day,mon} - \bar{R}_{mon})^2/(N-1)}$
降雨的偏度系数 PCPSKW	$g_{mon} = N\sum\limits_{d=1}^{N}(R_{day,mon} - \bar{R}_{mon})^3/(N-1)(n-2)(\sigma_{mon})^3$
月内干日数 PR – W1 (d)	$P_i(W/D) = (days_{W/D,i})/(days_{dry,i})$
月内湿日数 PR – W2 (d)	$P_i(W/D) = (days_{W/W,i})/(days_{wet,i})$

续表 5-10

参数(单位)	公式
露点温度 DEWPT(℃)	$\mu dew_{mon} = \sum\limits_{d=1}^{N} H_{dew,mon}/N$
月平均太阳辐射量 SOLARAV ($KJ/m^2 \cdot d$)	$\mu rad_{mon} = \sum\limits_{d=1}^{N} H_{day,mon}/N$
月平均风速 WNDAV(m/s)	$\mu wnd_{mon} = \sum\limits_{d=1}^{N} T_{wnd,mon}/N$

5.2.1.3　参数的率定和验证

采用荆州市四湖管理局福田寺闸丰水期的日径流数据进行模型的校准和验证。其中 2009 年的实测数据进行模型的校准,2013 年的日径流模拟值与实测值对比见图 5-9,图 5-10。

表 5-11　参数率定值

土地利用类型	CN2	ALPHA_BF	ESCO	SOL_AWC	SOL_K	GW_REVAP
水田	90	0.6	0.2	0.245	450	0.033 5
旱地	74	0.6	0.2	0.245	450	0.033 5
建筑用地	89	0.6	0.2	0.245	450	0.033 5
水域	95	0.6	0.2	0.245	450	0.033 5
林地	64	0.6	0.2	0.245	450	0.033 5
草地	67	0.6	0.2	0.245	450	0.033 5

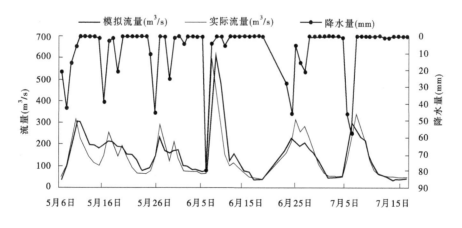

图 5-9　2013 年验证期模拟与实测流量图

将实测数据与参数率定后得到的模拟结果进行相关性分析和对比分析,评定模型效率的标准很多,目前国际上尚未对统一的模型评估标准达成共识。Van Liew 等认为没有

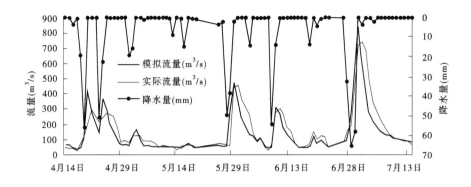

图 5-10　2009 年率定期模拟与实测流量图

一种效率标准能够理想地评价模型性能,每一种标准都有其优缺点,必须在模型的率定和验证时加以考虑,推荐结合不同的效率标准。SUFI - 2 中所用的模型校正结果的评价指标主要有以下两种:

(1)ENS 系数(Nash - Sutcliffe coefficient,也被称为 Nash - Sutcliffe 效率系数)。

$$ENS = 1 - \frac{\sum_{i=1}^{n}(Q_{o,i} - Q_{m,i})^2}{\sum_{i=1}^{n}(Q_{o,i} - \overline{Q}_o)^2} \tag{5-21}$$

式中:$Q_{m,i}$ 为模拟值;$Q_{o,i}$ 为实测值;$\overline{Q}_o$ 为实测值的平均值。

ENS 的取值范围为 0 ~ 1,一般而言,值越大,则模拟值越接近观测值,模拟效果越好,反之,则越差。$ENS > 0.5$,即可认为模拟取得了显著效果。

(2)相关系数(R^2)。

$$R^2 = \frac{\left[\sum_{i=1}^{n}(Q_{o,i} - \overline{Q}_o)(Q_{m,i} - \overline{Q}_m)\right]^2}{\sum_{i=1}^{n}(Q_{o,i} - \overline{Q}_o)^2 \sum_{i=1}^{n}(Q_{m,i} - \overline{Q}_m)^2} \tag{5-22}$$

R^2 决定了模拟值与实测值之间的密切程度,其取值范围也为 0 ~ 1,R^2 值越接近于 1,说明模拟值与实测值越接近,即模拟值对实测值的相关程度越高。《水文情报预报规范》(GB/T 22482—2008)中规定,可根据 ENS 系数和相关系数 R^2 的值将其划分为效果由优到劣的甲、乙、丙、丁四个等级,具体的划分方案见表 5-12。一般而言,$R^2 > 0.6$ 即可认为模拟取得了显著效果。校正期模拟与实测数据逐日模拟效果分析见表 5-13。

表 5-12　径流模拟结果评定等级划分

等级	甲等	乙等	丙等	丁等
标准	≥0.9	0.7 ~ 0.9	0.50 ~ 0.69	<0.5

表 5-13　校正期模拟与实测数据逐日模拟效果分析

	ENS	等级划分	R^2	等级划分
2009 年率定	0.79	乙等	0.81	乙等
2013 年验证	0.77	乙等	0.78	乙等

5.2.2　涝渍地治理措施对排涝流量的影响

5.2.2.1　易涝易渍地治理模式

四湖地区地处湖北省中南部,位于 $111°14'\sim114°36'$E 和 $29°26'\sim31°03'$N,兼跨北亚热带和中亚热带,属长江和汉江合力冲积、沉积而成的平原。本区中南部为海拔 40 m 以下的开阔平原,外侧为 $40\sim80$ m 及 $80\sim120$ m 的两级台地。江河两岸高地因地势较高,土壤质地较粗,透水性良好,形成了结构及耕性均较佳的灰潮土;而河间洼地和碟形堤坝则由于地势低洼,地下水位高,且由于长期接受湖相沉积的缘故,形成了质地黏重、排水不良、耕性较差的渍害型土壤。据估计,四湖流域不同类型的渍害低产田已达 7.6×10^5 hm²,占耕地总面积的 39.43%。综合治理农田渍害,改良涝渍低产田长期以来一直都是该区域农业发展中的首要任务。四湖地区采用的主要有旱地改水田,布置暗管排水。在去四湖的实地调研中,发现当地人也会采取布置"回形池"的方式,进行虾稻连作,同时降低了地下水位,达到治理渍害的目的。

1. 旱地改水田模式

所谓的旱地改水田,是指发展水利灌溉事业,将原来的旱地变为水田,种植水稻。"旱改水"不仅使当地的农业生产面貌发生了根本性变化,而且对当地农业经济、社会生活乃至生态环境带来了巨大而深远的影响。当地民众对"旱改水"的好处多有总结,如增产了粮食、长好了芦苇、消灭了蝗虫、劳动力有了出路等。"旱改水"在促进当地社会经济发展、改善民众生活方面具有重大意义。

另外,随着"旱改水"的推广,水面也会随之扩大,鱼、虾、蟹等水产养殖逐渐发展起来。稻作及粮食生产的发展,还促进了家畜饲养的兴盛和畜产品的增加。

旱地改造成水田,不但不会破坏耕作层,反而会提高这块耕地的质量,这种做法并没有改变农用地的性质,对促进农业发展有积极的作用。

2. 暗管排水工程

农田暗管排水系统是埋设在农田下一定设计深度的高标准农田排水设施。它的作用在于接纳通过地下渗流所汇集的田间土壤中的多余水分,经它汇流,将其排入骨干排水系统(一般为明沟)和容泄区。以创造适宜于农作物生长的良好土壤环境,保证高产、稳产。

完整的农田暗管排水系统由地下吸水管、排水井、农沟、支沟、集水井、干沟、抽水站或沟口,以及容泄区等组成。

地下吸水管布设在田块土层的一定深度内,是地下排水系统的基本组成部分。地下吸水管直接吸收土层内的多余水分,流入排水井,经沉淀泥沙后进入农沟。田面上的积水则通过明沟排水系统或通过排水井上部的排水口流入井而转入农沟。各农沟里的水流,通过集水井汇入支流,再由支沟汇入干沟。如果容泄区的水位低于干沟水位,则通过干沟的沟口闸而流入容泄区。

农田水利工程的布置,既要考虑到地形地貌、降雨径流、辐射蒸发、土壤结构等自然因素的影响,又涉及到灌排系统中水源、输水方式、灌溉方式、作物、耕作方式的选择,甚至还与当地的人口、经济水平等社会发展状况有关。

农田暗管排水工程布置模式的影响因素有很多,在规划设计、施工管理等过程中都需要充分了解这些影响因素及相关资料。运用这些资料综合分析渍害发生的原因,以便确定暗管排水的实施方案,做出适合于当地情况的排水排渍规划。具体说来,暗管排水工程布置模式影响因素主要包括地形,土壤,农业生产条件,经济社会环境几个方面。

3. 渔作养种模式

农业生态系统是人类在一定的时间和空间范围内对相互作用的生物因素和非生物因素进行干预的人工生态系统。例如,荆州潜江市推广的"虾稻连作"是种植业和养殖业有机结合的一种新兴生态农业生产模式。该模式在农田水稻种植的闲置期利用余留稻茬和秸秆进行克氏原螯虾的养殖,详细情况见3.5.3。

5.2.2.2　设计暴雨的选取及排涝流量的计算

排涝流量的计算首先通过排频得到不同重现期下的设计暴雨,然后通过产汇流计算得到设计净雨过程,对设计净雨过程进行汇流计算得到设计流量过程。本书选择 SWAT 模型进行产汇流模拟进行排涝流量的计算。

在除涝排水面积较小时,一般选用排区邻近雨量站的长系列点雨量资料进行排涝计算。而在排涝系统控制面积较大的区域,需用面雨量计算。采用年最大值法选样。对某一系列不同历时年最大暴雨量采用 P–Ⅲ 型理论排频计算,从而得到设计频率与设计历时下的暴雨量。根据湖北省平原湖区现有排涝标准中采用的设计暴雨历时,本研究区的暴雨历时取为 1 日和 3 日,选取荆州、监利、洪湖三个气象站 1960～2013 年的气象资料取平均值,将结果进行排频,1 日暴雨和 3 日暴雨的排频结果见图 5-11,图 5-12。

不同重现期的降水量可从以上表中读出,与实际收集到的资料进行对比,可找出不同重现期对应的降水资料。

表 5-14　不同重现期的 1 日和 3 日暴雨量及对应降雨

重现期(a)	1 日暴雨量(mm)	对应暴雨日期	3 日暴雨量(mm)	对应暴雨日期
5	112	1996.7.20	157	2012.6.26～6.28
10	132	2000.5.25	181	2008.8.28～8.30
20	152	1979.6.04	208	1991.7.01～7.03
100	195		262	

用 SWAT 模拟在不同的治理模式下设计暴雨情况下的径流情况,选取 1 日最大暴雨和 3 日最大暴雨对实际方案进行排涝演算,见表 5-14。以重现期 20 年的暴雨为例,设计排涝流量见图 5-13,图 5-14。

5.2.3　不同涝渍地治理模式下的排涝流量的变化

流域的土地利用类型变化都能够直接影响到其水文循环和水资源的形成过程。土地

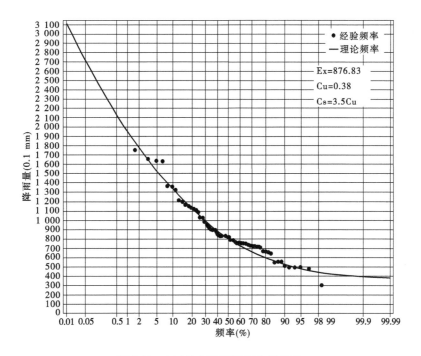

图 5-11　1 日最大降雨频率分析曲线

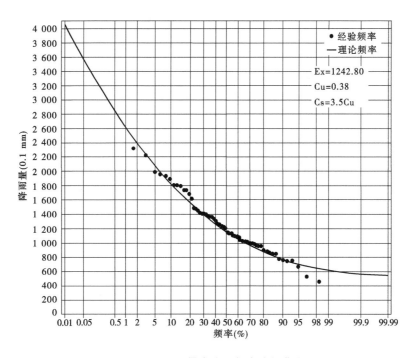

图 5-12　3 日最大降雨频率分析曲线

利用情景影响流域水资源的产生主要表现在：一方面,不同的土地利用类型的土壤蓄水、下渗和蒸发能力不同,将影响流域产流过程中的各种参数(李宏亮 2007),进而影响到降雨在地表径流、壤中流、地下径流中的分配过程;另一方面,地形、地貌上的水流速度的不

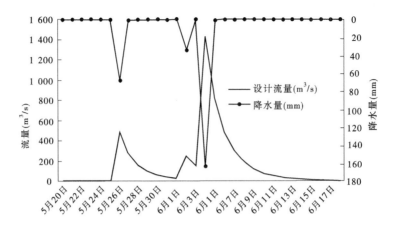

图 5-13　重现期 20 年 1 日暴雨设计排涝流量

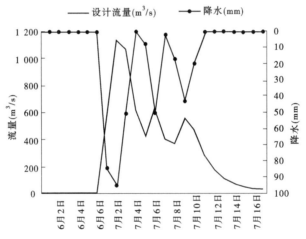

图 5-14　重现期 20 年 3 日暴雨设计排涝流量

同,以及扩散系数的不同,将对流域在汇流过程中的各项参数产生直接的影响(盛前丽
2008),从而对坡面和河网的汇流过程有较大的影响。此外,土地利用状况的变化还会影
响到地下水位和水质情况(王晓云 2008)。这些因素都从根本上影响到流域的水资源量
的大小。

　　下面从土地利用的变化,通过设置不同的涝渍地治理模式对研究区域进行径流的模
拟,从而研究分析三水河流域在变化环境下的水文响应。

　　SWAT 模型可以通过改变土地利用情景的输入文件来模拟相应的流域径流量,所以
设计合理的土地利用情景是分析土地利用变化对流域径流造成影响的前提。土地利用变
化情景的设计主要有五种方法:

　　(1)参照流域对比法。选择同研究流域自然社会概况相近、土地利用状况相似的流
域作为参照流域,对比分析在一定时间内参照流域与研究流域之间存在的水文差异。

　　(2)历史反演法。对比分析研究流域在不同时期的土地利用状况下模拟的研究区流
域在现时段的径流过程。

（3）土地利用情景模型预测法。建立相应的土地利用模型（如一阶马尔科夫链模型、一阶马尔科夫链优化模型等），根据研究流域的自然、社会、政策、经济等条件，模拟预测未来的土地利用信息。

（4）极端土地利用法。设定特定的土地利用类型，模拟流域在该土地利用情景下的径流过程，可用于检测所用水文模型的灵敏度。

（5）土地利用空间配置法。考虑土地利用类型之间的区位、空间分配组合、社会配置关系等条件来确定模型的模拟情景。

综合考虑研究区域的诸多因素，本书采用的是极端土地利用法和土地利用空间配置法。

应用情景设计的方法定量地分析土地利用变化对研究流域径流量的影响是探讨因土地利用变化而产生的水文效应中通常会采用的方法（于静 2008）。设计模拟所需的情景时需要综合去考虑研究的目的、空间的尺度大小、自然环境的诸多特征，以及社会经济的特点等（袁飞 2008）。

四湖地区涝渍地的面积占耕地总面积的 39.43%，由于地势低洼的地段是涝渍地的天然分布场所。研究区域的等高线图见图 5-15。

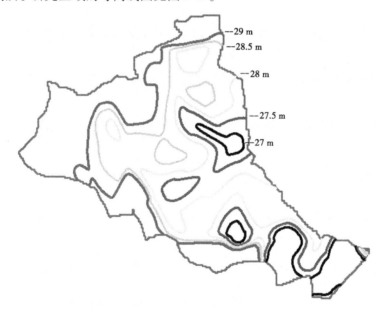

图 5-15　研究区域等高线图

上图中一共有 5 条等高线，分别是 27 m、27.5 m、28 m、28.5 m、29 m。其中 28 m 等高线以下的面积占研究区域总面积的 40.3%。选取 28m 等高线以下的区域作为涝渍地的分布位置。SWAT 模型将研究区域分为 31 个子流域，位于涝渍地范围内的一共有 13 个，序号分别是 2、8、12、13、19、20、21、22、26、27、28、29、31。

涝渍地治理措施引起土地利用形式的改变，在 SWAT 模型里改变土地利用形式。旱地改水田模式将涝渍地区域内旱地改为水田种植的土地利用形式。SWAT 中有布置暗管排水的管理模式，设置暗管埋深为 90 mm，暗管布置间距为 15 m，超出田间排水量的水量排出时间为 12 h,暗管排水延迟为 6 h。对于渔作养种模式,水面率为 17.4%。采用改变水面率的方式进行模拟。

研究区域采取不同的涝渍地治理措施,多种治理方案时采取面积比各占 50%。不同治理措施的组合方案,见表 5-15。

表 5-15　不同涝渍地治理模式的组合方案　　　　　　　　　（单位:%）

方案	暗管排水	渔作种养	旱地改水田
1	100	0	0
2	0	100	0
3	0	0	100
4	50	0	0
5	0	50	0
6	0	0	50
7	50	50	0
8	50	0	50
9	0	50	50
10	0	0	0

注:表中数据表示涝渍的治理面积占总面积的百分比。

方案 1、2、3 在模型中通过改变等高线 28 m 以下区域的土地利用形式,上述 3 种土地利用/覆被情景分别带入校正好的 SWAT 模型进行运算,选取重现期对应的前后一个月暴雨气象资料进行模拟并对模型的输出结果进行统计分析,得到各土地利用/覆被情景下流域的每日流量的模拟结果。

不同治理模式下的排涝流量与设计流量进行对比见表 5-16,表 5-17。

表 5-16　1 日暴雨不同治理模式下的排涝流量

重现期(a)	排涝流量(m^3/s)			
	设计	方案 1	方案 2	方案 3
5	976	954	945	910
10	1 152	1 133	1 117	1 093
20	1 443	1 427	1 418	1 394

表 5-17　3 日暴雨不同治理模式下的排涝流量

重现期(a)	排涝流量(m^3/s)			
	方案 10	方案 1	方案 2	方案 3
5	488	477	472	432
	283	276	274	251
	241	236	234	214

续表5-17

重现期(a)	排涝流量(m³/s)			
	方案 10	方案 1	方案 2	方案 3
10	290	285	281	262
	613	603	595	554
	360	355	343	326
20	626	619	615	605
	1 141	1 128	1 122	1 102
	1 062	1 050	1 044	1 026

5.2.4　涝渍地治理模式在不同程度和方式下的排涝流量变化

当研究区域内采用多种不同治理模式时,需要进行空间分布的布置。研究区域以28 m等高线以下范围为涝渍地区,在研究区域内,等高线27.1 m以下的范围约占涝渍地区的50%,将涝渍地分为Ⅰ级(27.1~28 m)和Ⅱ级(27.1 m以下)两个部分。

图5-16　研究区等高线和区域划分

采用不同程度的治理模式,暗管排水,渔作养种,旱地改水田治理50%的情况下,Ⅱ级区域在高度上比Ⅰ级区域高一个等级,相对的渍害程度更高,优先对位置最低的区域进行渍害治理,改变Ⅱ级区域的土地利用模式。此时由模型计算得到排涝流量见表5-18、表5-19。

表5-18　1日暴雨50%治理程度不同治理模式下的排涝流量

重现期(a)	排涝流量(m³/s)			
	方案 10	方案 4	方案 5	方案 6
5	976	968	957	940
10	1 152	1 146	1 138	1 125
20	1 443	1 434	1 430	1 414

表 5-19　3 日暴雨 50% 治理程度不同治理模式下的排涝流量

重现期(a)	最大日流量排序	排涝流量(m³/s)			
		方案 10	方案 4	方案 5	方案 6
5	1	488	483	479	469
	2	283	280	278	272
	3	241	239	237	232
10	1	290	288	286	281
	2	613	608	606	595
	3	360	358	356	350
20	1	626	622	620	613
	2	1 141	1 134	1 131	1 118
	3	1 062	1 056	1 052	1 041

　　混合使用两种不同治理模式时,设置优先级:旱地改水田 > 渔作养种 > 暗管排水,优先级靠前的对涝渍地的治理程度较高,布置在 Ⅱ 级区域,优先级靠后的布置在 Ⅰ 级区域。分别对三种排涝治理模式两两组合,将土地利用/覆被情景分别带入校正好的 SWAT 模型进行运算得到排涝流量如下表 5-20、表 5-21。

表 5-20　1 日暴雨不同治理模式下的排涝流量

重现期(a)	排涝流量(m³/s)			
	方案 10	方案 7	方案 8	方案 9
5	976	940	932	916
10	1 152	1 125	1 119	1 106
20	1 443	1 417	1 414	1 400

表 5-21　3 日暴雨不同治理模式下的排涝流量

重现期(a)	最大日流量排序	排涝流量(m³/s)			
		方案 10	方案 7	方案 8	方案 9
5	1	488	469	466	459
	2	283	272	270	266
	3	241	232	231	227
10	1	290	283	281	269
	2	613	598	595	569
	3	360	351	350	335

续表 5-21

重现期(a)	最大日流量排序	排涝流量(m³/s)			
		方案 10	方案 7	方案 8	方案 9
20	1	626	615	613	607
	2	1 141	1 120	1 118	1 107
	3	1 062	1 043	1 041	1 030

5.2.5　结论和分析

(1)结合不同模式下的排涝流量对比表,可以发现,三种涝渍地治理措施都会降低排涝流量。影响的程度分别是旱地改水田模式最大,回形池模式次之,暗管排水模式最小。

从产汇流机理上分析,旱地改水田最大程度上改变了土地利用方式,排涝期间的调蓄能力增强最多,渔作养种降低了农田的地下水位,池子不仅用作排水沟,同时在排涝期间能够起到一定的调蓄作用,暗管排水有效的降低了地下水位,对研究区域的排涝有部分作用,也保证了耕地面积的高效利用。

(2)在相同暴雨历时下,排涝流量随暴雨重现期的增大而增加,此外,通过比较同一暴雨重现期不同暴雨历时的排涝流量可知,排涝流量随着暴雨历时的增加而增加。

(3)三种治理模式完全治理在相同的重现期下,暗管排水相对模拟初值减少的比例为 1.1% ~ 2.3%。渔作养种相对模拟初值减少的比例为 2.1% ~ 4.9%,旱地改水田相对模拟初值减少的比例为 3.4% ~ 6.8%。

(4)同一治理模式下,排涝流量减少的比例随重现期的增加而减少。这是因为涝灾非常严重时,超出下垫面的排涝调蓄能力。重现期越小,下垫面的调蓄能力越突出。

(5)同一治理模式下,排涝流量的变化量随涝渍地治理程度的增大而增大。

(6)多种治理模式并存时,排涝流量的变化介于两种治理模式单独采用的效果之间。暗管排水和渔作养种组合时排涝流量相对模拟初值减少的比例为 1.8% ~ 3.7%。暗管排水与旱地改水田组合时排流量数相对模拟初值减少的比例为 2.4% ~ 5.3%,渔作养种与旱地改水田组合时排涝流量相对模拟初值减少的比例为 2.9% ~ 6.0%。

第6章 组合排水工程形式优化配置

淮北地区地处我国南北气候的过渡地带,也是我国重要的粮棉生产基地。但由于气候的影响,既有旱的灾害,又有洪、涝、渍威胁,尤其是低洼易渍地区,威胁更大,往往造成整季绝收,因此该地区农业生产长期低而不稳,人民生活还未脱贫。中华人民共和国成立以来,党和政府十分重视治水工作,治理洪、涝、渍害取得了很大的成绩,但治理过程也走了不少弯路。研究工作中,对涝、渍指标,涝、渍治理措施都是分项进行的,可生产实践中,涝渍灾害是相伴相随的,不能独立对待。我国江淮流域的平原地区,往往都存在着先涝后渍、涝退渍存、有涝易渍、涝渍同时或交替发生,因此要解决涝渍给农业生产造成的危害,不能独立看待和分割处理,必须统筹防御、连续控制,采取综合措施,涝渍兼治。

为实现旱涝渍害兼治,须对现有的排水措施、沟井洞管闸涵等,进行合理组合,以达治理有效、经济合理的目标。根据淮北砂姜黑土地区的气候特点,即降水量较充沛,降水年际、年内变幅大,年内 60% 以上的降水集中在 6~9 月,且暴雨、连阴雨多,易形成涝渍灾害。据试验观测,该区连阴雨 10 d 以上,降雨在 50 mm 以上,就可造成较重的涝渍灾害,尤其是低洼区更严重。统计解放后三十多年的资料,由于连阴雨、暴雨形成的灾害,造成农业减产,甚至绝收,年均约 2~3 次。如蒙城白杨林场,田间在具备沟深 1.2 m、沟距 150 m 的明沟排水条件下,1988 年 7 月 22~31 日连阴雨 10 d,降雨 148.1 mm,最大降雨 50.4 mm,雨前地下水埋深在 1 m 左右,阴雨期间,田间积水,地下水上升至 0.2 m 的时间持续 11 d 之久,使田中大豆枯黄,造成了绝收。

田间涝渍控制的组合排水形式包括明沟排水、暗管排水(及鼠洞排水)和竖井排水。长期以来,国内外普遍采用传统的明沟排水方式,在排除地面涝水方面是非常有效的。但在治理渍害方面,必须增加末级排水沟数量,以致占用较多的耕地,加大工程投资量,轻质土地区还存在塌坡、淤积等问题。近几十年来,随着生产实践和科学技术的发展,以治渍为目的的暗管排水技术迅速发展,与明沟排水相比,暗管排水具有不占耕地、治渍效果明显、便于管理等优点。在地下水质和出水条件较好的排水地区,以旱、涝、渍、碱兼治为目的的井排、井灌也得到发展,不同的排水方式各有其利弊。实践表明,采取涝水明排、渍水暗排的组合排水方式,通常情况下,能够达到涝渍兼治的目的。在涝渍严重的黏质土地区,由于黏质土的透水性能一般较差,通常暗管间距要求较密,因而投资较大,若在田间采用适当深度和间距大一些的暗管与较浅密的临时性明沟或鼠洞组合成双层排水,可使涝渍地区及时排除田面的雨涝积水,加快高地下水位的下降,此时可选用明沟、暗管和鼠洞组合排水。在利用浅层淡水灌溉的地区,可采用井灌、井排与明沟相结合的排水系统。

该地区除涝渍灾害外,近几年旱灾的威胁也较重,由于砂姜黑土固有的特性,干时板结干裂,裂缝宽又深,造成了漏风蒸发加大,群众称"漏风土",因干旱造成减产也相当严重,例如 1998 年 6 月底至 7 月初,涝渍较严重,而到 10 月后则无一滴雨,土地板结干裂,以致于在无灌溉条件下小麦未能播种。根据该地区的旱、涝、渍特点,作者提出了沟井组

合治理旱涝渍的措施,并进行试验,其试验结果如下:

6.1　沟井组合研究

该地区砂姜黑土的土层厚度一般 4～12 m,其间在不同层次有大小不等的砂姜石,其下层为黄土层、粉细砂等砂土,含水层厚度为 4～21 m,其水平渗透系数为 $K=0.9～1.2$ m/d,给水度一般为 $\mu=0.04～0.05$,经试验一般机井的出水量为 30～50 m³/h,单井影响半径为 100～150 m,单井抽水试验,稳定降深为 2.6 m 左右,停抽后约 16 h 即可恢复原水位。因此试验区的机井井深一般为 30～40 m,每眼机井控制面积约 6.67 hm²,全试验区面积 266.7 hm²,梅花布置 40 眼机井,泵的动力用柴油机,井灌井排区各级排水沟规格标准见表6-1。

表 6-1　井灌井排区各级排水沟规格标准

沟名	间距(m)	沟深(m)	边坡	底宽(m)
大沟	1 500～2 500	3.0～4.0	1:2.0～1:3.0	5.0
中沟	500～1 000	1.2～2.0	1:1.5～1:2.0	2.0
小沟	200～250	1.0～1.2	1:1.0～1:1.5	0.5
毛沟	100～150	0.7～1.0	1:1.0	0.3

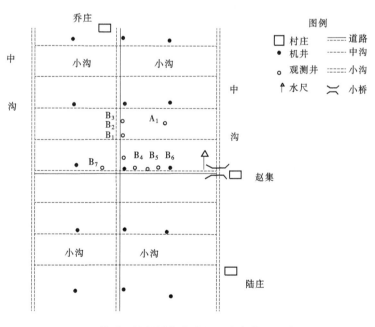

图 6-1　蒙城县柳林镇赵集沟井组合示范区示意图

6.1.1　沟井组合降低地下水位减少涝渍灾害

地下水埋深,是直接影响降雨后是否生成涝渍的主要因素之一,该地区地下水位的变化与降雨量变化基本上是一致的,通常情况下,每年10月至翌年的5月降雨量之和,占年总降雨量的30% ~40%,此阶段地下水埋深一般在1.5~3.0 m,基本不产生涝渍灾害,每年的6~9月,为该区的雨季,此阶段降雨量为年总降雨量的60% ~70%,且暴雨、连阴雨多,地下水埋深浅,一般在1.0~2.0 m,由于该区地形平坦,地下径流异常缓慢,在排水不畅的情况下,地下水的出路主要依靠垂直蒸发,即属"入渗—蒸发"型。在地下水埋深浅时,遇雨则易徒升至地面,而要使地下水降至地面以下,则需要较长的时间。如观测地下水由地表降至地表下0.5 m,则需6 d以上,排水差的地区,需半月以上,因此最易生成涝渍灾害。

表6-2是在有完整的大、中、小沟排水系统,小沟间距 $l = 150$ m、$h = 1.2$ m的田块观测,由此可见,在这种规格标准的排水系统下,农田仍能产生涝渍。

表6-2 单纯明沟地下水埋深及作物渍害影响观测

降雨时间		降雨天数 (d)	降雨量(mm)			地下水埋深				涝渍状况
日期	历时 (d)		总雨量	日最大	3日最大	雨前 (m)	雨期最小 (m)	小于0.2 m连续天数	雨停后降到0.5 m天数	
1988-07-22 ~ 07-31	10	8	148.1	50.4	97.6	1.0	0.05	9	6	大豆涝渍严重
1989-07-05 ~ 07-15	11	9	229.3	26.5	112.9	1.09	-0.02	11	4	地面积涝,无法进地,禾苗渍害
1989-07-24 ~ 08-06	14	11	149.5	40.9	70.0	0.78	0.02	4	4	地面积涝

由表6-2可以看出,当雨前地下水位低,则雨后地下水就不易升到地面,也不易产生涝渍灾害,在沟井组合区,由于雨前地下水位埋深大,这样就缓和了雨季雨多而集中的矛盾。因此沟井组合排水系统,在雨季之前,正值农作物缺水之际,利用井灌降低地下水位,这样在遇到大雨、中雨或连阴雨的天气,即可减缓或不发生涝渍灾害,其排水沟的设计规格标准也可适当减小,有利于减少工程造价及占地面积。

在沟井组合排水系统区,观测试验如表6-3所示。

表6-3 沟井组合地下水埋深及作物渍害影响观测

时间	降雨量(mm)			地下水埋深(m)			涝渍状况
	降雨天数	3 d最大	总雨量	雨前	雨后	小于0.2 m天数	
1989-07-09 ~ 07-17	8	141.0	275.2	3.37	1.33	无	无涝渍灾害
1996-07-08 ~ 07-20	12	237.1	267.0	2.75	0.47	无	无涝渍灾害

6.1.2 农作物生长适宜地下水位埋深试验分析

适宜的地下水埋深对农作物的生长起到重要的作用。过高的地下水位会使作物受渍,过低的地下水位会加重土壤干旱,导致农作物受旱,从而增加灌水量。据五道沟试验站地中蒸渗仪测桶农作物产量与地下水埋深关系试验研究,淮北地区几种主要的农作物适宜的地下水位埋深范围见表6-4。

表 6-4　主要农作物适宜地下水埋深

农作物	小麦	玉米	棉花	蔬菜
防渍临界深度(m)	1.0~1.5	0.8~1.0	1.2~1.4	0.5~0.8

6.1.3　沟井组合排水减少地面径流

该区降雨产流,一般是超渗产流与蓄满产流交替发生,连阴雨导致蓄满产流,蓄满产流的降雨主要是渗入地下水面至地面的土层间,雨前地下水埋深大,地下水面至地面间的土层厚,土壤所蓄的水多,则地面径流就产生少。据淮北宿县试验站资料统计的不同地下水埋深的径流量见表6-5。

表 6-5　不同地下水埋深的径流量

时间	降雨量(mm)	雨前地下水埋深(m)	雨后地下水埋深(m)	径流量(mm)
1974-07-23	60.0	0.53	0.14	22.8
1975-07-27	35.1	0.16	0.02	17.9
1976-08-17	68.5	0.98	0.22	7.5
1979-09-12	92.5	0.92	0.09	31.4
1980-06-23	135.6	0.97	0	63.8
1987-07-20	85.7	2.27	1.12	0
1987-08-16	75.6	0.14	0	70

由表6-5中可看出,降雨量基本相近,但雨前地下水埋深不同,所产生的地面径流亦不相同,如1987年7月20日,一次降雨量85.7 mm,但由于地下水埋深为2.27 m,不但未产生径流,而雨后地下水埋深为1.12 m。而同年一次降雨量为75.6 mm,由于雨前地下水埋深只有0.14 mm,故产流达70 mm之多。由此可见,雨前地下水埋深与雨后产流密切相关。

据该试验站在砂姜黑土区建立的地面径流经验公式:

$$G_r = P - (Kh_a - h_1\mu \times 1\,000 + C) \tag{6-1}$$

式中:G_r为地表径流量;h_a为雨前地下水埋深,m;h_1为雨后地下水埋深,m;K为反映雨前地下水面上土壤蓄水能力系数;C为流域其他损失常数,mm,包括填洼、蒸发量、植物株面截留等;μ为给水度。

该经验公式,更能说明,雨前地下水埋深对雨后产生地表径流量关系密切。

沟井组合排水系统,可以有效地控制雨前地下水位,雨前采用以灌代排,降低地下水位,减小地表径流,土壤拦蓄降雨的流失,既可节省水资源,又可减省工程造价。

6.1.4　沟井组合有效调节土壤水分

土壤水分是作物正常生长的基础,土壤水分的变化对作物生长有着举足轻重的作用。该地区主要作物的根系层主要分布在 0.5 m 以上的土层内,因此该土层的水分多少直接影响作物的产量。如果此土层地下水位过高,水分过于饱和,土壤的孔隙被水分占据,造成空气减少,氧气不足,就会引起植物根系受毒害。例如新马桥试验区附近 6 月 14 日降雨量 170.8 mm,6 月 18~21 日连续降雨量 88.9 mm,不但使小麦发芽霉变,而且使夏种、播种期推迟了 7~10 d,部分农户免耕抢种玉米和大豆,也因土壤水分过大,烂种现象严重,而不得不改种其他作物,直推到 7 月 10 日以后播种,较试验区内推迟了 15 d 左右播种,且出苗不齐,仅存活部分禾苗,基本无结穗,只好翻犁休闲。

因此当雨后地下水升至地表,应尽快降至 0.3 m 以下。当地下需水位降至 0.3 m 以后,要达到作物适宜含水率(一般作物适宜含水率为 19%~26%),还须有一段时间。据安徽省水利科学研究院试验资料,在具备沟距 200 m、沟深 1.5 m,及沟距 100 m、沟深 1.0 m 的田间排水系统中,不同降雨地下水升至地面,雨后 3 d 的土壤含水率见表 6-6。

表 6-6　雨后 3 天的土壤含水率

雨型		地下水退至地面下 0.3 m 时间(h)		雨后 3 d 土壤含水率(%) 0~0.5 m 土层	
最大 1 h 降雨量 (mm)	最大 3 d 降雨量 (mm)	$l=100(m)$ $h=1.0(m)$	$l=200(m)$ $h=1.5(m)$	$l=100(m)$ $h=1.0(m)$	$l=200(m)$ $h=1.5(m)$
66.7	181.9	20.0		28.6	34.4
35.6	192.2	65.6	89.7	29.5	33.2
32.1	111.8	48.2	61.7	27.9	32.0
31.3	196.6	42.0	120.0	27.7	33.5

由表 6-6 所示,雨后 3 d 土壤含水率的变化情况看,沟距 $l=100$ m、沟深 $h=1.0$ m 地下水位及土壤含水率,对作物较适合,这主要是因为沟密改变了平原地区蒸发型的水分垂直运动规律,使消退规律为渗入—蒸发,与横向出流相结合型,但这样沟距太密,占用的土地也多。而采取沟井组合排水系统,一方面因雨前地下水埋深大,一般不会升至地面,土壤含水率就不会过于饱和,即便连阴雨,使地下水升至地表,也可以采取抽排的方式,加大水力坡降,使多余的水分较快的排出。例如,1995 年 7 月 7~11 日连阴雨,总降雨量 173.0 mm,1 日最大降雨量 77.5 mm,3 日最大降雨量 92.6 mm,雨前地下水埋深 2.2 m,雨后地下水埋深 0.89 m,地表水排出后,田间干爽,穿鞋进地可行走,大豆生长良好,说明土壤含水率适合作物要求。而非沟井组合区,只有 $l=200$ m、$h=1.5$ m 的田间排水沟区,田间泥泞,赤脚进地还陷入,大豆苗发黄瘦,产生了渍害,减产约 20%。这说明沟井组合的排水系统,除有明沟排水系统改变水分单一蒸发的出路外,竖井更能达到加大水力坡

降、降低土壤中多余水分的作用。

该地区除了涝渍影响农业生产外,干旱无雨也严重影响农业收成,如 1997 年 7 月发生了涝渍灾害,而自 9 月 3 日后基本无雨,正值冬小麦播种时,地下水位降至 3 m 左右,土地坚硬、干裂,以致于大片农田空闲无播种。同样,1998 年大水过后,9～11 月基本无雨,大片农田未播种冬小麦;而在沟井组合区,当 10 月中旬需播小麦时,采取井灌抽取地下水,进行播前灌溉,保证了小麦播种。

6.1.5　沟井组合的地下水平衡问题

该区影响农业生产的主要因素是干旱、涝、渍,沟井组合的排水系统区,对其旱、涝、渍的治理,都有较明显的效果。那么干旱时提水灌溉,是否会使地下水降的太深,引起地下水位下降不能回补,以致形成漏斗呢?

对这个问题,要分析该地区的降水特点、分流状况及地下水位变化资料。

前面已略述该区的降雨时空变化状况及雨型特点。至于降雨的分流,据有关单位测试及均衡计算,一般所降雨大致分流于以下部分:径流、补给地下水或潜水蒸发、土壤蓄水,且这几部分各占总雨量的 30% ,该区地下水位的变化与降雨密切相关,地下水位升降,主要取决于降雨量多寡。如图 6-2 所示,为 1998 年全年的地下水、降雨过程线。当降雨量多时地下水位升至地面,当降雨量很少时,地下水位很深。

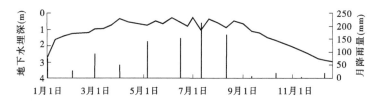

图 6-2　1998 年地下水埋深(旬平均)和月降雨量关系

该区的多年平均降雨在 800～900 mm,丰水年可达 1 300 mm,且 60% 的降雨量集中在 6～9 月,一般为 300～500 mm。由地下水补给量,可粗略的计算出 6～9 月份降雨季节,地下水位累积上升高度:

$$G = \sum_{i=1}^{n} \Delta h_i \mu \times 100 \tag{6-2}$$

式中:G 为降雨对地下水的补给量;μ 为给水度,一般为 0.04～0.05;n 为计算段内降雨次数;Δh_i 为第 i 次降雨引起的地下水抬升量。

按雨季占 60% ,补给地下水及地下水蒸发量为总雨量的 30% ,即可粗略计算出,一般雨季地下水可累积升高 2 m 左右可以保持地下水的平衡。

从观测资料看,沟井组合区,雨前抽取地下水,地下水降至 3 m 以下,经过雨季回补,一般能升至 2 m 左右,如果丰水年升幅更高。经调查,河南郸城县 20 世纪 80 年代为防旱、除涝渍,建成了沟井闸组合区,共有机井 4 000 眼,群众铁锹井 1.8 万眼,由于春灌,经过几个月连续抽水,地下水普遍下降,14 个水位观测点,地下水下降 4～25 cm,7～9 月降雨 290～500 mm,经过汛期补给,5 月测试各观测井,都恢复到原来水位,如表 6-7 所示。

表6-7　5月份不同观测井地下水位平均埋深　　　　（单位：m）

年份	1974	1975	1976	1977	1978	1979	1980	1981	1982	1983	1984	1985	1986	1987	1988	1989	1990
1 号	3.2	2.0	3.3	3.0	3.6	3.0	2.2	2.7	3.2	3.0	2.9	1.5	2.9	3.9	4.3	4.3	2.8
2 号	3.4	3.0	3.5	3.4	4.0	3.8	2.7	3.2	3.7	3.1	3.2	2.3	3.0	3.6	3.7	4.2	2.9
3 号	1.6	1.4	1.9	2.4	3.3	2.9	2.0	2.4	2.1	1.8	2.2	1.7	2.1	2.4	1.7	2.0	1.9
4 号	3.3	2.7	2.4	1.9	2.9	2.6	2.3	2.6	2.8	2.5	2.4	2.0	2.6	2.8	3.0	2.5	
5 号		2.3	2.3	3.0	3.4	3.7	1.5	2.3	1.8	2.3	2.6	1.8	3.0	2.5	1.8	2.0	2.0

由表6-7中可看出，每年5月份，雨季到来之前，各观测点地下水埋深基本上相差不大，不会因为抽水灌溉而使地下水回降不能回补。

6.2　轻型井井型结构与井泵优化配置

利用地下水灌溉是淮北平原提高抗旱能力、保障作物稳产高产的根本途径。目前，该地区利用地下水灌溉的主要方式是机井灌溉、小口井灌溉，近几年又发展低压管道灌溉。从目前实际来看，机井灌溉仍占主导地位，但是，由于多种原因很多机井不能充分发挥效益。建造轻型井及对井泵优化配置，对降低自流灌区地下水位、补充自流灌区水源不足、解决土壤渍害、改善土壤物理性状等具有明显作用，对促进我国井灌的发展，合理调配地上、地下水资源，充分利用机井出水量，挖掘机井潜力，提高机井灌溉效率具有现实意义。轻型井是采用轻质、薄壁管材，优化的滤水结构，合理的成井工艺建成的一种小口径管井。其具有取水效率高、单井出水量大、施工简便、造价低廉、管理方便等优点。通过抽水试验，经过理论分析，计算得出了灌区井灌系统的最优出水量、最佳扬程，从而提高了机井灌溉效率。

农田涝渍灾害的治理，必须因地制宜采取工程措施、管理措施和农、林、牧综合措施相结合，以水利工程措施为主，首先要改善灌排条件，合理利用地下水，以灌代排，降低地下水位，减少土壤渍害的威胁。据《安徽淮北地区井灌建设研究》1999年底统计，安徽淮北地区耕地面积为211.56万 hm^2，其中宜发展河（地表水）灌面积73.3万 hm^2，宜井灌面积138.2万 hm^2。建成农用机井14.3万眼，其中浅井14.22万眼，深井近800眼，配套机电井8.2万眼，占总机井数的57.4%；这些井灌工程的有效灌溉面积仅为60 hm^2。若现有农用机井单井控制面积平均以6 hm^2 计算，淮北地区尚有52.4万 hm^2 耕地需要解决灌溉问题，需增打8.7万眼农用机井。

井灌、井排技术在国际上已得到广泛应用，如美国盐河工程引用盐河和费德河水通过209 km长的渠道送至灌区，同时建有250眼机井，将地面水和地下水统一调度运用，灌溉面积9.33万 hm^2。由于采用机井抽水，实行地面水地下水联合运用，通过调控地下水位，盐碱化趋势得到了有效的遏制；巴基斯坦自1959年开始实施斯卡普（盐碱控制及土壤改良计划）以来，全国共建公共管井1.3万眼，私人管井9万眼，年均排水量约400亿 m^3，收到了很好的成效。我国自20世纪60年代以来，井灌、井排技术有了突飞猛进的发展，到1990年机电井发展到273万眼，特别是华北平原，正是由于井灌、井排的排水作用，降低了地下水位,使得该区的盐碱地大大减少,农业生产取得了很大发展。轻型井的管径小,造价低,非常适合我国农村联产承包责任制的实际情况,因此具有广阔的发展前景。

6.2.1　轻型井井灌、井排技术分析

井灌、井排技术既可以起到有效降低地下水位的作用,又可以解决旱季灌溉问题。每年 2~5 月份的灌溉开采,可使地下水位下降到一年中水位最低的状态。在这期间,上层地下水位下降 1~1.5 m。这既控制了春季的土壤返盐,避免了过多的潜水蒸发,又创造了土壤盐分淋洗条件,同时还为汛期腾空了土壤蓄水库容,减少了因上游排除余水而对下游造成的危害,可以蓄存大量的水量为以后灌溉使用。通过井灌、井排,使地下水动态模型由“补给—蒸发”型变为“补给—开采”型,从而使水生态由恶性循环向良性循环方向转化。

实践证明,采用井灌与井排相结合的技术,不仅能灵活调控地下水位,对水资源进行合理的开发利用,而且可以有效地防止对作物产生的渍害和土壤次生盐碱化,保护生态环境不受破坏,从而满足对地下水位多目标的要求。

6.2.2　轻型井井型结构与布局

轻型井从结构尺寸来看是一种微型管井,其成井工艺与普通管井有相似之处。但由于轻型井是用塑料管作井管,因而在成井工艺上与普通管井又有许多不同之处,如轻型井井管内径较小,容易造成堵塞,所以对其进行很好地保护显得尤为重要;轻型井井管的上半部分既作井管,同时又作吸水管,因而井泵优化配置有其一定的特殊性。本研究主要是从井型结构、成井工艺和井泵优化配置等方面对轻型井开展研究工作,以期为中低产田改造提供成套的技术措施。

对于因地下水位过高而形成盐害的地块,地下水调控应以排水为主,兼顾灌溉及其他。因此,井群布置应为干扰井群,以便能在要求的时间内,及时地把在下水位控制在一定要求的深度以下。

井群的布局主要是井间距的确定。在井群的布置形式和有效降深影响半径确定后,井间距就可以确定下来。

所谓水井的有效降深影响半径是指当水井抽水时,距水井最远控制处的地下水位就有一定的要求降深值,通常将这个距水井最远的控制距离定义为抽水井的有效降深影响半径。确定井半径应当以当地水文地质条件为主要依据。在确定轻型井间距时,应满足当地灌水所要求的灌溉定额,同时要考虑地下水的控制深度。

6.3　井灌工程系统优化配套技术

为了合理挖掘机井潜力,充分提高机井提水效率,扩大灌溉面积,在保证机井正常运行的条件下,通过机井测试及典型井抽水和能耗指标测定来确定机井的最优出水量和最佳扬程,以发挥其最大效益。

低压管道输水灌溉技术在我国井灌区越来越受到农民的欢迎。它与土渠输水相比,

有明显的节水、节能效果,管道输水使水的有效利用系数可达95%以上,可节省土地2%以上,它输水速度快、省时省工、浇地效率高、不跑水、渗漏小、便于管理、适应性强。总之,低压管道输水技术是解决水资源不足、提高水利用率、节约用水的有效途径。但管道输水一次性投资较大,其管径是影响一次性投资大小的决定因素,也就是说,在合理布置输水管道后,存在一个经济管径,它可使一次性投资最小。

在使用管理机井的过程中,确定机井的合理降深是极为重要的。若降深太小,则出水量小而不能充分发挥机井的潜力;若抽降太大,而出水量增加不明显,反而增加了井泵扬程,加大了能耗和提水费用,所以确定机井的合理降深是有现实意义的。在水资源紧缺地区,低压管道输水灌溉是提高用水效率的有效途径,而地埋管道直径的选择是设计中的一项重要内容。因为在管网布置方案已定的情况下,管径是影响其费用的主要因素,要使费用最省,就要选择最佳管径。应将井泵、管道、抽水费用与效益统一考虑,求出经济效益最大的最优出水量、经济管径等,并以此选配水泵、管道直径。

6.3.1　工程毛效益

工程毛效益可由下式计算:

$$B = K_1 QTY \tag{6-3}$$

式中:B 为工程毛效益,元;K_1 为水费,元/m^3;Q 为机井出水量,m^3/h;T 为年抽水时间,h/a;Y 为工程使用年限,a。

6.3.2　工程费用

工程费用包括一次性固定投资费用、能源费用和其他费用。

一次性固定投资费用:管道的内径直接影响到一次性固定投资费用,故该费用是管径的函数,可用下式表示:

$$C_1 = \alpha D^\beta L \tag{6-4}$$

式中:C_1 为一次性固定投资费用,元;α、β 为系数和指数;D 为管道内径,mm;L 为管道长度,m。

利用管道建设费用(包括管材、运输及安装费用)与管道内径的关系,用最小二乘法可求得式(6-4)中 α、β 值。

能源费用:能源费用可用下式表示:

$$C_2 = K_2 \rho g QHTY/(1\,000 \times 3\,600 \times \eta_0) \tag{6-5}$$

令 $K_3 = \rho g/(1\,000 \times 3\,600 \times \eta_0)$,式(6-5)可改写为

$$C_2 = K_2 K_3 QHTY \tag{6-6}$$

式中:C_2 为能源费用,元;K_2 为能源单价,元/(kW·h);ρ 为水的密度,g/cm^3;g 为重力加速度,取 9.8 m/s^2;H 为水泵扬程,m;η_0 为水泵总装置效率。

其中:

$$H = S + h + hw + hf + \Delta = S + h + 1.1hf + \Delta \tag{6-7}$$

$$S = aQ + bQ^2 + cQ^3 \tag{6-8}$$

式中:S 为抽水降深,m;h 为潜水含水层平均埋深,对承压含水层则为水头埋深;h_w、h_f 为局

部、沿程水头损失，m；Δ 为水泵出水管管路损失，田间灌溉所要求的水头与高于地面的最小剩余水头之和，m；a、b、c 为系数，可通过阶梯抽水试验资料建立联立方程组求解；其余符号涵义同式(6-3)。

其他费用包括工程管理、维修费等，视为常量，记为 A。

6.3.3　工程净效益

工程净效益可由下式计算：

$$M = B - (C_1 + C_2 + A)$$
$$= K_1 QTY - \left[\alpha D^\beta L + K_2 K_3 QTY \times (S + h + 1.1h_f + \Delta) + A \right] \qquad (6-9)$$

其约束条件为：

$$\begin{cases} 0 < Q \leq Q_{\max} \\ D_{\min} \leq D \leq D_{\max} \end{cases} \qquad (6-10)$$

式中：M 为工程净效益，元；$Q_{\max}$ 为机井最大设计出水量；$D_{\min}$、$D_{\max}$ 为可选择的最小、最大管径，mm。

6.3.4　最优出水量

对目标函数 M 求极值并化简，即可得出求解最优出水量的叠代公式：

$$Q_{i+1} = \sqrt[3]{\dfrac{\dfrac{K_1}{K_2 K_3} - h - 1.1h_f - \Delta - 2aQ_i - 3bQ_i^2}{4c}} \qquad (6-11)$$

式(6-11)的求解方法是假定 Q_i 值，求出 Q_{i+1}，如果 Q_i 不等于 Q_{i+1}，则继续上述步骤，直至 Q_i 等于 Q_{i+1}，这时的 Q_{i+1} 值即是最优出水量 Q_{opt}。

6.3.5　经济管径

对目标函数进行求导并化简：

$$D = \sqrt[(4.87+\beta)]{\dfrac{6.053 \times 10^9 K_2 K_3 QTY \left(\dfrac{Q}{c} \right)^{1.852}}{\alpha\beta}} \qquad (6-12)$$

把 Q_{opt} 代入式(6-12)，可直接计算出经济管径 D_{opt}。

6.3.6　最佳扬程

将 Q_{opt} 代入式(6-8)，计算出最佳降深 S_{opt}，再用式(6-7)即可计算出最佳扬程。

$$H_{\mathrm{opt}} = S_{\mathrm{opt}} + h + 1.1h_f + \Delta \qquad (6-13)$$

从节水、节能和充分发挥机井潜力的角度出发，通过井泵、管灌优化配套技术的实施，消除了以往井泵配套不合理、随意选择地埋管道直径、能源单耗较高和一次投资较大的弊病。通过抽水试验等数据计算 Q、S、D、H，简单易行，可在示范区和辐射区应用。

计算简单，在非管灌示范区，可用来计算最优出水量，进行井泵优化配套计算，为优选水泵型号提供依据。

6.4　沟管结合综合治理涝渍灾害效果分析

　　淮北地区现有排水工程多采用单一的明沟排水,其标准仅达 3~5 年一遇除涝,满足不了防渍要求,治渍工程多为试验性工程,尚未大面积推广应用。该地区排水沟(管)间距对地下水回降影响较大,深度变化影响较小,田间排水工程宜浅密型。根据试验和调查资料,在小沟间距 150~250 m,沟深 1.0~1.2 m 的条件下,基本上达到了排涝要求。但距防渍相差较大,若要达到防渍要求,必须加密排水沟,使小沟沟距达到 50~100 m,才能满足防渍要求。这样的除涝防渍方案要挖很多沟,占用大量的土地以及修建大量的桥涵等交叉建筑物。不仅投资大而且养护工作量也大,田块分割较小不便于机械化作业,给农业生产造成很大不便,既不经济也不合理。为解决这一问题,可采用明沟与暗管结合的除涝防渍排水系统。

6.4.1　沟管结合形式

　　农田排水系统一般由田间排水系统、骨干排水系统构成。农田过多的地面水、土壤水和地下水由田间排水系统汇集起来,经骨干排水系统输送排泄到容泄区。沟管结合除涝防渍组合排水以大、中沟构成骨干排水系统,小沟和暗管构成田间排水系统。由大、中、小三级排水明沟组成农田除涝排水系统,小沟和暗管构成控制地下水位的防渍系统。在整个农田排水系统中,小沟既要与大、中沟构成除涝系统满足除涝要求,又要与暗管构成防渍系统满足防渍要求,骨干排水系统大、中沟按照传统方法,根据区域排水规划统一布置。田间排水系统小沟与暗管的布置则要通过进一步的试验研究才能确定,既要满足除涝防渍要求,又要经济合理,这也是沟管结合组合排水的关键所在。在这样的排水系统中,排水暗管一般采用一级排水管,排水暗管垂直小沟布置。

6.4.2　沟管结合排水效果

　　为验证沟管结合排水的除涝防渍排水效果和经济合理性,安徽省固镇县王桥排水示范区,进行了明沟与暗管结合的除涝防渍排水试验,具体试验安排结果如下:

　　沟管结合除涝防渍组合排水试验中沟间距 500~700 m,小沟间距 220~250 m,小沟垂直中沟布置。断面尺寸为沟深 1.2 m,底宽 1.0 m,边坡为 1:1,暗管埋深 1.0 m,垂直于小沟布置,坡降 1/1 000,间距为 20 m、40 m、60 m、80 m 四种规格。

　　暗管采用水泥土管材,每节长 33 cm,管内径 5~5.5 cm,壁厚 1.5~2.0 cm。管口为平口,埋设时管口稍有间隙,水流自接头处流入管内,管外用稻草作为垫料和外包料。

　　沟管结合排水试验区建成后,开展了排水效果观测,试验结果列于表 6-8。

　　从表 6-8 可以看出:

　　(1)各种规格的暗管间距均能满足除涝要求。

　　(2)若地下水位埋深控制标准为 0.3 m,间距 20 m 的暗管,雨后 1 d 即可达到,间距 40 m 的暗管,雨后 2 日可达到,间距 60 m 和 80 m 的暗管,则需 3 d 以上。

表6-8　不同管距地块中间地下水埋深值　（单位:cm）

暗管间距(m)	20	40	60	80
雨停初始	0.17	-0.01	0.01	-0.09
雨后 1 d	0.35	0.13	0.05	0.02
雨后 2 d	0.43	0.29	0.12	0.13
雨后 3 d	0.62	0.49	0.28	0.28
雨后 4 d	0.67	0.62	0.55	0.45
雨后 5 d	0.71	0.7	0.69	0.69

（3）若地下水位埋深控制标准为0.5 m,间距20 m 的暗管,雨后2～3 d 即可达到,间距40 m 的暗管,雨后3 d 可达到,间距60 m 的暗管,则需 4 d,80 m 的暗管,则需 4～5 d。

综合以上结果,在中沟间距500 m 左右、小沟间距220～250 m 的条件下,利用小沟与暗管结合除涝防渍,暗管间距可采用 40 m,或略多于 40 m。

为了进行不同排水工程形式排水效果的比较,开展了小沟除涝防渍排水试验。小沟除涝防渍排水试验,中沟条件,小沟断面尺寸与沟管结合排水试验相同,所不同的是小沟间距不同。与沟管结合排水试验同期,不同沟距地块中央地下水位埋深值,见表6-9。

表6-9　不同沟距地块中央地下水埋深　（单位:m）

小沟间距(m)	100	160	220
雨停初始	0.05	0.03	0.00
雨后 1 d	0.11	0.07	0.05
雨后 2 d	0.18	0.14	0.11
雨后 3 d	0.36	0.27	0.18
雨后 4 d	0.56	0.34	0.31
雨后 5 d	0.67	0.51	0.40

从表6-9 可以看出,3 种沟距均能满足除涝要求。100 m 间距的小沟雨后 3 d 可将地下水位埋深降至0.3 m 以下,雨后4 d 可降至0.5 m 以下,基本上达到防渍要求。选择间距最小、沟距为100 m 的小沟与暗管间距为 40 m 的沟管结合工程规格,进行两种排水方式的排水效果比较。两种方式均能满足除涝要求,40 m 间距的沟管结合组合排水比 100 m 间距的单纯小沟防渍效果好,具体对比情况,见表6-10。

表6-10　单纯明沟与沟管结合排水效果比较

排水方式与规格	雨后 1 d	雨后 2 d	雨后 3 d	雨后 4 d	雨后 5 d
沟管结合40 m 暗管	0.13	0.29	0.49	0.62	0.69
单纯明沟100 m 小沟	0.11	0.18	0.36	0.56	0.67

除对雨后地下水位回落进行比较外,还进行了连阴雨期间地下水位状况比较,40 m 间距的沟管结合明显优于 100 m 的小沟。如 1998 年 4~5 月遇连阴雨,两种工程情况地下水位埋深变化过程,见表 6-11。

表 6-11　连续阴雨期间地下水位埋深　　　　　　　　　（单位:m）

日期	4 月 11 日	4 月 21 日	4 月 30 日	5 月 10 日	5 月 20 日	5 月 30 日
40 m 暗管	0.10	0.31	0.31	0.48	0.31	0.43
100 m 小沟	0.09	0.25	0.25	0.33	0.18	0.40

6.4.3　沟管结合的经济效果

在建立了大、中沟排水系统后,解决农田除涝、防渍的田间排水系统,既可以采用纯明沟排水系统,也可采用明沟与暗管结合的组合排水系统。那么在满足除涝防渍要求下,哪一种更合理、更经济呢? 这就需要对两种排水模式的占地、投资等进行分析比较。这里取排水效果相近的 100 m 沟距的单纯明沟与暗管间距为 40 m 左右的沟管结合两种工程规格进行比较。

为便于进行比较,对工程规格进行标准化,取中沟间距 500 m,长度 2 000 m,面积为 1 km² 的排水区为分析单元进行两种田间排水模式的对比。这两种排水模式的工程标准如下:

单纯明沟:小沟间距 100 m,断面尺寸为底宽 1 m,沟深 1.2 m,边坡 1:1,每个单元内布置小沟 20 每条。每条小沟建交叉建筑物小桥 2 座。

沟管结合:小沟断面尺寸和交叉建筑物同上,每个单元内布置 9 条小沟,间距约 220 m。暗管埋深 1 m,长 200 m,垂直小沟布置。每条小沟布置 11 条暗管,间距约 40 m。每个单元内共需布设暗管 99 条。

按照王桥示范区工程造价和上述工程标准对这两种田间排水模式进行比较,结果列于表 6-12,沟管结合方式比单纯明沟减少投资约 9.1%。

表 6-12　不同模式工程投资分析表

排水模式		沟管结合	单纯明沟
交叉建筑物	数量(座)	18	40
	造价(万元)	3.6	8.0
暗管	数量(万 m)	1.98	—
	造价(万元)	7.30	—
土方	数量(万 m³)	1.19	2.64
	造价(万元)	3.57	7.92
合计	造价(万元)	14.47	15.92

从表 6-12 可以看出,沟管结合与单纯明沟相比,沟管结合经济效益优于单纯明沟。

6.5　小　结

淮北平原旱、涝渍灾害并存,涝渍危害重于旱灾,治水必须先建立排水系统,减轻涝渍危害。涝渍治理水平的提高,在减轻涝渍危害的同时,不可避免地也加重了旱灾的影响,必须采取措施增强抗御干旱危害的能力。社会的发展和生产水平的提高也要求提高抗旱能力,以保证农业生产的稳定发展。

平原内部多数地区缺少可靠的地表水源,而地下水又比较丰富,且水质良好适宜灌溉,发展井灌具有抗旱、除涝、防渍的综合效益。井灌抽取地下水能充分利用当地水资源,避免从区外引水受到行政、水文、工程等条件的限制,取水方便及时。随着水资源日益紧张,利用当地地下水资源发展灌溉更为可靠。同时,井灌能适当降低地下水位,起到汛前预先腾空地下水库容,减轻涝渍灾害的作用。随着灌溉用水水平的发展,这种作用日益明显,当灌溉发展到一定水平时,沟管结合的田间除涝、防渍体系就逐步发展成了沟管井旱涝渍综合治理体系。

单纯明沟模式田间排水系统占地 9.15 hm^2/km^2,沟管结合模式占地 4.12 hm^2/km^2,减少 55%,占总土地面积的 5%。

暗管埋设后维修、养护工作量较小,在沟管结合组合排水模式下,明沟间距大,数量少,每年的整修工程量随之减少,可以节省大量的时间和精力。

在沟管结合模式中,排水暗管埋于地下,对耕作等生产活动没有影响,排水沟间距较大,可以获得较大的地块,便于生产管理。在农业生产机械化程度日益提高的今天,由于其更便于机械化作业,效果更好。

充分挖掘机井潜力,实行井、泵、管道优化配套,不仅能提高机井出水效率,扩大灌溉面积,而且能够减少投资和降低能耗。

第 7 章 涝渍兼治排水系统优化与效果分析

在土壤和水文地质条件特定的农田区,降雨是形成农田涝渍的主要因素。当雨强小于土壤入渗强度时,若其雨量小于土壤的蓄水能力,则将全部入渗土壤,从而增大土壤水分,甚至引起地下水位升高而超过作物的耐渍深度产生地下渍害;若其雨量大于土壤的蓄水能力,在地下水位升至地表的过程中就会产生渍害,之后将产生地面积涝。当雨强大于土壤入渗强度时,降雨发生后即产生地面积涝,同时伴随地下水位的升高亦会产生地下渍害。所以,涝渍相伴乃自然规律,这也是渍害田易涝、洼涝地易渍的根本原因。因此,这类地区农田排水的任务,不仅应将暴雨产生的田面积水及时排出,减少淹水时间和淹水深度,还应将过高的地下水位降至农作物耐渍深度以下,使根系活动层保持适宜的土壤含水率,以保证作物正常生长,达到涝渍兼治的目的。

在农田中,骨干明沟系统是排除涝灾的有效手段,由于及时排除地面水,会减少地面水在农田的滞留时间和向土壤入渗的时间,增加表层土壤水直接向空气中蒸发的时间,有利于缓解渍害的威胁。田间排水暗管或为控制地下水位而修建的末级排水明沟则是排除地下水的有效手段,由于地下水及时排除,会增加土壤蓄纳雨水的能力,推迟地面水形成的时间,减少地面水形成的总量。很显然,农田涝渍灾害的有效控制是地面排水系统和地下排水系统共同作用的结果。在设计方面,明沟除涝排水要求的主要内容是根据设计排涝流量确定排水沟过流断面,而暗管治渍排水要求的主要内容是确定适宜的埋深和间距。传统的农田排水工程的设计,是将排涝和排渍分割开来进行的,采用的排水标准也分别是相互独立的排涝标准和排渍标准。对于南方多雨地区的涝渍型渍害田,这种相互独立的排水标准及排水工程的设计方法并没有反映涝渍灾害相伴相随的特点,因而会导致不适当的排水系统规格布局。

基于涝渍相伴相随的自然规律,在间歇降雨、持续渍害的情况下,若采用一次排降地下水位的指标进行设计,不能满足持续渍害的要求,经济上也不合理。事实也表明,农作物受淹或虽不受淹但根系长时间生长在厌气环境中,即受渍害时,都会造成作物生理障碍,影响作物生长,致使产量下降乃至绝收。另外,作物受淹后是否继续受渍对作物生长的影响是大不相同的。这说明排水系统的设计,既不应单独考虑防止农作物受淹,也不应仅考虑调控农田地下水动态,而不考虑受渍前是否淹水。

7.1 DRAINMOD 排水模型基本原理

DRAINMOD 模型可用于研究排水系统设计和管理对作物生长和各水文要素的影响,适应于浅地下水埋深,包括地下排水、地面排水、地下灌溉和地面灌溉。在过去的二十多年里,该模型已经广泛应用于各种气候、土壤和作物条件下的排水预测。研究结果表明,这种模型可以很好的预测地下水位、排水速率和排水总量。在应用过程中模型得到不断改进,改进的模型可以计算土壤剖面各单元层的含水量和土壤水通量,考虑了土壤冻溶条件,包括土壤温度、积雪和融化过程的预测,考虑了土壤冻结对土壤水传导性能和土壤入渗能力的影响。模型还采用压力—天数—指标法来计算由于旱、涝、迟播,以及盐渍造成的减产因素,从而预测作物产量。近年来,模型内容不断得到扩充,先后增加了盐分和硝态氮运移,以及寒冷条件下田间水文的变化预测部分。

目前国内有一些学者采用DRAINMOD进行研究,例如,罗纨利用DRAINMOD模拟银南灌区稻田排水过程,贾忠华用DRAINMOD模型预测不同气候条件下排水及来水量对湿地水文的影响。王少丽利用DRAINMOD的扩展模块排水氮运移模型对地表和地下排水量和硝态氮损失进行模拟评价。程慧艳利用DRAINMOD对不同灌溉制度和田间排水条件下污水处理系统的水力负荷进行了模拟。

DRAINMOD是由美国卡罗来纳州立大学生物及农业工程系R W Skags等人于20世纪70年代末开始开发的,目前已发展到版本6.0,可以在Windows下使用。该软件还可以根据用户的要求,模拟土壤中盐分的积累和氮素的转化。

在Walter J Ochs的倡导下,美国农业工程学会接受了模型的概念,并且开始支持R W Skaggs博士关于《在较高地下水位条件下田间排水管理系统设计和评价方法说明书》的编制工作,俄亥俄州立大学的B H Nolte教授,联邦州立大学的工作组及美国农业工程学会的农业工程师们对于模型的发展和应用都作出了贡献。1985年底,DRAINMOD的标准版本可以用FORTRAN语言在PC机上实现了,从那以后,DRAINMOD的版本不断改进以便于程序更加灵活,统一了参数的输入要求和格式,使得模型更易于使用。经过近十几年的使用和改进,模型经过4.0版、5.0版,目前已经发展到6.0版本,并且已经在许多国家和地区进行了测试和应用,被公认为具有简单、迅速和准确的优点。模型现有的界面用Visual Basic写成,使用十分方便。它包括水文、湿地、污灌、氮素和盐分运移预测等多项功能,DRAINMOD输入资料包括(日最高、最低气温,日或逐时降雨量等)、土壤(土壤水分特征曲线、饱和导水率、不透水层深度、分层土壤深度等)作物资料(种植及收获日期,各生育阶段对水分过多及亏缺的敏感性参数等)及排水系统的设计参数(排水管、沟深度,间距,排水管有效半径等),用以模拟在所选设计参数的条件下地下水位的波动过程,并统计作物各生育阶段的SEW_{30}(地下水位过高天数)、作物的受旱天数等。该模型还可以根据实际要求,模拟土壤中盐分的积累和氮素的转化情况。在DRAINMOD4.0版本中,没有考虑降雪、融雪及冻融情况对于土壤水过程的影响,因此,模型适用于湿润地区土壤没有冻融的条件。目前,有关学者已经对DRAINMOD在上述情况下的应用做了相应的修改,拓宽了模型的实用性。它也可以用于灌溉地下水位较浅而且要求排水的干旱地区,这样,模型的降雨文件或灌溉程序必须修改,以确保模型对于灌溉量和灌溉时间的正确使用。

7.1.1　模型基本原理及流程框图

该模型的基本原理是较薄的单位面积土壤截面上的水量平衡(见图7-1),该截面从不透水层至地表,位于两相邻排水沟(管)中间的位置。时段Δt内的水量平衡方程为:

$$\Delta V_a = D + ET + DS - F \tag{7-1}$$

式中:ΔV_{a} 为土体中的水量变化,cm;D 为该截面的侧向排水量,cm;ET 为腾发量,cm;DS 为深层渗漏量,cm;F 为入渗量,cm。

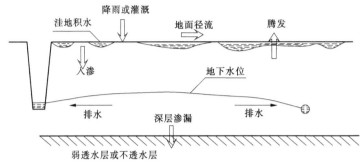

图 7-1　DRAINMOD 模型水量平衡要素

时段 Δt 内地表的水量平衡方程为

$$P = F + \Delta S + RO \tag{7-2}$$

式中:P 为降雨量,cm;F 为入渗量,cm;ΔS 为地表蓄水量变化,cm;RO 为径流量,cm。

DRAINMOD 的基本时段是 1 h,当没有降雨且排水和腾发速度很小时,地下水位随时间变化很小,式(7-1)取 $\Delta t = 1$ d,当排水较快且无降雨时,取 $\Delta t = 2$ h,当降雨强度大于土壤下渗能力时,计算 F 所取的 Δt 不大于 0.05 h。

7.1.1.1　DRAINMOD

模型包括降雨、入渗、地面排水、地下排水、暗灌、蒸发、土壤水分分布及作物根深等部分,以下对主要组成部分作简要介绍。

1. 下渗

DRAINMOD 采用 Green – Ampt 方程描述下渗特征

$$f = A/F + B \tag{7-3}$$

式中:A、B 为依赖于土壤特性、初始含水量及其分布、地面覆盖或板结等条件的参数。

应注意的是,式(7-3)是在假定地面有水层的情况下得出的,因此所计算出的入渗强度是地面在相应时刻的入渗能力。在降雨条件下,实际入渗量的大小取决于降雨强度,当降雨强度小于按式(7-3)计算出的入渗强度时,则实际入渗强度等于降雨强度;当降雨强度大于或等于按式(7-3)计算出的入渗强度时,实际入渗强度等于按式(7-3)计算出的入渗强度。

Green – Ampt 入渗方程虽然是根据均质土壤推导的,但研究表明,对于密度随深度增加的土壤、表层部分被覆盖的土壤、初始剖面上土壤水分布不均匀的土壤都得到了成功的应用。

2. 地表排水

在田间条件下,由于排水沟控制的区域相对较小,从田面到排水沟径流的路径较短,因此,在 DRAINMOD 中,假定从产流到汇到排水沟的过程是立即完成的。在地表径流形成之前,DRAINMOD 用田面洼地积水深度(depression storage)来描述地表排水特性。DRAINMOD 认为田面洼地是均匀分布的,并且可分为宏观洼地积水(macro-storage)和微观洼地积水(micro-storage),前者是指地面不平整而造成的较大的坑洼地的积水量,这部分积水量可以通过土地平整措施而减少或消除;后者是指由于土壤结构或植被覆盖而造成的积水量。研究表明,微观洼地积水量一般为 0.1 cm 到几个 cm。而宏观洼地积水量则是土地平整条件而定,在美国的研究表明,该值一般在 3 cm 以上。

3. 地下排水

在 DRAINMOD 中,假定暗管之间的水平方向上的排水量发生在饱和带。地下排水量的计算分为两种情况考虑,当地下水位未上升到地表之前,近似地采用稳定流的 Hooghout 排水公式计算排水量:

$$q = \frac{8kd_e m + 4km^2}{L^2} \tag{7-4}$$

式中:q 为单位排水面积的排水流量,cm/hr;m 为排水暗管间中点的水位高程(自排水暗管底高程起算);k 为饱和水力传导度,cm/hr;L 为排水暗管间距;d_e 为暗管等效深度。

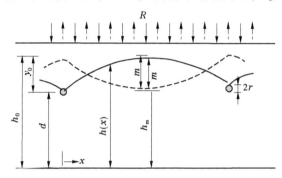

图 7-2　平行排水管间地下水位示意图

Moody(1967)认为

当 $0 < d/L < 0.3$ 时,

$$d_e = \frac{d}{1 + \dfrac{d}{L}\left\{\dfrac{8}{\pi}\ln\left(\dfrac{d}{r}\right) - \alpha\right\}} \tag{7-5}$$

其中

$$\alpha = 3.55 - \frac{1.6d}{L} + 2\left(\frac{d}{L}\right)^2$$

当 $d/L > 0.3$ 时,

$$d_e = \frac{L\pi}{8\left\{\ln\left(\dfrac{L}{r}\right) - 1.15\right\}} \tag{7-6}$$

其中:d 为排水管底至弱透水层的距离;r 为排水管半径;α 可近似取为 3.4。

在地下土层的土质具有分层结构时,式(7-4)中的水力传导度 k 以综合平均水力传导度 k_e 代替(见图 7-3),k_e 的计算公式为:

$$k_e = \frac{k_1 d_1 + k_2 D_2 + k_3 D_3 + k_4 D_4}{d_1 + D_2 + D_3 + D_4} \tag{7-7}$$

当地下水位降至第一土层之下时,取 $d_1 = 0$,D_2 用相应的水位厚度 d_2 代替,以此类推,可求出地下水位在不同土层时的 K_e。

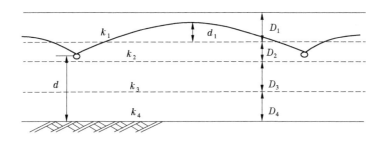

图 7-3　具有分层结构的土壤综合水力传导度计算示意图

当暗管间地段入渗量大于暗管流量的过程持续到地下水位上升到地表以后,此时变成有压渗流,排水暗管出流量用 Kirkham 公式(式(7-8))计算

$$q = \frac{4\pi k(H_0 + b - r)}{\alpha L} \tag{7-8}$$

$$\alpha = 2\ln\left(\frac{\tan(\pi(2d - r)/4h)}{\tan(\pi r/4h)}\right) +$$

$$2\sum_{m=1}^{\infty} \ln\left(\frac{\cosh(\pi mL/2h) + \cos(\pi r/2h)}{\cosh(\pi mL/2h) - \cos(\pi r/2h)} \times \frac{\cosh(\pi mL/2h - \cos(\pi(2d - r)/2h)}{\cosh(\pi mL/2h) + \cos(\pi(2d - r)/2h)}\right)$$

$$\tag{7-9}$$

式中符号如图 7-4 所示。

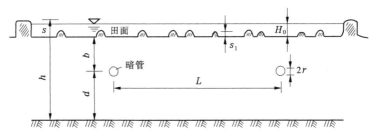

图 7-4　地面有积水时的排水参数示意图

4. 地下灌溉

当采用地下灌溉时,提高排水出口的水位以维持压力水头 h_0。定义 m 为排水管间中点的地下水位高程减去排水管中的地下水位高程,即图 7-2 中的 $h_m - h_0$。考虑暗管附近由于径向流引起的水头损失,令 $h_0 = y_0 + d_e$ 为排水管的等效地下水位高程,h_m 是排水管间中点的等效地下水位高程。对于地下灌溉,当 $h_0 > h_m$ 时,m 和 q 都是负的。Ernst 推导出地下灌溉流量为

$$q = \frac{4Km\left(2h_0 + \dfrac{h_0}{D_0}m\right)}{L^2} \tag{7-10}$$

$$D_0 = y_0 + d \tag{7-11}$$

$$h_0 = y_0 + d_e \tag{7-12}$$

式中: d 为排水管距不透水层的距离; h_0 与前面的定义相同, 目前 DRAINMOD 中采用方程(7-1)预测地下灌溉流量。

5. 蒸散

模型采用的方法是 Thornthwaite(1948)提出的经验公式法, 他认为月 PET 为

$$e_j = c\overline{T}_j^a \tag{7-13}$$

其中: e_j 为 j 月的 PET; $\overline{T}_j$ 为月平均温度, ℃; c、a 为常数, 其值取决于位置和温度。可以通过年热指数计算得到系数 a 和 c, 年热指数 I 是月热指数 i_j 的总和, 可由以下方程得到

$$i_j = (\overline{T}_j/5)^{1.514} \tag{7-14}$$

$$I = \sum_{i=1}^{12} i_j \tag{7-15}$$

热指数是由温度记录计算得到的, 月 PET 是由方程(7-13)计算得到的。按月和纬度通过该月的日 PET 和日出到日落的时 PET 值对月 PET 值进行校正, 根据 Thornthwaite 和 Mather(1957)给出的方法, 采用日平均温度, 可以从月 PET 计算得到日 PET。

DRAINMOD 将最大腾发量与土壤可提供的实际水量进行比较, 如果实际提供的水量大于 PET, 则作物按 PET 进行蒸发蒸腾, 否则, 按实际提供的水量进行蒸发蒸腾。

7.1.1.2　作物相对产量

DRAINMOD 可用于一个水均衡系统的长期(多年)的水动态模拟, 并输出地下水位的波动过程和作物相对产量的计算结果。其中作物相对产量是综合反映水分不足、水分过多及种植推迟综合影响的作物最终相对产量, 其产量模型为:

$$R_y = \frac{y}{y_0} = R_{yp} \cdot R_{yw} \cdot R_{yd} \tag{7-16}$$

式中: R_y 为作物相对产量; y 为计算年份作物的实际产量; y_0 为作物正常生长条件下计算年份的最高产量; R_{yp} 为只有种植日期推迟而造成减产时的相对产量; R_{yw} 为只有水分过多(渍害)情况发生时而减产的相对产量; R_{yd} 为只有干旱发生而减产时的相对产量。

1. 种植推迟时相对产量(R_{yp})的计算

为了计算 R_{yp}, 需要输入的资料为理想的播种日期(PD)、生长季节长度($IGROW$)、不会造成减产的最后种植日期($JLAST$)。DRAINMOD 根据可耕性条件模拟计算, 确定可供整地及播种的日期, 并进行相对产量 R_{yp} 的计算。模型考虑了两个减产因素: $PDRF$ 和 $PDRF2$。如果播种发生在最优种植日期以后, 但在第一个减产期(时间为 $DELAY1$ d)以前, 则每推迟 1 d 按 $PDRF$ 减产, 推迟到第一个减产期以后, 则每天按 $PDRF2$ 减产。种植日推迟的相对产量为:

$$R_{yp} = 1 - PDRF \times PDELAY, PDELAY < DELAY1 \tag{7-17}$$

$$R_{yp} = 1 - PDRF \times DELAY1 - PDRF2(PDELAY - DELAY1), PDELAY > DELAY1 \tag{7-18}$$

式中: $PDELAY$ 为 $JLAST$ 开始的第 2 天起算的播种日期, 一些地区的玉米种植日期推迟数见表 7-1。

表 7-1 玉米对种植推迟的反应参数(Seymour,1986)

地点	最优种植日期	$DELAY1(d)$	$PDRF(\%)$	$PDRF2(\%)$
英格兰	4.30	30	0.95	3.6
伊利诺斯	4.30	31	0.81	—
衣阿华	5.15	30	0.76	2.1
堪萨斯	5.5	20	0.62	—
路易斯安娜	3.15	45	0.72	—
纽约	5.1	13	0.89	1.32
北卡罗来纳	4.10	42	0.88	1.62
比达科他	5.17	38	0.79	—
俄亥俄	5.1	22	0.60	1.8
平均值(不含英格兰)		30	0.76	1.71

2.水分过多时的相对产量计算

地下水位过高对作物产量影响采用 Hiler(1969)提出的抑制天数指标的概念(SDI),按下式计算:

$$R_{yw} = R_{ymax} - \alpha SDI_w \tag{7-19}$$

式中:R_{ymax} 为相对产量与 SDI_w 关系的截距,当作物可以忍受一定的高水位条件而不减产时,R_{ymax} 可能大于1;SDI_w 为水分过多的抑制天数指标。

SDI_w 可按下式计算:

$$SDI_w = \sum_{j=1}^{N} CS_{wj} \times SDW_j \tag{7-20}$$

式中:N 为生长期的生长天数序号;CS_{wj} 为第 j 天的敏感因子,DRAINMOD 中以 SEW 值作为抑制天数因子。

玉米和大豆的敏感因子见表 7-2。

表 7-2 中的敏感因子各生育阶段都不相同。这些敏感因子是经过概化处理的,各阶段概化后的敏感因子之和为1。对于玉米,$R_{ymax} = 1.02$,$\alpha = 0.0075$;对于大豆,$R_{ymax} = 1.03$,$\alpha = 0.0070$。

3.水分亏缺条件下相对产量的计算

缺水条件下相对产量的计算采用 Shaw(1978)提出的模型。

$$R_{yd} = R_{ymax} - \alpha SDI_d \tag{7-21}$$

对于玉米,$R_{ymax} = 1.00$,$\alpha = 0.0122$。SDI_d 是水分亏缺时的抑制天数指标。可按下式计算:

表 7-2　作物(玉米和大豆)对水分过多的敏感因子

生长阶段		种植后天数		CS_{wj}
		130 d 成熟品种	110 d 成熟品种	
玉米		定植	0 ~ 29	0.20
		营养生长前期	30 ~ 49	0.22
		营养生长后期	50 ~ 69	0.32
		开花期	70 ~ 89	0.19
		产量形成期	90 ~ 109	0.08
		成熟期	110 ~ [*]	0.02
大豆		定植	0 ~ 24	0.19
		营养生长	25 ~ 54	0.13
		开花期	55 ~ 74	0.19
		豆荚发育期	75 ~ 94	0.26
		豆荚落浆期	95 ~ 109	0.25
	成熟	豆荚饱满	110 ~ 119	0.08
		豆荚发黄	120 ~ 129	0.01
		豆荚成棕色	130 ~ 140	0.00

注: [*]根据作物生育期长度而定。

$$SDI_d = \sum_{j=1}^{M} SD_{dj} \cdot CS_{dj} \qquad (7\text{-}22)$$

式中: CS_{dj} 为第 j 时段作物对水分亏缺的敏感因子, N 为生育期时段数, 时段长度为 5 d, SD_{dj} 为抑制天数因子, 按下式计算

$$SD_{dj} = \sum_{k=1}^{n} (1.0 - ET_{ak}/ET_{pk}) \qquad (7\text{-}23)$$

式中: n 为第 j 时段的天数; ET_{ak}、ET_{pk} 为第 k 天的实际腾发量和最大腾发量。

　　Shaw(1974)所得出的玉米各生育阶段的敏感因子见表 7-3。Shaw 发现,当严重干旱持续一个时段以上时,应对敏感因子进行调整。例如,如果 SD_{dj} 有两个时段超过 4.5,这些时段的 CS_{dj} 要乘以 1.5。

　　在有灌溉系统的地区,DRAINMOD 还可估算出农田所需灌溉的用水体积,在此情况下,模型(7-16)中的相对产量将只是种植推迟及水分过多条件下的相对产量。估算出每

表 7-3　土壤水分亏缺条件下玉米敏感因子

时期	CS_d	时期	CS_d	时期	CS_d	时期	CS_d	时期	CS_d
-8	0.50	-4	1.00	1	2.00	5	1.30	9	0.50
-7	0.50	-3	1.00	2	1.30	6	1.30		
-6	1.00	-2	1.75	3	1.30	7	1.20		
-5	1.00	-1	2.00	4	1.30	8	1.00		

注:以开花期 10 d 编号为 -1 ~ +1 时段, -8 时段表示开花期开始的前 35 ~ 40 d。在 -8 时段以前到 9 时段以后则为 0。

年的相对产量后,根据历年作物在正常生长条件下产量统计或试验资料,可以按下式很方便求出作物实际产量:

$$y = R_y \cdot y_0 \tag{7-24}$$

7.1.2　DRAINMOD 目标函数

DRAINMOD 能模拟给定系统设计的运行,并估算长期气象资料的目标函数值。通过多重模拟,DRAINMOD 选择满足指定地点的水管理系统目标且花费最低的系统设计。DRAINMOD 通常有四个目标函数,这四个目标可用于给定系统设计是否满足要求。这些目标函数是工作天数、SEW_{30}、受旱天数和污水灌溉量。

7.1.2.1　工作日

如果剖面的空气体积超过某一临界值 A_{min},如果某天降雨量小于某一最小值 ROUTA,使土壤适合进行田间作业,则该天为一工作日。工作日数用于表征水管理系统在指定期间内保证可交换的条件的能力。

7.1.2.2　SEW_{30}

DRAINMOD 采用 SEW_{30} 量化生长季节内的过多的土壤水分条件,可以表示为:

$$SEW_{30} = \sum_{i=1}^{n} (39 - x_i) \tag{7-25}$$

式中:x_i 为第 i 天的地下水位深度,$i = 1$ 表示第 1 d;n 为生长季节的天数。

实际上模型是按小时计算 SEW_{30},故 SEW_{30} 可以表示为,

$$SEW_{30} = \sum_{j=1}^{m} (30 - x_j)/24 \tag{7-26}$$

式中:x_j 为每 1 h 末的地下水位深度;m 为生长季节的总小时数。

忽略总和中的负项,SEW_{30} 可用图 7-6 中的阴影面积表示。

应用 SEW 概念时认为持续时间为 1 d 的 5 cm 地下水位深度对作物产量的影响等于持续 5 d 的 25 cm 地下水位深度对作物产量的影响。尽管 SEW_{30} 存在一些不足,但它仍是评估作物损害程度的较简便的方法。Sieben 发现当 SEW_{30} 大于 100 cm/d 时,作物产量会减少。如果没有指定,可认为 SEW_{30} 值小于 100 cm/d 时,则排水能够避免作物受水分过多的影响。

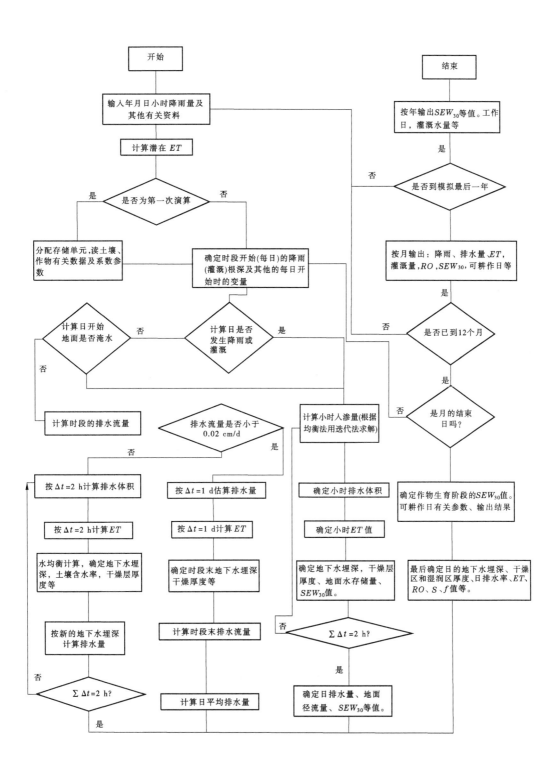

图 7-5　DRAINMOD 的计算流程图

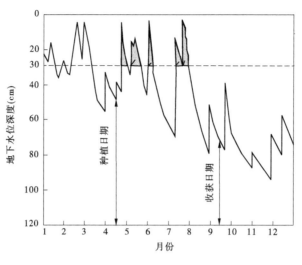

图 7-6　SEW_{30} 示意图

7.1.2.3　受旱天数

　　如果 ET 受到土壤水分条件的限制,则该天为一受旱天数。当地下水位较浅时,根系层通过 ET 而损失的水量由靠近地下水位的湿润带的上升流补给。地下水位下降到一定深度时,ET 所需的水分不仅由上升流补给,也消耗根系层的水分。ET 将以大气条件所决定的速率持续进行,直到根系层的土壤含水率达到最低限度 θ_H,然后 ET 受到邻近地下水层流向根系层的上升流的速率的限制。由于土壤水条件而使 ET 小于 PET,则该天对作物产量不利,并记为一受旱天数。受旱天数用于量化土壤水分条件亏缺的时间长度。

　　工作天数,SEW_{30} 和受旱天数这 3 个参数用于量化田间水管理系统的运行。理论上,一个系统应确保作物生长季节的给定数目的工作天数,给定最大值的 SEW_{30} 值用于预防过量水分对作物的损害,受旱天数的最小值用于预防由于土壤水分条件亏缺而导致的作物损害。

7.1.2.4　灵敏性分析

　　由于 DRAINMOD 模型涉及土壤、气象及作物等多种输入参数,输入误差会在不同程度上影响模拟结果。因此很有必要对这些参数进行灵敏性分析。通过分析可以确定敏感参数以便在实际工作中对它们进行重点测量,从而保证结果的准确性。DRAINMOD 的敏感性分析是在保持其他参数不变的前提下,通过逐步改变某一参数的输入值,进行多年模拟实现的。

7.2　DRAINMOD 优化排水管间距

7.2.1　排水工程规模的选择及排水标准的确定

　　DRAINMOD 用于模拟有相互平行的排水沟(管)存在的条件下田间土壤水动态及作物产量,因此,采用 DRAINMOD 进行模拟时,田间排水系统应满足这一条件。

对于确定的排水系统,可以应用 DRAINMOD 进行系列的模拟,求出历年的产量系列,同时对于确定的排水系统,可以根据系统所在地区的具体条件(人工、材料价格水平,交通运输及施工条件等),估算出排水系统的初始投资及历年运行管理费用,根据作物产品价格及选定的折算率(i),计算经济评价指标。如若采用净现值作为评价指标,可按以下公式进行计算:

$$NPV = \sum_{t=1}^{n} \frac{\sum_{t=1}^{m} (y_{tk}P_k - C_{tk}) - C_t - K_t}{(1 + i)^{-t}} \qquad (7\text{-}27)$$

式中 NPV 为模拟期内农作物的净效益现值,元;y_{tk} 为第 t 年第 k 种农作物的产量,kg;P_k 为基准年第 k 种农作物的价格,元/kg;C_{tk} 为第 t 年第 k 种作物的农业生产费用,元;C_t 为第 t 年排水系统的年运行费用,元;K_t 为第 t 年排水系统的投资,元;i 为折现率。

上式可按一个排水系统的控制面积计算,也可按单位面积来计算,改变排水系统设计规模或设计参数,可得出相应的 NPV 值,按照 NPV 值最大的原则可以确定排水系统的最优设计规模。

由于我国农田排水系统大多由政府(地方政府或中央政府)投资兴建,或由政府与农民共同投资兴建,排水工程兴建后成为一种非盈利的公益性工程。因此,应按国民经济评价的原则,选择式(7-27)中的各项参数,即在计算投资时,不应包括属于国民经济内部转移支付的各项费用(如税金、补贴、计划利润、国内银行贷款利息、价差预备费等),并按影子价格估算效益及费用项。折现率应采用国家规定的社会折现率。考虑到小型农田排水工程在评价时影子价格估算的复杂性,一般只对主要材料(钢材、木材、水泥等)、主要农作物产品及人工按影子价格估算,其余按基准年的市场价格进行估算。

7.2.2 不同排水管间距对作物产量影响的模拟分析

农田排水工程在防御涝渍灾害、促进农作物正常生长和改善田间耕作管理等方面起着积极的作用,通过合理的排水工程来减轻或消除涝渍灾害的影响是提高产量的主要途径。DRAINMOD 模型适用于地下水位管理系统及地下排水水位和产量变化。本书结合淮北平原砂姜黑土地区实测土壤、气象、作物等资料,用 DRAINMOD 模型进行长序列模拟,得到不同排水管间距对作物产量的影响,其结果可用于指导排水工程的设计。

DRAINMOD 预报地下水位抬升和暗管排水量的可靠性,已经在世界许多地区的不同土壤、作物和气候条件下经过测试。DRAINMOD 预报的精度取决于田间具体输入资料的量(John 等,2001)。DRAINMOD 模拟模型是基于简单的水平衡原理,模型中对各平衡变量间的关系描述较为简单明了,该模型可用于研究排水系统设计和管理对作物生长和各水文要素的影响,适应于湿润地区浅地下水埋深,包括防治涝渍的地下排水和地面排水,以及抗御干旱的地下灌溉和地面灌溉。模型应用简单,要求的输入参数少。在过去的二十多年里,该模型已经广泛应用于各种气候、土壤和作物条件下的排水预测,研究结果表明,这种模型可以很好地预测地下水位、排水速率和排水总量。

7.2.2.1 淮北砂姜黑土区的模型输入参数

1. 模拟区简介

本书模拟的地区是处于我国南北过渡带的淮北平原砂姜黑土区,该地区是典型的涝渍灾害区,土壤为砂姜黑土,属于变性土类别,其黏粒含量高,遇水膨胀,缺水收缩开裂,水分利用率低,持水性和保水性差,易旱也易涝,同时该地区降雨集中,因此涝渍灾害十分突出,及时地排涝、除渍来保证作物产量最大化意义重大。

2. DRAINMOD 模型输入参数

DRAINMOD 模型输入参数包括四大部分:

1)气象资料

本文的气象资料为安徽蚌埠五道沟气象站实际所测的 1986~2005 年的日降雨、蒸发资料。

2)土壤资料

表 7-4 所列为试验地区实际所测得的土壤分层、每层厚度及其土壤侧向导水率和饱和导水率。

表 7-4　DRAINMOD 模型土壤参数

土层(cm)	0~20	20~50	50 及以上
s	0.35	0.394	0.41
r	0.07	0.1	0.16
a	0.005	0.008	0.007
n	1.725	1.386	1.749
m	0.420	0.278	0.428
侧向导水率($cm \cdot h^{-1}$)	2.8		
饱和导水率($cm \cdot h^{-1}$)	4.8		

3)排水系统参数

试验区实际的排水深度为 1 m,排水暗管的管径为 50 mm,平整状态按照 0.5 mm,排水距离作为变量进行分析。

4)作物资料

作物为冬小麦和棉花,其模型输入参数如表 7-5 所示。其中试验区栽种的冬小麦和棉花种植和收获日期、生育期阶段的划分,根据生产实际统计;根深的确定按照模型介绍的方法,根据作物系数查表计算确定;模型计算公式中的截距值和斜率,冬小麦是实测资料计算出来的,棉花的实测资料采用的指标是 $SFEW_{30}$,因为都是同样的线性模型,因此直接借用了该指标拟合后确定的参数值,作物敏感因子冬小麦是根据实测资料反推求得的数据,棉花由于没有实测资料,则是根据模型自带的实测棉花资料推出的参数值。

表 7-5　DRAINMOD 模型作物输入参数

作物名称		棉花		冬小麦	
种植日期		4 月 10 日		10 月 10 日	
收获日期		9 月 25 日		5 月 31 日	
生长期分段 （种植后天数）	苗期	1 ~ 31		1 ~ 124	
	生长发育期	32 ~ 81		125 ~ 174	
	花铃、抽穗期	82 ~ 135		175 ~ 214	
	成熟期	136 ~ 180		215 ~ 234	
根深(cm)	苗期	3		3	
	生长发育期	4 ~ 60		3 ~ 30	
	花铃、抽穗期	60		30	
	成熟期	20 ~ 60		3 ~ 30	
YRD_{max}		109		100	
α		0.51		0.42	
敏感因子		种植后 天数(d)	CS_{Wj}	种植后 天数(d)	CS_{Wj}
		0	0.2	0	0.15
		30	0.22	124	0.15
		50	0.32	144	0.15
		70	0.19	159	0.3
		90	0.08	174	0.3
		110	0.02	186	0.3
				214	0.25

7.2.2.2　模拟结果与分析

1. 小麦的模拟结果

从小麦产量模拟的结果(见图 7-7)可知,1987 ~ 2005 年 19 年中,1987 ~ 1990 年、1992 ~ 1996 年、1999 年、2002 ~ 2005 年总共 14 年的模拟结果都显示,相对产量都为 100% ,2000 年排水间距从 10 m 到 200 m,相对产量只下降了 4.5% ,排水间距的大小对其相对产量的影响较小,说明试验区现有的地面排水系统可以满足其排水需求,同时也说明该地区地下排水系统的设计参数可以不考虑冬小麦的影响。

其余 4 年(1991 年、1997 年、1998 年、2001 年)出现随排水间距增加,产量下降明显的趋势(见图 7-7),排水间距从 40 m 开始下降速度明显,由图 7-8 通过小麦生育期总降雨量可以看到,这 4 年中 1991 年、1997 年、1998 年都是因为小麦整个生育期(上一年 10 月 1 日至第二年 5 月 31 日)总降雨量超过 400 mm 时就出现涝渍灾害,而 2001 年总降雨量仅为 296.6 mm,但涝渍灾害反而更为严重,从图 7-9 中生育期日降雨分布与 1987 年(降雨总量为 347.1 mm)可以看到,在生育期中后期,由于 2001 年日降雨量出现 4 次高峰值,造成中后期出现涝渍灾害,产量急剧下降;而对比年 1987 年,总雨量虽然大于 2001 年,但其日降雨量分布均匀,没有大的峰值,因而并没有造成涝渍灾害。从以上分析可以看出,除了特殊的降雨强度与分布外,对小麦的生长来说,不必考虑增加另外的排水设施,这也与实际的排水工程设计所考虑的因素相一致。

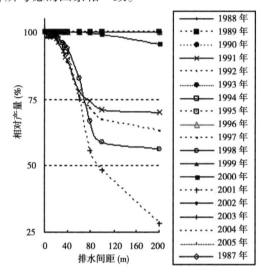

图7-7　小麦相对产量随排水间距变化

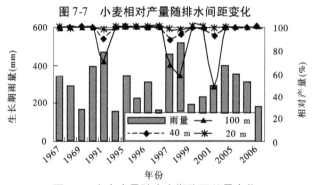

图7-8　小麦产量随生育期降雨总量变化

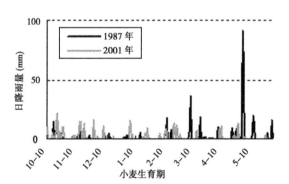

图7-9　不同年份小麦生育期降雨分布

2.棉花的模拟结果

从棉花产量模拟的结果(见图 7-10)可知,1986～2005 年 20 年中,1986 年、1988 年、

1989 年、1992 年、1994 年、1999 年、2001 年、2002 年、2004 年 9 年模拟结果都显示相对产量与排水间距没有关系,即没有涝渍现象,其余 11 年均出现涝渍灾害,这表明该区域种植棉花,自然降水会造成一半以上涝渍灾害,棉花的生育期是(4~10 月),刚好经过该地区雨季(6~9 月),这表明作物生长在该区域雨季则容易出现涝渍,概率超过 50%;也能看到排水间距小于 40 m 时,作物产量基本变化不大,在最大产量附近,如果排水间距大于 40 m 以后,产量随间距增大迅速下降。

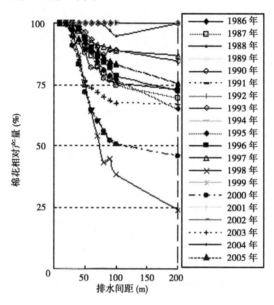

图 7-10　棉花相对产量随排水间距变化

由图 7-11 通过多年棉花生育期总降雨量分布可以看到,总降雨量超过 718 mm 时就出现涝渍灾害,但涝渍灾害的程度并不是随着总雨量的增加而增加,比如从总降雨量最大(1 115.2 mm)的 2005 年和减产最多的 1998 年来做对比,2005 年总雨量最多反而涝渍程度最小,1998 年总雨量为 755.9 mm,但是因为涝渍,减产程度最大。

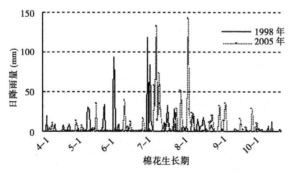

图 7-11　棉花产量随生育期降雨总量变化

从图 7-12 生育期日降雨分布 2005 年与 1998 年对比可以看到,在生育期早中期,1998 年日降雨量出现 4 次高峰值,造成中前期出现涝渍灾害,产量急剧下降,从前面敏感系数值也可以看到棉花早中期对涝渍更为敏感一些;而对比年 2005 年,总雨量虽然大于

1998 年,但其日降雨量峰值在棉花生育中后期出现,因而并没有造成涝渍灾害。

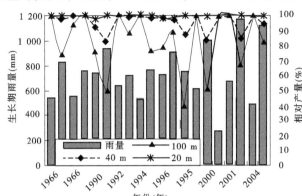

图 7-12　不同年份棉花生育期降雨分布

7.3　暗管排水氮素流失特征模拟分析

农田排水是造成土壤养分流失的主要途径,氮素流失是水环境氮污染的主要来源。文中利用 DRAINMOD 排水管理模型通过对试验区排水量的模拟,确定出了氮素流失量,氮肥流失量与农田排水条件有关,地下排水强度增大,会增加氮肥流失量,提出了应合理进行水位管理,减少氮素流失的方法。

由于氮肥在农业生产中发挥着重要的作用,因此近年来其施用量急剧增加。20 世纪 80 年代初,世界氮肥的年施用量为 6 100 万 t,90 年代末为 1 亿 t 左右。据《中国统计年鉴(1999)》记载,1980 年我国的氮肥使用量仅 934.2 万 t,1998 年已增至 2 234.4 万 t。我国氮肥的生产量和消耗量已处于世界第一位。氮肥使用量的增长,虽然提高了粮食产量,但也加剧了对环境的污染,导致生态恶化。土壤中的硝态氮会随径流流失或随水下渗,污染江河湖水和地下水源。当季未回收的农田氮素,大部分进入水体和大气,成为污染水体的最重要的氮源。据统计,流入江河湖泊中的氮素,约有 60% 来自化肥;地表水和地下水中含氮化合物的含量都呈现出不同程度的上升趋势。因此,合理施用氮肥,提高氮肥利用率,减少氮肥污染,是当前农业生产中面临的重要任务。

7.3.1　DRAINMOD 模型输入参数

DRAINMOD 模型输入参数主要包括气象、土壤资料。

7.3.1.1　气象资料

本文的气象资料为安徽蚌埠五道沟气象站实际所测的 1995～2005 年的日降雨、蒸发资料。

7.3.1.2　土壤资料

试验地区实际所测得的土壤分层、每层厚度及其土壤侧向导水率和饱和导水率。

7.3.2　地下排水量模拟分析

DRAINMOD 模型的主要输入参数包括气象、土壤、作物和排水系统设计管理参数。气象参数主要包括日最大、最小温度、小时(或日)降雨量,潜在腾发量可采用模型计算,也可以直接输入日潜在腾发量。主要的土壤参数有土壤水分特征曲线、垂向和侧向饱和导水率、凋萎点含水量、容重、土壤温度特征值。模型要求的有关土壤数据包括排水量和地下水位关系、地下水上升通量与地下水位关系、Green - Ampt 方程参数 A 和 B 与地下水位的关系,这些关系可以根据试验观测而得,或根据土壤水分特征曲线和饱和导水率计算而得。

利用 DRAINMOD 模型计算了排水暗管间距分别为 40 m、60 m 和 80 m,3 种规格排水间距的排水面积均为 3.33 hm² 的地下排水量,计算结果见表 7-6。

表 7-6 不同排水暗管间距的排水量

试验小区	排水暗管间距	排水量(cm)	排水量(m³/hm²)
1	40	37	3 705.5
2	60	30	3 004.5
3	80	27	600.3

排水试验在 3 种暗管排水间距中进行,随着排水管间距的增大,排水量逐渐减少,当排水管间距增加一倍时,排水量减少 27%。在满足作物生长排涝、除渍的要求条件下,可以增加排水管的间距,在节省工程投资的同时,也可以减少由于排水造成的养分损失。

7.3.3 地下排水中 $NH_4^+ - N$ 和 $NO_3^- - N$ 浓度变化特征

试验区农田主要施用 N、P 肥,在小麦整个生长期共施肥 3 次。施肥情况如表 7-7 示。

表 7-7 试验田施肥量

生育期	肥料类型	施肥量(kg/hm²)
底肥	碳氨	225
返青肥	尿素	75
拔节肥	尿素	52.5
孕穗肥	尿素	52.5
合计		405

表 7-8 小麦生长期地下排水 $NH_4^+ - N$ 和 $NO_3^- - N$ 浓度

名称	排水中浓度(mg/L)							
	10 月	11 月	12 月	1 月	2 月	3 月	4 月	5 月
$NH_4^+ - N$	1.4	2.5	1.2	1.4	1.1	0.8	1.7	0.3
$NO_3^- - N$	6.8	4.5	1.5	1.0	1.7	2.2	3.0	1.5

从表 7-8 可以看出,在现有农田耕作和管理措施下,小麦生长期施肥的时间和施肥量直接决定了地下排水 $NH_4^+ - N$ 和 $NO_3^- - N$ 浓度的大小。

7.3.4 地下排水中氮流失量特征分析

从农田排水的过程来看,排水的时间过程可看作是一个瞬时事件,对于试验的田块来说,在排水的过程中通过排水初期、中期和后期排水中的氮素浓度测量,然后取其平均值,近似认为排水过程中氮素浓度恒定等于其平均值氮素浓度,并用这一浓度与排水量的乘积作为排水中氮素的流失量。

表 7-9　地下排水中氮流失量计算结果

排水暗管间距(m)	氨态氮流失量(kg/hm²)	硝态氨流失量(kg/hm²)
40	4.81	10.28
60	3.90	8.34
80	3.52	7.51

由表 7-9 看出,随着排水管间距的增大,氨氮流失量、硝氨流失量逐渐减少,在施肥期、灌溉和降雨强度大的条件下,也使氨氮、硝氨的流失量增加,所以,在满足作物生长排涝除渍的要求条件下,应适当增加排水管的间距,排水管间距为 60 m 时,可以减少氨氮流失量、硝氨流失量 18% 和 19%,通过实际观测,排水管间距为 60 m 时也能满足作物生长的排水要求。

7.4　明沟排渍数值模拟

7.4.1　Hydrus 软件介绍

Hydrus－2D 是一个模拟土二维土壤水运动及溶质运移的有限元计算机程序,广泛应用于农业、水利、环境、地质等领域。该模型的水流状态为二维或轴对称三维等温饱和—非饱和达西水流,忽略空气对土壤水流运动的影响,水流控制方程采用修改过的 Richards 方程,即嵌入源汇项以考虑作物根系吸水。程序可以灵活处理各类水流边界,包括定水头和变水头边界、给定流量边界、渗水边界、自由排水边界、大气边界及排水沟等。水流区域本身可以是不规则水流边界,甚至还可以由各向异性的非均质土壤组成。通过对水流区域进行不规则三角形网格剖分,控制方程采用伽辽金线状有限元法进行求解。无论饱和或非饱和条件,对时间的离散均采用隐式差分。采用迭代法将离散化后的非线性控制方程组线性化。

7.4.2　模型参数的确定

本次模拟降雨条件下,不同参数(土壤水分参数、沟间距、沟深和降雨过程等)对排渍效果的影响。如图 7-13 所示,建立二维饱和—非饱和土壤水分运动模型,用大气边界模拟降雨入渗及蒸发,用渗出面边界模拟明沟排渍,其他边界为无流量边界,地下水初始水位在初始条件中设置。

下面具体介绍数值模型的基本方程及边界条件。

土壤水分运动一般遵循达西定律,且符合质量守恒的连续性原理。土壤水分运动基本方程可通过达西定律和连续性方程进行推导。

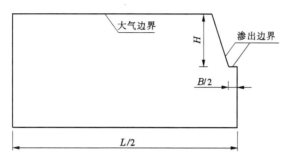

图 7-13　模型概况

如图 7-14 所示,从土壤中取一微分单元体 *abcdefgh*,其体积为 $\Delta x \Delta y \Delta z$,由于立方体很小,可认为在各个面上每一点的流速是相等的,设其流速为 v_x、v_y、v_z,沿 x 方向在 $t \sim t + \Delta t$ 时段内流入立方体的质量为:

$$\rho v_x \Delta y \Delta z \Delta t$$

式中:v_x 为 x 方向流入立方体的水流通量;Δy 为微分体 y 方向长度;Δz 为微分体 z 方向长度;ρ 为水的密度。

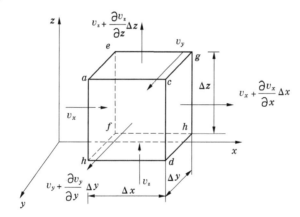

图 7-14　直角坐标系中渗流单元体示意图

同理可得:

y 方向在 $t \sim t + \Delta t$ 时段内,流入立方体的质量为:$\rho v_y \Delta x \Delta z \Delta t$

z 方向在 $t \sim t + \Delta t$ 时段内,流入立方体的质量为:$\rho v_z \Delta x \Delta y \Delta t$

在 $t \sim t + \Delta t$ 时段内,流入立方体的总质量为:

$$m_\text{入} = \rho v_x \Delta y \Delta z \Delta t + \rho v_y \Delta x \Delta z \Delta t + \rho v_z \Delta x \Delta y \Delta t \tag{7-28}$$

类同于 $m_\text{入}$ 的计算,在 $t \sim t + \Delta t$ 时段内流出立方体的总水量为:

$$m_\text{出} = \rho \left(v_x + \frac{\partial v_x}{\partial x} \Delta x \right) \Delta y \Delta z \Delta t +$$
$$\rho \left(v_y + \frac{\partial v_y}{\partial y} \Delta y \right) \Delta x \Delta z \Delta t + \rho \left(v_z + \frac{\partial v_z}{\partial z} \Delta z \right) \Delta x \Delta y \Delta t \tag{7-29}$$

其中,$\frac{\partial v_x}{\partial x} \Delta x$,$\frac{\partial v_y}{\partial y} \Delta y$,$\frac{\partial v_z}{\partial z} \Delta z$ 分别为水流经过微分体后,流速在 x,y,z 方向的变化值。

由式(7-28)和式(7-29)之差可求得流入和流出立方体的质量差:

$$\Delta m = m_{入} - m_{出} = -\rho\left(\frac{\partial v_x}{\partial x} + \frac{\partial v_y}{\partial y} + \frac{\partial v_z}{\partial z}\right) \times \Delta x \Delta y \Delta z \Delta t \tag{7-30}$$

设 θ 为立方体内土壤含水率,在 $t \sim t + \Delta t$ 时段内,则立方体内质量的变化还可写成:

$$\Delta m = \rho \frac{\partial \theta}{\partial t} \Delta x \Delta y \Delta z \Delta t \tag{7-31}$$

根据质量平衡原理,式(7-30)和式(7-31)应相等,有:

$$\frac{\partial \theta}{\partial t} = -\left(\frac{\partial v_x}{\partial x} + \frac{\partial v_y}{\partial y} + \frac{\partial v_z}{\partial z}\right) \tag{7-32}$$

应用爱因斯坦求和约定,上式可表示成:

$$\frac{\partial \theta}{\partial t} = -\frac{\partial v_i}{\partial x_i} \tag{7-33}$$

式中: $i = 1, 2, 3$ 分别表示 x, y, z 方向。

对于二维垂直横截面区域问题,上式中的水流通量可用达西定律表示,在非饱和各向异性土壤中的达西定律可写成:

$$v_i = -K_{ij}\nabla H_j \quad (i, j = x, z) \tag{7-34}$$

式中: v_i 为在方向 i 上的水流通量; H 为土壤总水势(为基质势 h 和重力势 z 之和); ∇H_i 为方向 i 上的水势梯度; K_{ij} 为非饱和土壤水力传导度张量(L/T)。

$$\nabla H_i = \frac{\partial H}{\partial x_j} = \frac{\partial h}{\partial x_j} + \frac{\partial z}{\partial x_j} \quad (x_j = x, z) \tag{7-35}$$

$$K_{ij} = K K_{ij}^A \tag{7-36}$$

式中: K 为非饱和土壤水力传导度 $[LT^{-1}]$; K_{ij}^A 为各向异性张量 K^A 的分量,用来描述介质的各向异性。

二维的各向异性张量 K^A 可表示如下

$$\left[K^A\right] = \begin{bmatrix} K_{xx}^A & K_{xz}^A \\ K_{zx}^A & K_{zz}^A \end{bmatrix} \tag{7-37}$$

将式(7-35)、式(7-36)代入式(7-34)有:

$$v_i = -K_{ij}\nabla H_i = -K\left(K_{ij}^A \frac{\partial h}{\partial x_j} + K_{ij}^A \frac{\partial z}{\partial x_j}\right) \quad (i, j = x, z) \tag{7-38}$$

当 $j = 1$,即 $x_j = x$ 时, $\frac{\partial z}{\partial z} = 0$;当 $i = 2$ 即 $x_j = z$ 时, $\frac{\partial z}{\partial x} = 1$,因此式(7-38)可写成:

$$v_i = -K_{ij}\nabla H_i = -K\left(K_{ij}^A \frac{\partial h}{\partial x_j} + K_{iz}^A\right) \tag{7-39}$$

将式(7-39)代入式(7-33),有:

$$\frac{\partial \theta}{\partial t} = \frac{\partial}{\partial x_i} K\left(K_{ij}^A \frac{\partial h}{\partial x_j} + K_{iz}^A\right) \tag{7-40}$$

在式(7-40)中加入根系吸水或其他源汇项 S,便可得到非饱和土壤水分运动基本方程的一般形式如下,称 Richards 方程。

$$\frac{\partial \theta}{\partial t} = \frac{\partial}{\partial x_i}\left[K\left(K_{ij}^A \frac{\partial h}{\partial x_j} + K_{iz}^A\right)\right] - S \tag{7-41}$$

式中：θ 为土壤体积含水率，L^3/L^3；h 为土壤负压，L；S 为根系吸水项或其他源汇项，T^{-1}；K_{ij}^A 为各向异性张量 K^A 的分量 $[-]$；K 为非饱和土壤水力传导度，L/T。

7.4.2.1　土壤的水分运动参数

土壤水分运动中的主要参数有含水率 θ、土壤水力传导度 K 和容水度 C 等。土壤水力传导度 K 是指单位水头差作用下，单位断面面积上流过的水流通量，一般在饱和土壤中称渗透系数，是土壤含水率或土壤负压的函数。容水度 C 表示压力水头减少一个单位时，自单位体积土壤中释放出来的水体体积，它是负压的函数，为水分特征曲线上任一特定含水率 θ 值时的斜率的负倒数。

因为含水率 θ、土壤水力传导度 K 和土壤负压 h 的关系比较复杂，目前通常由试验资料合成经验公式来表示它们之间的关系。SWMS—2D 目前用 van Genuchten 方程的改进模型来表示土壤体积含水率 θ 和土壤水力传导度 K 与土壤土壤负压 h 的关系（见图 7-15）：

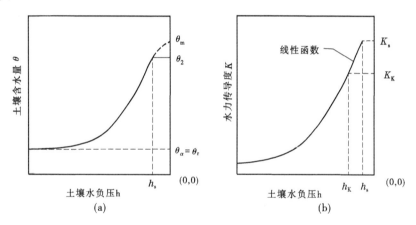

图 7-15　土壤含水率和土壤水力传导度与土壤负压的关系

$$\theta(h) = \begin{cases} \theta_m + \dfrac{\theta_m - \theta_a}{(1 + |\alpha h|^n)^m} & h < h_s \\ \theta_s & h \geqslant h_s \end{cases} \tag{7-42}$$

$$K(h) = \begin{cases} K_s K_r(h) & h \leqslant h_k \\ K_k + \dfrac{(h - h_k)(K_s - K_k)}{h_s - h_k} & h_k < h < h_s \\ K_s & h \geqslant h_s \end{cases} \tag{7-43}$$

其中：

$$K_r = \frac{K_k}{K_s} \left(\frac{S_e}{S_{ek}} \right)^{\frac{1}{2}} \left[\frac{F(\theta_r) - F(\theta)}{F(\theta_r) - F(\theta_k)} \right]^2 \tag{7-44}$$

$$F(\theta) = \left[1 - \left(\frac{\theta - \theta_a}{\theta_m - \theta_a} \right)^{\frac{1}{m}} \right]^m \tag{7-45}$$

$$m = 1 - \frac{1}{n}, \quad n > 1 \tag{7-46}$$

$$S_e = \frac{\theta - \theta_r}{\theta_s - \theta_r} \tag{7-47}$$

$$S_{ek} = \frac{\theta_k - \theta_r}{\theta_s - \theta_r} \tag{7-48}$$

$$h_s = -\frac{1}{\alpha}\left[\left(\frac{\theta_s - \theta_a}{\theta_m - \theta_a}\right)^{-\frac{1}{m}} - 1\right]^{\frac{1}{n}} \tag{7-49}$$

$$h_k = -\frac{1}{\alpha}\left[\left(\frac{\theta_k - \theta_a}{\theta_m - \theta_a}\right)^{-\frac{1}{m}} - 1\right]^{\frac{1}{n}} \tag{7-50}$$

式中:θ_r 为残余体积含水率(即最大分子持水率)$[L^3/L^3]$;θ_s 为饱和体积含水率$[L^3/L^3]$; K_r 为相对非饱和水力传导率$[-]$;K_s 为饱和水力传导度$[L/T]$;S_e 为饱和度$[-]$;θ_a、θ_m 为土壤含水率和土壤负压关系曲线(即水分特征曲线)上两个假定值,且置 $\theta_a = \theta_r$,而 a 和 n 都是经验常数。

式(7-42)~式(7-50)中共有 9 个参数需要输入,分别为 $\theta_r,\theta_s,\theta_a,\theta_m,a,n,K_s,K_k,\theta_k$。

可以看到,如果已知某个有限元节点上的负压值 h,则可以通过 4.5.4.1 节给出的关系式分别求出该节点的含水量 θ、土壤水力传导度 K、容水度 C。但是也必须注意到这种转化计算非常复杂,在实际的编程过程中如果这种计算过多,将会对程序的运行速度造成影响。因此在 Hydrus 中,通常在程序开始运行时根据已知的土壤参数形成 θ,K,C 这三个函数表,在以后的时间迭代过程中通过插值的方式确定 θ,K,C。除了非常简单的水分运动模型外,这种插值的做法比用直接 4.5.4.1 节给出的关系式计算水力参数更快一些。

在模拟开始前,Hydrus 将输入文件指定的插值区间 (h_a,h_b) 划分为很多细小区间 (h_i, h_{i+1}),用 4.5.4.1 节给出的关系式计算出每一个小区间的端点负压值 h_i 对应的 θ_i、K_i 和 C_i,形成了相应的土壤含水率、水力传导度、土壤容水度的表格,每种土壤类型都对应了这三套插值表格。在模拟过程中,首先确定当时的负压值 h 所处的负压区间 (h_i,h_{i+1}),然后用三套插值表格中对应的区间 (θ_i,θ_{i+1})、(K_i,K_{i+1}) 和 (C_i,C_{i+1}) 的端点值来插值计算出负压值 h 对应的 $\theta(h)$、$K(h)$ 和 $C(h)$ 值。如果负压值 h 落在区间 (h_a,h_b) 外,则水力参数不用插值而直接用 4.5.4.1 节介绍的关系式计算。

注意划分负压的插值区间 (h_i,h_{i+1}) 时的原则是相邻的负压值以对数形式增加,即:

$$\frac{h_{i+1}}{h_i} = \text{constant} \tag{7-51}$$

7.4.2.2　边界处理

Hydrus 应用程序能够处理各种各样的边界条件,如蒸发—入渗边界、渗出面边界、排水管边界、隔水边界、定水头边界、变水头边界、定流量边界、变流量边界、深层排水边界、自由排水边界等,适用的边界情况相当广泛,给水流的模拟工作带来了很多的便利。

Hydrus 将大气边界条件简化处理成第一类边界或第二类边界中的一种。大气边界在不同的时段是属于已知流量边界还是已知水头边界,将由式(7-52)和式(7-53)来确定 [Neuman 等,1974]:

$$\left| K\left(K_{ij}^A \frac{\partial h}{\partial x_j} + K_{iz}^A\right) n_i \right| \leqslant E \tag{7-52}$$

$$h_A \leqslant h \leqslant h_s \tag{7-53}$$

式中:E 为在当前边界条件下边界的最大潜在入渗强度或蒸发强度;h 为边界上的水头值;h_A、h_s 为分别是在土壤条件下允许的最小和最大的压力水头,h_A 的值通常根据土壤水分和大气中的水汽之间的压力平衡条件来决定,而 h_s 则一般设置 0,即不考虑地表积水,地表超渗的水量立即流走。

根据式(7-52)或式(7-53)的条件满足与否,大气边界的类型在已知水头和已知流量两种基本边界类型间进行切换。如果式(7-53)不满足,节点就是一个已知水头节点,若在计算的任何时间点计算流量超过了式(7-52)指定的潜在流量,节点就作为一个已知流量节点,流量为潜在流量值。

对于渗出面边界,在程序模拟的时间内有可能成为渗出面的所有节点必须事先指出。在每次迭代期间,潜在渗出面的饱和部分处理成水头为 0 的已知水头边界,而非饱和部分则处理成流量 Q 为 0 的已知流量边界。两个部分的长度在迭代的过程中不断地调整,直到饱和部分流量 Q 的计算值(由式 $Q_n = -\sum_e \sigma_{1l} \int_{\Gamma_e} \phi_l \phi_n \mathrm{d}\Gamma = -\sum_e \sigma_n \lambda_n$ 计算)和非饱和部分水头的计算值都为负值为止,此时表明水流仅通过渗出面边界的饱和部分离开计算区域。

7.4.2.3　模型输入参数

Hydrus – 2D 的输入数据包含在 3 个以".IN"为后缀的输入文件中,包括了模型运行所必需的数据。如:Selector.IN 中包含了长度、时间和质量单位,模拟流动的类型,边界类型,土壤信息,模拟时间,时间间隔,渗流面信息,排水信息;Grid.IN 中包含了模拟区的几何信息和边界条件;Atmosph.IN 中包含了降雨和蒸发信息。

下面分别列出了模拟的主要影响因素,如土壤、降雨、排水沟间距、排水沟深度及地下水位等。

模拟共使用 3 种土壤,分别为壤土、黏土和沙土,各种土壤的水分运动参数见表 7-10。

表 7-10　土壤参数汇总

土壤种类	土壤名称	土壤参数					
		Q_r	Q_s	α	n	K_s	L
1	壤土	0.078	0.43	0.036	1.56	24.96	0.5
2	砂土	0.065	0.41	0.040	1.89	106.10	0.5
3	黏土	0.034	0.46	0.016	1.37	6.00	0.5

模拟使用 10% 和 20% 频率的 7 日降雨,降雨过程见表 7-11。

表 7-11　降雨过程汇总

降雨频率	时间(天)						
	1	2	3	4	5	6	7
10%	170.0	0.7	41.3	0.0	2.0	20.0	26.0
20%	130.0	0.8	44.2	0.0	1.8	14.2	19.0

　　共模拟 5 种沟间距、4 种沟深的排水效果,具体参数见表 7-12。

表 7-12　排水沟参数汇总

程序编号	L1	L2	L3	L4	L5	L6	L7	L8	L9	L10
沟深(cm)	1.5	1.5	1.5	1.5	1.5	2.0	2.0	2.0	2.0	2.0
沟间距(m)	40	50	60	80	100	40	50	60	80	100
程序编号	L11	L12	L13	L14	L15	L16	L17	L18	L19	L20
沟深(cm)	2.5	2.5	2.5	2.5	2.5	3.0	3.0	3.0	3.0	3.0
沟间距(m)	40	50	60	80	100	40	50	60	80	100

　　排水沟长期运行时,如未遇连续降雨,模拟区地下水应不高于排水沟沟底,所以模拟区初始地下水埋深等于排水沟深度。具体数值见表 7-12。

7.4.3　地下水位变化特征模拟分析

　　本书考虑了 3 种土壤(壤土、沙土和黏土)、4 种沟深(1.5 m、2.0 m、2.5 m 和 3.0 m)、5 种沟间距(40 m、50 m、60 m、80 m 和 100 m)及两种频率的暴雨(5 年一遇和 10 年一遇),共运行 120 次,下表(表 7-13、表 7-14 和表 7-15)中提取了降雨结束后 4 d、11 d 的最高水位,并列出了不同沟间距和沟深的平均挖方工程量。

　　运行结果见表 7-13、表 7-14 和表 7-15。

表 7-13　壤土地下水位变化结果汇总

序号	程序编号	沟深(m)	沟间距(m)	降雨频率(%)	饱和渗透率(cm/d)	4 d 后地下水位(cm)	11 d 后地下水位(cm)	挖方体积(m³/hm²)
1	L1	1.50	40	10	24.96	54.5	81.3	657
2	L2	1.50	50	10	24.96	44.0	69.6	525
3	L3	1.50	60	10	24.96	41.5	66.1	438
4	L4	1.50	80	10	24.96	15.9	50.2	328.5
5	L5	1.50	100	10	24.96	14.5	41.4	262.5
6	L6	2.00	40	10	24.96	96.6	113.1	1 000.5
7	L7	2.00	50	10	24.96	94.6	105.3	801
8	L8	2.00	60	10	24.96	76.9	92.3	667.5
9	L9	2.00	80	10	24.96	48.5	75.8	501
10	L10	2.00	100	10	24.96	31.2	68.7	400.5
11	L11	2.50	40	10	24.96	183.2	165.6	1 407
12	L12	2.50	50	10	24.96	154.0	142.9	1 125
13	L13	2.50	60	10	24.96	148.5	136.0	937.5

续表 7-13

序号	程序编号	沟深（m）	沟间距（m）	降雨频率（%）	饱和渗透率（cm/d）	4 d 后地下水位（cm）	11 d 后地下水位（cm）	挖方体积（m³/hm²）
14	L14	2.50	80	10	24.96	85.7	94.2	703.5
15	L15	2.50	100	10	24.96	38.9	72.6	562.5
16	L16	3.00	40	10	24.96	273.7	222.7	1 876.5
17	L17	3.00	50	10	24.96	255.5	205.0	1 501.5
18	L18	3.00	60	10	24.96	244.5	197.8	1 251
19	L19	3.00	80	10	24.96	167.2	146.8	937.5
20	L20	3.00	100	10	24.96	132.2	116.3	750
21	L1	1.50	40	20	24.96	78.2	95.0	657
22	L2	1.50	50	20	24.96	70.8	86.9	525
23	L3	1.50	60	20	24.96	72.1	85.8	438
24	L4	1.50	80	20	24.96	17.0	54.5	328.5
25	L5	1.50	100	20	24.96	14.9	43.6	262.5
26	L6	2.00	40	20	24.96	134.3	133.9	1 000.5
27	L7	2.00	50	20	24.96	136.3	129.0	801
28	L8	2.00	60	20	24.96	112.3	113.1	667.5
29	L9	2.00	80	20	24.96	90.9	96.2	501
30	L10	2.00	100	20	24.96	50.0	75.4	400.5
31	L11	2.50	40	20	24.96	229.8	195.1	1 407
32	L12	2.50	50	20	24.96	196.8	171.5	1 125
33	L13	2.50	60	20	24.96	192.7	164.8	937.5
34	L14	2.50	80	20	24.96	82.9	92.4	703.5
35	L15	2.50	100	20	24.96	96.1	100.6	562.5
36	L16	3.00	40	20	24.96	310.0	260.9	1 876.5
37	L17	3.00	50	20	24.96	296.7	249.6	1 501.5
38	L18	3.00	60	20	24.96	287.0	236.4	1 251
39	L19	3.00	80	20	24.96	205.8	171.9	937.5
40	L20	3.00	100	20	24.96	198.9	163.6	750

表 7-14 黏土地下水位变化结果汇总

序号	程序编号	沟深（m）	沟间距（m）	降雨频率（%）	饱和渗透率（cm/d）	4 d 后地下水位（cm）	11 d 后地下水位（cm）	挖方体积（m³/hm²）
41	L1	1.50	40	10	6	48.6	77.8	657
42	L2	1.50	50	10	6	45.6	74.7	525
43	L3	1.50	60	10	6	42.9	71.7	438
44	L4	1.50	80	10	6	32.2	72.4	328.5
45	L5	1.50	100	10	6	29.8	73.6	262.5
46	L6	2.00	40	10	6	71.5	94.2	1 000.5
47	L7	2.00	50	10	6	72.7	91.3	801
48	L8	2.00	60	10	6	60.3	82.9	667.5
49	L9	2.00	80	10	6	32.1	72.8	501
50	L10	2.00	100	10	6	30.5	72.8	400.5
51	L11	2.50	40	10	6	220.6	149.1	1 407
52	L12	2.50	50	10	6	170.2	127.4	1 125
53	L13	2.50	60	10	6	154.4	122.7	937.5
54	L14	2.50	80	10	6	41.0	76.9	703.5
55	L15	2.50	100	10	6	30.6	72.8	562.5
56	L16	3.00	40	10	6	289.5	80.6	1 876.5
57	L17	3.00	50	10	6	282.2	168.7	1 501.5
58	L18	3.00	60	10	6	286.4	198.6	1 251
59	L19	3.00	80	10	6	198.4	119.8	937.5
60	L20	3.00	100	10	6	157.3	116.4	750
61	L1	1.50	40	20	6	49.9	78.9	657
62	L2	1.50	50	20	6	45.7	74.8	525
63	L3	1.50	60	20	6	42.4	71.5	438
64	L4	1.50	80	20	6	32.4	72.5	328.5
65	L5	1.50	100	20	6	30.2	73.8	262.5
66	L6	2.00	40	20	6	96.3	104.3	1 000.5
67	L7	2.00	50	20	6	98.8	102.9	801
68	L8	2.00	60	20	6	75.3	93.1	667.5
69	L9	2.00	80	20	6	54.7	80.9	501

续表 7-14

序号	程序编号	沟深（m）	沟间距（m）	降雨频率（%）	饱和渗透率（cm/d）	4 d 后地下水位（cm）	11 d 后地下水位（cm）	挖方体积（m³/hm²）
70	L10	2.00	100	20	6	29.7	72.4	400.5
71	L11	2.50	40	20	6	235.6	167.5	1 407
72	L12	2.50	50	20	6	186.5	139.7	1 125
73	L13	2.50	60	20	6	179.4	135.9	937.5
74	L14	2.50	80	20	6	100.9	115.6	703.5
75	L15	2.50	100	20	6	78.0	92.0	562.5
76	L16	3.00	40	20	6	293.5	252.6	1 876.5
77	L17	3.00	50	20	6	290.4	237.7	1 501.5
78	L18	3.00	60	20	6	286.6	216.9	1 251
79	L19	3.00	80	20	6	223.4	161.3	937.5
80	L20	3.00	100	20	6	152.6	119.3	750

表 7-15 沙土地下水位变化结果汇总

序号	程序编号	沟深（m）	沟间距（m）	降雨频率（%）	饱和渗透率（cm/d）	4 d 后地下水位（cm）	11 d 后地下水位（cm）	挖方体积（m³/hm²）
81	L1	1.50	40	10	106.1	105.4	126.7	657
82	L2	1.50	50	10	106.1	93.3	116.5	525
83	L3	1.50	60	10	106.1	89.1	110.7	438
84	L4	1.50	80	10	106.1	56.6	81.9	328.5
85	L5	1.50	100	10	106.1	34.6	76.9	262.5
86	L6	2.00	40	10	106.1	150.9	169.2	1 000.5
87	L7	2.00	50	10	106.1	136.5	153.5	801
88	L8	2.00	60	10	106.1	125.0	141.6	667.5
89	L9	2.00	80	10	106.1	112.4	134.1	501
90	L10	2.00	100	10	106.1	109.7	124.1	400.5
91	L11	2.50	40	10	106.1	203.5	212.3	1 407
92	L12	2.50	50	10	106.1	184.3	195.8	1 125
93	L13	2.50	60	10	106.1	175.9	183.4	937.5
94	L14	2.50	80	10	106.1	124.2	144.8	703.5

续表 7-15

序号	程序编号	沟深（m）	沟间距（m）	降雨频率（%）	饱和渗透率（cm/d）	4 d 后地下水位（cm）	11 d 后地下水位（cm）	挖方体积（m³/hm²）
95	L15	2.50	100	10	106.1	121.0	137.7	562.5
96	L16	3.00	40	10	106.1	255.7	257.0	1 876.5
97	L17	3.00	50	10	106.1	241.6	236.7	1 501.5
98	L18	3.00	60	10	106.1	233.1	228.3	1 251
99	L19	3.00	80	10	106.1	206.7	205.4	937.5
100	L20	3.00	100	10	106.1	200.3	189.7	750
101	L1	1.50	40	20	106.1	114.2	130.8	657
102	L2	1.50	50	20	106.1	110.5	125.1	525
103	L3	1.50	60	20	106.1	105.2	120.2	438
104	L4	1.50	80	20	106.1	100.9	112.1	328.5
105	L5	1.50	100	20	106.1	94.4	103.3	262.5
106	L6	2.00	40	20	106.1	160.2	173.7	1 000.5
107	L7	2.00	50	20	106.1	140.5	159.3	801
108	L8	2.00	60	20	106.1	141.0	150.7	667.5
109	L9	2.00	80	20	106.1	139.9	146.6	501
110	L10	2.00	100	20	106.1	130.8	140.3	400.5
111	L11	2.50	40	20	106.1	214.8	218.7	1 407
112	L12	2.50	50	20	106.1	188.0	200.9	1 125
113	L13	2.50	60	20	106.1	174.4	185.1	937.5
114	L14	2.50	80	20	106.1	151.5	158.7	703.5
115	L15	2.50	100	20	106.1	141.5	146.8	562.5
116	L16	3.00	40	20	106.1	268.5	265.0	1 876.5
117	L17	3.00	50	20	106.1	245.5	245.2	1 501.5
118	L18	3.00	60	20	106.1	253.8	243.0	1 251
119	L19	3.00	80	20	106.1	224.1	219.4	937.5
120	L20	3.00	100	20	106.1	217.9	211.8	750

7.4.4 不同频率降雨、土壤地下水最大埋深过程比较

对上节的模拟结果中地下水埋深过程及地下水面线分别进行对比分析，并建立优化

模型,求解各种土壤的经济沟深及沟间距,如图 7-16、图 7-17 所示。

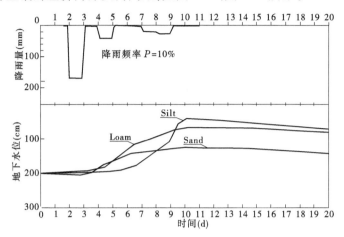

图 7-16　$H=200$ cm,$L=30$,$P=10\%$,地下水位过程比较

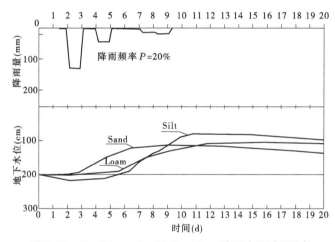

图 7-17　$H=200$ cm,$L=30$,$P=20\%$,地下水位过程比较

从图 7-16、图 7-17 中可以看出,降雨条件下的明沟排水有以下特点:

(1)地下水位分为两个过程,水位上升段和水位下降段;

(2)黏性土较沙性土变化滞后,既在涨水阶段水位深度黏土>壤土>砂土,在退水阶段水位深度砂土>壤土>黏土;

(3)在涨、退水的时间上,也有反映了相同规律,既黏性土的涨、退水时间都滞后与沙性土,三者比较黏土>壤土>砂土。

7.4.5　不同土壤、排水沟深度地下水水面线

图 7-18、图 7-19 和图 7-20 中分别为壤土、黏土和沙土条件,不同深度排水沟在降雨停止后 11 d 的水面线。

从图中可以看出,沙土中各曲线均较平,地下水位较深;而黏土中各曲线在近沟区较陡,地下水位较浅。所以在黏性土地区用深沟排渍的效果不好,易用浅沟小间距,在沙土地区用深沟大间距比较经济。

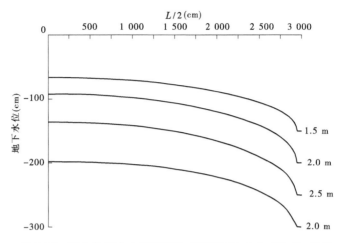

图 7-18 壤土地下水水面线汇总，降雨后 11 d，$L=30$，$P=10\%$

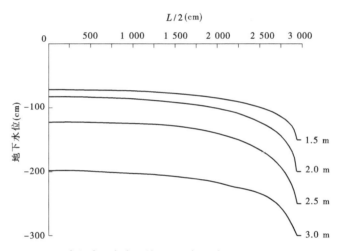

图 7-19 黏土地下水水面线汇总，降雨后 11 d，$L=30$，$P=10\%$

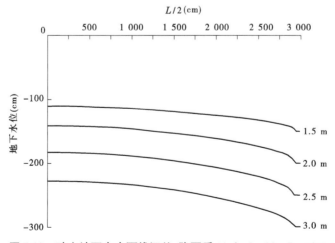

图 7-20 砂土地下水水面线汇总，降雨后 11 d，$L=30$，$P=10\%$

　　由上面的模拟结果及结果分析,可以建立 4 d 后水深 H_4 与沟间距 L 和沟深 H 的函数关系 $H_4 = H_4(L,H)$,根据水深函数关系及平均开挖量建立优化模型,由优化模型求解出一定土壤及降雨条件下合适的沟间距 L 和沟深 H。

7.4.6　4 d 后水深与沟间距和沟深的函数关系

　　根据表 7-13、表 7-14、表 7-15 中的计算结果,可以得出 4 d 后水深 H_4 与沟间距 L 和沟深 H 的函数关系 $H_4 = H_4(L,H)$,并绘出 H_4 的等值线图如图 7-21、图 7-22、图 7-23 所示。

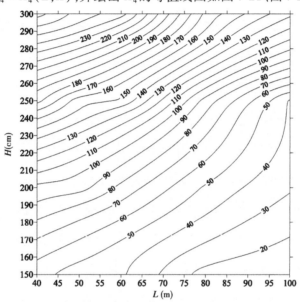

图 7-21　壤土地下水等值线图,降雨后 4 d,$P = 10\%$

7.4.7　优化模型建立与求解

　　在田间建排水系统时,单位面积(每 hm^2)开挖的土方量 $V_\text{总}$ 与单沟开挖 $V_\text{单}$ 和沟间距 L 有关。可写为:

$$V_\text{总} = \frac{10\,000 V_\text{单}}{L} = \frac{10\,000(B + mH)H}{L} \tag{7-54}$$

式中:B 为沟底宽,本例中 $B = 1.0$ m;m 为边坡系数,本例中 $m = 0.5$;H 为沟深。

　　对式(7-54)取最小值,即每 hm^2 的开挖量最小,可得数学模型:

　　目标函数:

$$\min V = V(L,H) = \frac{10\,000(B + mH)H}{L} \tag{7-55}$$

　　约束条件:

$$H_4(L,H) = H_{40} \tag{7-56}$$

$$L \gg B + 2mH \tag{7-57}$$

$$H > H_{40} \tag{7-58}$$

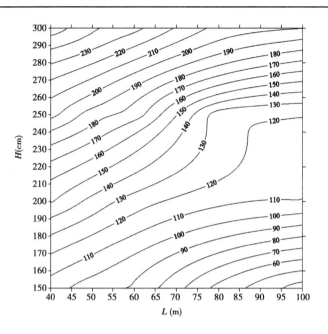

图 7-22 黏土地下水等值线图,降雨后 4 d,$P=10\%$

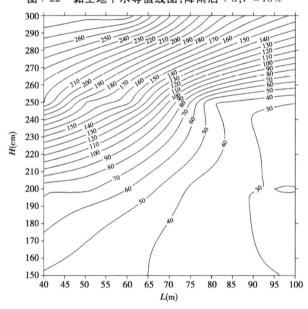

图 7-23 砂土地下水等值线图,降雨后 4 d,$P=10\%$

根据《灌溉与排水工程设计规范(GB 50288—99)》中 3.2.5 规定,"无试验资料或调查资料时,旱田设计排渍深度可取 0.8~1.3 m"。所以本例中 $H_{40}=1.0$ m。

以壤土为例,计算过程如下:

(1)由图中查出 $H_4(L,H)$ 的曲线为 $L=L(H)$,本例中用直线代替,方程为:

$$L = 0.75H - 130 \tag{7-59}$$

(2)把式(7-59)带入式(7-55)可得:

$$V = \frac{10\ 000(B + mH)H}{L} = \frac{10\ 000(H + 0.5H^2)}{0.75H - 130} \tag{7-60}$$

（3）令 $\dfrac{\mathrm{d}V}{\mathrm{d}H} = 0$，解出 $H = 300$ cm，$L = 120$ m。

同理，可计算得出各种土壤合适的沟间距 L 及沟深，计算结果见表 7-16。

表 7-16　各种土壤适合沟间距及沟深

土壤类型	沟间距 L(m)	沟深 H(cm)
壤土	120	300
黏土	80	250
砂土	250	300

通过优化模型求解可以看出，在相同的条件下，不同的土壤类型适宜沟间距是不同的，土壤为黏土时，沟深 250 cm，沟间距 80 m；土壤为壤土时，沟深 300 cm，沟间距 120 m；土壤为砂土时，沟深 300 cm，沟间距 250 m。从图 7-21、图 7-22 中也可以看出，沙土中各曲线均较平，地下水位较深；而黏土中各曲线在近沟区较陡，地下水位较浅。所以在黏性土地区用深沟排渍的效果不好，易用浅沟小间距，但工程量较大，也不经济，在此类土壤条件的地区，宜采用大沟加暗管的方式调控地下水位；在壤土和沙土地区用深沟大间距比较经济。

第8章　农田排水调控装置

农田排水技术是调节农田水分状况的重要措施,它是将农田多余的水分排出田面,以维持农作物生长适宜的水分条件。暗管排水技术是一项降低地下水位、有效防治土壤盐渍危害的工程措施。与明沟排水相比具有排水效果好,有效控制地下水位,提高土地综合产出能力,节省土地,减少沟道清淤费用等特点。

8.1　农田控制排水装置

8.1.1　控制排水水位控制阀门

农田控制排水工程能对地下水位及地下水资源进行有效的调控,既发挥其在汛期除涝排水的重要作用,又能综合利用其蓄水功能。控制排水不仅可以根据农田的水分状况按需排水,最大限度地满足作物对水分的需求,提高降雨利用率,缓解当地水资源紧缺的压力,同时具有改善农作区水生态环境的作用。随着农业灌溉用水量和氮肥施用量的不断增加,加之不科学的灌溉方式和氮肥利用率低下,农业排水会对环境造成污染。由于现代农业生产大量使用化肥,加之有些地区化肥使用过量,导致农田排水中富含 N、P 等元素,而大量 N、P 排入水体,会导致河流富营养化,所以农业排水对环境的污染问题已经越来越得到人们的重视。在国内,氮肥是我国农业生产中最重要的增产因子之一,目前,我国的氮肥用量占化肥用量的 60% 以上,过高的氮肥用量不仅造成了肥料的浪费和施肥经济效益的下降,同时也给生态环境带来了负效应。农田控制排水方法就是通过在农田排水出口修建控制建筑物来减少农田排水量,从而达到减少污染量的目的,同时,在干旱年被抬高的地下水位还可以被作物利用,达到增产的效果。美国、日本、荷兰、法国等国的科学家从 20 世纪 70 年代开始研究在农田排水沟管的出口加设控制设施,控制排水系统的流量并根据需要抬高排水系统的水位,以此来通过农田排灌渠系综合利用、提高水资源利用效率,减少农业排水对环境的污染。

8.1.1.1　研发方案

控制排水在提高水资源利用效率的同时,还具有通过控制排水减少排水量,总氮的减少量主要还是由于农田排水量的减少而减少的。控制排水提高了地下水位,加强了土壤中的反硝化作用,可以减少向下游水体输送的氮、磷量,从而减少下游水体富营养化和生态灾害发生的机率。减少排水量的同时必然会减少农田灌溉量。在干旱年份适合的抬高水位还可促进作物吸收利用部分地下水,从而缓解旱情,达到增产效果。但现有的控制排水方式主要是控制排水支、干沟的水位,不但控制方式造价高,且不利于农田的分区、分片水位调节。

提出了一种地下暗管排水控制排水量的支管或干管蝶阀。包括阀体、蝶板、密封胶圈、阀杆和开启钥匙。所述阀体为铸铁件,阀体装有止水密封胶圈,蝶板通过阀杆固定在阀体上,并在阀杆的一端设有专用开启钥匙插槽,通过钥匙转动可控制蝶阀开启的大小。该装置具有造价低廉、安装简单、使用方便和工作寿命长的优点。

8.1.1.2　具体实施方式

农田控制排水方法就是通过在农田排水出口修建控制建筑物来减少农田排水量,从而达到减少污染量的目的,同时在干旱年抬高的地下水位,可以被作物利用一部分,达到增产的效果。美国、日本、荷兰、法国等国从 20 世纪 70 年代开始研究在农田排水沟管的出口加设控制设施,控制排水系统的流量并根据需要抬高排水系统的水位,以此来通过农田排灌渠系综合利用、提高水资源利用效率、减少农业排水对环境的污染。

一种可直接安装在农田排水暗管中支、干管的可控制水位蝶阀,用于农田控制排水。其结构包括阀体、蝶板、密封胶圈、阀杆和开启钥匙。将蝶板放入安装好止水胶圈的阀体中,通过阀杆将蝶板固定在阀体中,阀体的外径略大于待安装管道的内径,通过专用钥匙启闭阀门。

实现了根据农田土壤水分的排水控制,实现农田排水的多目标控制,减少农业非点源污染的输出。该闸门具有造价低廉、安装简单、使用方便和工作寿命长的优点。

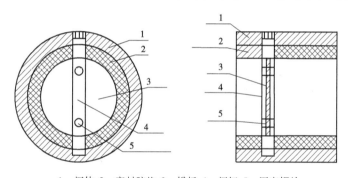

1—阀体;2—密封胶垫;3—蝶板;4—阀杆;5—固定螺栓

图 8-1　结构示意图

8.1.2　管道排水水位控制装置

暗管排水是指在田间埋设能透水的暗管,以排除土壤中过多的水分,降低地下水位。暗管排水能迅速降低地下水位,排水性能稳定,适应性强,可为作物的生长创造良好的环境条件。暗管排水可以很好的控制地下水,提高土地的利用面积,与明沟相比,具有工程量少、土地利用率高、有利于交通和田间机械化作业等优点。农田排水在起到防御涝渍盐碱灾害、改善中低产田作用的同时,也成了农业非点源污染物进入水体的主要传输途径,对地下水和地表水环境都产生极为不利的影响,地下排水虽可减少地表径流、土壤侵蚀,但却可能增加氮的损失量。控制排水是一种有效的农田排水管理措施,通过控制田间水位减少排水量和氮素流失量,从而减少化肥流失量,提高氮肥利用效率。控制排水提高了地下水位,地下水位的升高有利于作物对地下水的利用,缓解旱情。可对土壤湿度进行合理调控,旱作物能更有效地利用地下水,相应提高了氮磷的吸收利用率。控制排水措施减少地下排水量,具有明显的节水和减少农业排水非点源污染的作用。

　　农田排水的目标是通过降低过高地下水位,把地下水位控制在某一适宜的深度,保持农田良好的水分供应条件且不产生化肥和养分的流失,保护生态环境不受破坏,以保证作物生长中必需的供氧条件,保证作物的正常生长。农田排水在防御涝渍灾害、促进农作物正常生长、改善田间耕作管理等方面发挥着重要的作用。

8.1.2.1　研发方案

　　管道排水水位控制装置设置水位控制室和地下闸门室,水位控制室连接集水管和排水出口中,当不需要进行控制排水时,闸门放置在地下闸门室内,这里集水管和排水出水口直接相通,自由排水,当需要控制到一定的排水水深时,就从地下闸门室中向上提升闸门到相应的高度,这时集水管中的水就需要通过闸门的上部才能顺利流出,闸门顶端的高低就控制了土壤中的水位的高低,从而就可控制土壤中的水位到任意的深度,实现了对水位的任意控制。装置控制水位方便,省材料、操作简单。

　　管道排水水位控制装置由集水管、水位控制室、地下闸门室和闸门等组成。集水管与水位控制室垂直连接,集水管的出水口与水位控制室的下端相贯通,水位控制室形状为矩形。水位控制室的顶端为敞口。水位控制室的底部设置地下闸门室,水位控制室的前端设置排水口。闸门在提升力的作用下可以自由上升,在闸门自身重力作用下可以自由下降。闸门的顶端中央设置连接提升机构的连接环。

8.1.2.2　有益效果

　　通过在排水暗管的集水管出口处设置由浮球控制的闸门,控制农田排水量的多少,可以减少氮流失,从而达到减少污染量的目的,同时利用适当的排水来防止水灾以及土壤积盐的发生,控制排水不但能够提高水资源的利用效率,而且还可以通过控制排水减少流向下游水体的氮、磷量,减少下游水体的富营养化和生态灾害的形成。在干旱年被抬高的地下水位还可以被作物利用一部分,达到增产的效果。控制排水作为一种水管理措施,得到了越来越广泛的应用。实现了根据农田土壤水分的排水控制,减少农业非点源污染的输出。该装置具有造价低廉、安装简单、使用方便和工作寿命长的优点。

8.1.2.3　具体实施方式

　　管道排水水位控制装置设置水位控制室和地下闸门室,水位控制室连接集水管和排水出口中,当不需要进行控制排水时,闸门放置在地下闸门室内,这里集水管和排水出水口直接相通,自由排水,当需要控制到一定的排水水深时,就从地下闸门室中向上提升闸门到相应的高度,这时集水管中的水就需要通过闸门的上部才能顺利流出,闸门顶端的高低就控制了土壤中的水位的高低,从而就可控制土壤中的水位到任意的深度,实现了对水位的任意控制。装置控制水位方便,省材料、操作简单。

8.1.3　地下集水管道排水控制装置

　　农田排水的目标是通过降低过高地下水位,把地下水位控制在某一适宜的深度,保持农田良好的水分供应条件且不产生化肥和养分的流失,保护生态环境不受破坏,保证作物的正常生长。农田排水技术是调节农田水分状况重要措施,它是通过排水系统将农田多余的地面水和地下水排入承泄区,使农田处于适宜的水分状况。农田排水在起到防御涝渍盐碱灾害、改善中低产田作用的同时,也成了农业非点源污染物进入水体的主要传输途

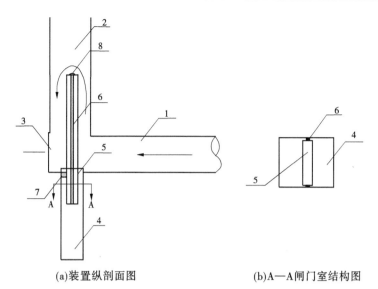

(a)装置纵剖面图　　　　　　　　　(b)A—A闸门室结构图

1—集水管;2—水位控制室;3—连接弯头;4—地下 闸门室;5—闸门;6—止水橡胶;7—止水;8—提拉环

图 8-2　地下集水管道排水控制装置结构示意图

径,对地下水和地表水环境都产生极为不利的影响,地下排水虽可减少地表径流、土壤侵蚀,但却可能增加氮的损失量。我国传统的农田灌溉排水系统的主要目标是调节农田水分状况,以保证作物的正常生长。这种水管理系统主要是考虑农田水量的调节,但是,随着化肥、农药、除草剂等使用量的增加,从农田中排出的水分已成为造成农业面源污染的主要污染源。农田控制排水是通过在农田排水出口修建控制建筑物来控制农田排水量,从而达到减少污染量的目的,同时还可以适当抬高地下水位,便于作物吸收利用这部分地下水,达到增产的效果。由于控制排水提高了地下水位,较为湿润的土壤环境既能促进作物对氮素的吸收,也能促进反硝化作用的发生。农田控制排水对提高水资源利用率、保护农田水环境等都具有十分重要的意义。

8.1.3.1　研发方案

地下集水管道排水控制装置,包括集水管、排水沟、水位控制室、地下闸门室和闸门,集水管埋设在土壤中,集水管的出水口端与排水沟的底端连通连接,排水沟内与集水管的连接端的沟壁上设有水位控制室,水位控制室的底部与集水管连通连接,水位控制室的底部竖直设置地下闸门室,地下闸门室内设有闸门,地下闸门室的上方设有条孔,条孔内设有闸门轨道,闸门可沿闸门轨道上下移动。

集水管有若干条,每条集水管的出水口端均与排水沟的底端连通连接,排水沟内与每个集水管的连接端的沟壁上均设有水位控制室。集水沟可以是平行的,也可以任意设置。每个集水沟的水位控制室的闸门是可以单独控制的。

地下闸门室的底部边缘设有闸门室底座。闸门室底座起到支撑地下闸门室和闸门的作用。

闸门的边缘固定设有止水橡胶。闸门边缘的止水橡胶的作用是当闸门在闸门轨道上运动时,保证与闸门轨道之间的密封,防止水从闸门与闸门轨道之间流走。

闸门的顶部固定设有闸门固定环。所述闸门固定环与水位控制室顶部的提升装置连接。闸门固定环与提升装置相连接,可以借助提升装置的外力将闸门沿闸门轨道升高或降低。

水位控制室的形状为矩形,水位控制室的顶部与排水沟的顶部齐平。闸门的高度、地下闸门室的高度和排水沟的高度相同。当不需要进行控制排水时,闸门放置在地下闸门室内,集水管和排水沟直接连通,自由排水。当需要控制到一定的排水水深时,就从地下闸门室中将闸门提升到相应高度,这时集水管中的水需要通过闸门的上边缘才能顺利流出,闸门顶端的高度就控制了土壤中的水位的高低,从而就可控制土壤中的水位到任意的深度。

闸门的材质为 PVC 板或钢筋混凝土板或玻璃钢板。闸门需要长期接触水流,需要有一定的强度和耐腐蚀性。

8.1.3.2 有益效果

一种地下集水管道排水控制装置由于采用了以上技术方案,通过设置水位控制室与地下闸门室,控制农田排水量的多少,可以减少氮流失,从而达到减少污染量的目的,控制排水不但能够提高水资源的利用效率,而且还可以通过控制排水减少流向下游水体的氮、磷量,减少下游水体的富营养化和生态灾害的形成。在干旱年被抬高的地下水位还可以被作物利用一部分,达到增产的效果。实现了根据农田土壤水分的对水位的任意控制,减少农业非点源污染的输出。该装置具有造价低廉、安装简单、使用方便和工作寿命长的优点。

8.1.4 可调控排水沟水位的组合堰

农田排水再利用作为一种缓解水资源短缺矛盾的重要途径,在国内外许多地区已经得到应用实践。许多研究者指出,利用排水作为水源不仅提供给作物所需水分,同时对环境产生最小化影响。农田排水是防止土地退化、改造盐碱地和涝渍中低产田的重要手段,然而,随着化肥、农药等化学物质使用量的日益增加,农田排水在起到防御涝渍盐碱灾害、改善中低产田作用的同时,也成了农业非点源污染物进入水体的主要传输途径,对地下水和地表水环境都产生极为不利的影响。农田排水对于作物生长具有和灌溉同等重要的作用,没有适当的排水条件和设施,就不能保证良好的作物生长环境。但是,不适当的排水不仅会造成农田养分流失和水环境污染,而且还会造成农田地表水、地下水或土壤水的流失。由于农田排水中含有作物所需的氮磷等养分,在水资源短缺地区,可以作为一个重要的水源加以合理的再利用,从而缓解水资源短缺矛盾,同时减轻对下游水体的污染。农田控制排水工程能对地下水位及地下水资源进行有效的调控,既发挥其在汛期除涝排水的重要作用,又能综合利用其蓄水功能。控制排水不仅可以根据农田的水分状况按需排水,最大限度地满足作物对水分的需求,提高降雨利用率,缓解当地水资源紧缺的压力,同时具有改善农作区水生态环境的作用。因此,农田排水再利用问题的研究不仅对未来的粮食安全,而且对提高水资源利用率、保护农田水环境等都具有十分重要的意义。

8.1.4.1 研发方案

组合堰由两块堰板组成,堰板的高度为排水沟高度的一半,两堰板固定在可上下移动的轨道上,可移动的一块堰板在下部堰板的前面(迎水流方向),可移动的一块堰板设置

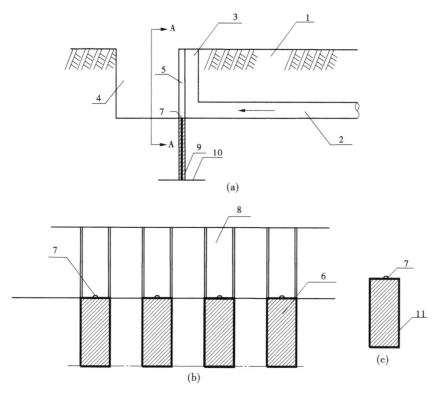

1—土壤；2—集水管；3—水位控制室；4—排水沟；5—闸门轨道；6—闸门；
7—闸门固定环；8—条孔；9—地下闸门室；10—闸门室底座；11—止水橡胶

图 8-3　地下集水管道排水控制装置的纵剖面结构示意

连接勾，通过设在两块堰板上的连接环连接在一起，并可将勾从下部堰板上移开。在可移动的一块堰板设置一根带螺纹的轴，沟道上方设置传动装置，首先用连接勾将两块堰板连接在一起，再通过沟上方的传动装置转动，使两块堰板下到沟底，去掉连接环，反向转动传动装置，可活动的堰板就会被提升到任意的高度，而下部堰板在自身重量的作用下，不会随上部堰板的升高而移动，从而达到调控排水沟沟中水位的目的。另外，两块板可等高度，也可以不等高度，可根据维持作物正常生长的水分状态确定。

8.1.4.2　有益效果

通过在农田排水出口修建控制建筑物来减少农田排水量，减少氮流失，从而达到减少污染量的目的，同时在干旱年被抬高的地下水位还可以被作物利用一部分，达到增产的效果。控制排水作为一种水管理措施，得到了越来越广泛的应用。实现了根据农田土壤水分的排水控制，减少农业非点源污染的输出。该闸门具有造价低廉、安装简单、使用方便和工作寿命长的优点。

8.1.4.3　具体实施方式

组合堰由两块堰板组成，堰板的高度为排水沟高度的一半，两堰板固定在可上下移动的闸门室内，可移动的一块堰板在下部堰板的前面（迎水流方向），可移动的一块堰板设置连接勾，通过设在两块堰板上的连接环连接在一起，并可将勾从下部堰板上移开。在可移动的一块堰板设置一根升降杆,沟道上方设置传动装置,首先用连接勾将两块堰板连接在一起,再通过沟上方的传动装置转动,使两块堰板下到沟底,去掉连接环,反向转动传动装置,可活动的堰板就会被提升到任意的高度,而下部堰板在自身重量的作用下,不会随上部堰板的升高而移动,从而达到调控排水沟沟中水位的目的。

图8-4(a)为装置结构纵剖面图,图8-4(b)为装置正视图,图8-4(c)为闸门边槽图。

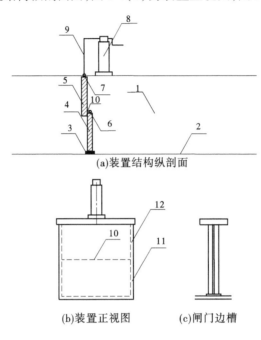

(a)装置结构纵剖面

(b)装置正视图　　　　(c)闸门边槽

1—排水沟;2—排水沟底;3—底座;4—下闸门;5—上闸门;6—闸门连接环;
7—吊环;8—提升机;9—铰链;10—闸门连接处;11—闸门槽;12—止水

图8-4　可调控排水沟水位的组合堰结构示意图

8.1.5　一种农田排水沟水位控制闸门

随着农业灌溉用水量和氮肥施用量的不断增加,加之不科学的灌溉方式和氮肥利用率低下,农业排水会对环境造成污染。由于现代农业生产大量使用化肥,加之有些地区化肥使用过量,导致农田排水中富含 N、P 等元素,而大量 N、P 排入水体,会导致河流富营养化,所以农业排水对环境的污染问题已经越来越得到人们的重视。农田排水在起到防御涝渍盐碱灾害、改善中低产田作用的同时,也成了农业非点源污染物进入水体的主要传输途径,对地下水和地表水环境都产生极为不利的影响。农田排水对于作物生长具有和灌溉同等重要的作用,没有适当的排水条件和设施,就不能保证良好的作物生长环境。但是,不适当的排水不仅会造成农田养分流失和水环境污染,而且还会造成农田地表水、地下水或土壤水的流失。在水资源短缺地区,可以作为一个重要的水源加以合理的再利用,从而缓解水资源短缺矛盾,同时减轻对下游水体的污染。农田排水再利用作为一种缓解水资源短缺矛盾的重要途径在国内外许多地区已经得到应用实践。农田排水再利用对提高水资源利用率、保护农田水环境等都具有十分重要的意义。

8.1.5.1 研发方案

一种排水沟水位控制装置,闸门为平板型,在矩形渠道的底部设一高出渠底的平台,在不需要控制排水沟中水位时,平板型闸门水平放置在矩形渠道的底部设置的平台上,不影响排水沟中水的流动。同时由于这一台阶的存在,在闸门板上不会存水,所以也就不会在闸门板中产生淤积,同时转动机构也就不会长期浸在水中。闸门的下边缘装置转动轴,转动轴的两端与转动轴承连接,闸门的上边缘设置绞链环,闸门上边框上设置固定绞链的固定环,闸门的两侧边装止水橡胶,当需要控制排水沟中的水位时,通过设置的绞链机拉动铰链,将平板闸门向上提升,可提升到任意的高度,这样就实现了在控制排水沟中水位的高低。该装置可使沟中的水位保持在任意的高度,实现对沟中水位的全面控制。

8.1.5.2 有益效果

该装置可提高水资源的利用效率,通过减少排水水量,使农作物最大限度的利用灌溉(或降雨)所提供的水量,利用适当的排水来防止水灾以及土壤积盐的发生,还可以通过控制排水减少流向下游水体的氮、磷量,减少下游水体的富营养化和生态灾害的形成。控制排水作为一种水管理措施,得到了越来越广泛的应用,实现了根据农田土壤水分的排水控制,减少农业非点源污染的输出。

该闸门具有造价低廉、安装简单、使用方便和工作寿命长的优点。

8.1.5.3 具体实施方式

在矩形渠道的底部设一高出渠底的平台,在不需要控制排水沟中水位时,平板型闸门水平放置在矩形渠道的底部设置的平台上,不影响排水沟中水的流动。同时由于这一台阶的存在,在闸门板上不会存水,所以也就不会在闸门板中产生淤积,转动机构同时也就不会长期浸在水中。闸门的下边缘装置转动轴,转动轴的两端与转动轴承连接,闸门的上边缘设置绞链环,闸门上边框上设置固定绞链的固定环,闸门的两侧边装止水橡胶,当需要控制排水沟中的水位时,通过设置的绞链机拉动铰链,将平板闸门向上提升,可提升到任意的高度,这样就实现了在控制排水沟中水位的高低。该装置可使沟中的水位保持在任意的高度,实现对沟中水位的全面控制。

图 8-5 为闸门结构图。

8.2 排水井管和试验装置

8.2.1 盒式预充填滤料井管

农用机井是一项重要的农田灌溉和人畜饮水设施,对抗御干旱,促进农业增产,解决人畜饮水起到了举足轻重的作用。

灌溉农业在我国农业中占有极其重要的位置,灌溉土地约占全国耕地总面积的40%,生产出了占全国总产量75%的粮食、90%的蔬菜和棉花、80%的油料。因此,灌区成为国家粮食安全的基础保障。地下水资源是我国北方灌区重要的灌溉水源,机井建设在保障国家粮食安全、改善农田生态环境和促进灌溉农业的持续发展中起到了极其重要的作用。在我国的灌溉农业中,井灌区占有重要地位。井灌区以其稳定可靠的水源,可对

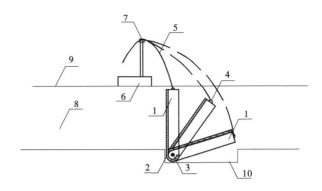

1—闸门;2—止水;3—闸门轴;4—提拉环;5—提拉线;6—提拉支座;
7—提拉支杆;8—排水沟;9—排水沟堤;10—闸门室

图 8-5 结构示意图

农作物进行适时适量灌溉,保证农作物旱涝保收,井灌已成为我国粮食安全和食物供给的重要组成部分。通过发展井渠结合灌区,不但提高了农田灌溉保证率,还起到了以灌代排、降低地下水位和防止次生盐碱化的重要作用,为农业生产提供了良好的生态环境,促进优质、高产、高效农业的发展。地下水含沙量极小,是实施节水灌溉措施的理想水源。由于井灌区灌溉保证率较高,为我国种植结构调整提供了良好的条件。

机井滤水管是关系到成井质量和出水量大小的关键因素。一般混凝土管井的使用寿命为 20 年,但不少机井在使用过程中发生喷砂、淤积的现象,使机井出水量明显减少或彻底报废。主要原因为:①钻孔孔径小,滤料配比不当,填砾施工不规范。井管直径大,填砾层厚度不足 10 cm,或因填砾时过急、过快而发生篷堵,抽水时造成井内出砂过多;井外填料移动,孔壁形成空洞坍塌,致使井管错口、破裂。②滤管填料不科学。一般来说粉细砂层用较大粒径的滤水管,中粗砂层用较小粒径的滤水管,如果滤水管骨料粒径与填砾层、含水层粒径比例不当,就会导致机井不出水或出水含砂量过多。

农用浅机井滤水管,绝大部分使用多孔混凝土滤水管。这种滤水管在北方发展井灌过程中起过相当大的作用。但由于孔隙通道迂回曲折,大小不一,不仅其进水阻力较大,而且还易造成机械堵塞。由于机井滤水管导致的出水量小、淤积和机井报废等问题,造成提水费用增加、严重影响了地下水资源的可持续开发利用。因此,新型机井滤水管的提出,对地下水资源的持续利用和灌溉农业的持续发展有重要的理论意义和实用价值。滤水管的类型很多,常用的主要有钢筋骨架滤水管、圆孔滤水管、条孔滤水管、缠丝滤水管、包网滤水管、砾石水泥滤水管、塑料贴砾滤水管等。滤料一般选用磨圆度好的硅质砂砾石,或在井管外壁包棕皮作为过滤。填充滤料是关系到成井好坏的重要环节。滤料选择应按含水沙层颗粒的大小确定,一般为含量水层粒径的 8～10 倍。在填滤料时,应向井管四周均匀充填,速度不宜过快,不能在井壁的一侧集中填料,以保证填料的均匀性。滤料是不同粒径的混合,但由于充填滤料时,井孔内情况复杂,很难保证充填滤料的均匀性。

8.2.1.1　研发方案

技术解决方案是,这种盒式预充填滤料过滤器包括有井管、梯形过滤盒,梯形过滤盒由盒体和插入式的盒盖组成,盒体和盒盖带有过水条缝,根据不同的含水层条件,将混合好的滤料装入到盒中,再将已装入滤料的梯形盒插入到预留梯形孔的井管中。实现滤料置入均匀,节省了大量的滤料;成井孔径降低,加快了成井的进度。不会出现传统填砾时造成的滤料蓬塞、填砾不到位和滤料下大上小的现象,从而避免了水井涌沙和出水量小等问题,提高了成井的质量。与现有填砾过滤器相比,节省滤料 70% ~ 80%。装置结构简单、安装方便、安全可靠。

8.2.1.2　有益效果

机井滤水管的优劣直接影响着机井出水量的大小和寿命的长短。填砾多孔混凝土过滤器是目前农用井常用的滤水装置,但因其孔隙通道迂回曲折,进水阻力较大,特别是在骨料偏小,填砾偏大的情况下,含水层中的细小颗粒,极易随水进入多孔混凝土过滤器的孔隙中,造成严重的机械堵塞。针对这种情况,研究人员又研制了钢筋骨架滤水管、圆孔滤水管、条孔滤水管、缠丝滤水管、包网滤水管、砾石水泥滤水管、塑料贴砾滤水管等。但上述滤水管在机井施工过程中,对滤料的回填过程中存在的问题都没有得到很好的解决。

回填砾料级配选择不当会造成机井淤积。回填砾料对成井质量影响很大,如发生问题,就会造成机井出水量小,或出水量大但涌砂,乃至全井报废。颗粒过粗透水性虽强,但起不到拦砂的作用,颗粒过细拦砂效果好,但透水性差,合格的砾料应该是拦砂透水效果最佳,成井后达到水清砂净。填砾厚度不符合要求也会造成机井涌砂。《农用机井技术规范》中规定,中粗砂含水层填砾厚度不小于 100 mm,细砂以下含水层,填砾厚度不小于 150 mm,若填砾厚度偏小,拦砂效果差,势必会涌砂淤井。

开孔率大、阻力小、效率高、出水量大、不堵塞、寿命长的新型滤水管由于滤料是提前预装在特制的盒中,保证了滤料级配的合理性,同时也保证了滤料具有满足规范规定的厚度要求。

8.2.1.3　具体实施方式

提出一种开孔率大、阻力小、效率高、出水量大、不堵塞、寿命长的新型滤水管。适用于农用机井工程。

盒式预充填滤料过滤器。包括以梅花状开孔的混凝土井管、梯形滤料过滤盒、可活动的过滤盒盖板、过滤盒前后开有条形孔、采用磨圆度较好、不含土和杂物的硅质砾石或塑料颗粒作为滤料。①根据《机井技术规范》中对滤水管开孔率的要求,在井管四周按梅花状开孔,这在预制井管的过程中可采用一次成型的方法。②根据设计的滤料过滤盒尺寸,采用 PVC 材料一次注塑成型。③回填滤料的规格,应根据井孔中含水层颗粒大小而决定,符合《机井技术规范》的设计要求。根据含水层水文地质状况,选用不同级配的滤料均匀地装于滤料过滤盒中。上述工作完成后,就可以在已开好的井孔中使用了,除上述优点外,还可以做到机井井管安装和滤料回填一次到位。

图 8-6 为结构示意图。

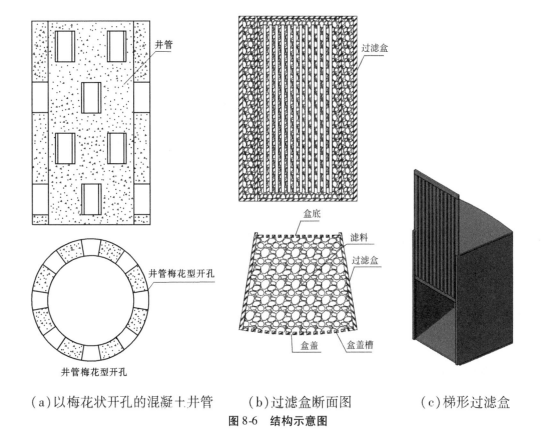

（a）以梅花状开孔的混凝土井管　　（b）过滤盒断面图　　（c）梯形过滤盒

图 8-6　结构示意图

8.2.2　排水试验测坑

农田灌溉与排水对于作物生长具有同等重要的作用,没有适当的排水条件和设施,就不能保证良好的作物生长环境。排水对改善作物生长、提高作物产量、改善耕作条件、防止盐碱化等都起到了非常重要的作用。农田控制排水工程能对地下水位及地下水资源进行有效的调控,既发挥其在汛期除涝排水的重要作用,又能综合利用其蓄水功能。随着农业灌溉用水量和氮肥施用量的不断增加,导致农田排水中富含氮、磷等元素,而大量氮、磷排入水体,会导致河流富营养化,所以农业排水对环境的污染问题已经越来越得到人们的重视。

有关排水的试验都要首先利用一种排水试验装置来进行研究,如控制排水对减少硝态氮排放负荷的效果;传统排水设计标准的改进、灌溉措施与控制排水措施的有效结合、控制排水措施对农田水分利用效率的影响等。现有的公知技术中,测坑、测筒(蒸渗仪)都是从研究作物水分利用出发,专门用于排水试验的测坑装置还未见报道。

8.2.2.1　研发方案

排水试验是在测坑中根据不同的土壤水深,测定作物在不同生育阶段受淹(不同淹水深度和淹水历时)对作物生长发育造成的影响,求得作物淹水深度、淹水历时与产量的关系,为确定除涝排水设计标准提供依据;测定作物在不同生育阶段、不同受渍程度对作物生长发育的影响,求得不同受渍因子与产量的关系,为确定排渍设计标准及水管理提供依据;盐碱地区确定排水标准的作物耐盐、耐碱试验;地下水临界深度试验等。

提供了一种排水试验测坑。包括测坑、可上下移动的供水水箱、水位观测管、水温测试装置、反滤层和控制注水、排水的阀门等组成。具有造价低廉、安装简单、观测方便和测量试验范围广的优点。

8.2.2.2　有益效果

为了模拟作物在不同淹水状态和地下水位不同深度情况下的作物受涝、受渍对作物产生的影响,需要一种试验装置来进行上述的各种试验,提供了一种排水试验测坑。由测坑、可上下移动的供水水箱、水位观测管、水温测试装置、反滤层和控制注水、排水的阀门等组成。能研究作物不同的受涝渍的情况对作物生长发育造成的影响,通过测坑试验,可求得作物淹水深度、淹水历时与产量的关系,为确定除涝排水设计标准提供依据;测定作物在不同生育阶段、不同受渍程度对作物生长发育的影响,求得不同受渍因子与产量的关系,为确定排渍设计标准及水管理提供依据;在盐碱地区确定排水标准的作物耐盐、耐碱试验;地下水临界深度试验等。

提供的一种排水试验测坑,具有造价低廉、安装简单、观测方便和测量试验范围广的优点。

8.2.2.3　具体实施方式

用砖砌或混凝土浇铸出测坑,如用砖砌时,应在测坑内进行混凝土抹面,将反滤层以一定厚度铺设在测坑的底部,开孔的 PVC 塑料管平放在反滤层中。试验的土壤均匀地装入测坑中。水位观测管的下端埋设在土层下部,在土壤的表层上设置水温测试装置,供水水箱安装在设置的轨道上,管道和阀门按图上位置安装。在试验开始前,通过输水管道对供水水箱充水,打开进水控制阀门,供水水箱中的水进入到测坑土壤中,观察设置在测坑土壤下部的水位观测管中的水位,直到满足试验设定的水位高度为止。当需要进行控制排水试验时,关闭控制阀门,打开控制排水阀门,观察水位观测管中的水位,土壤中的水位下降到试验设定的高度为止,对土壤中排出的土壤水进行分析,减少农业非点源污染的输出,实现农田排水的多目标控制。

图 8-7 为排水试验测坑布设图。

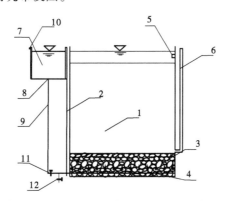

1—测坑;2—轨道;3—反滤层;4—开孔型料管;5—水温测试装置;6—水位观测管;
7—水箱;8—水箱出水口;9—连接输水管;10—溢流口;11、12—控制闸门

图 8-7　结构示意图

参 考 文 献

[1] 中华人民共和国国家统计局《中国统计年鉴》2005—2013 年度供水用水情况[M].北京:中国统计出版社.

[2] 邵兴钰.水资源状况与水资源安全问题分析[J].农业科技与信息,2015,(24):110-111.

[3] 中华人民共和国农业部,水利部　国家农业节水纲要(2012—2020 年)[S].国务院办公厅印发,2012.

[4] 曾建军,金彦兆,孙栋元,等.气候变化对于旱内陆河流域水资源影响的研究进展[J].水资源与水工程学报,2015(2):72-78.

[5] 卢丽萍,程丛兰.30 年来我国农业气象灾害对农业生产的影响及其空间分布特征[J].生态环境学报,2009,18(4):1573-1578.

[6] 陈英,刘新仁.淮河流域气候变化对水文影响[J].河海大学学报,1996,24(3):43-48.

[7] 国家防汛抗旱总指挥部,水利部南京水文水资源研究所.中国水旱灾害[M].北京:中国水利水电出版社,1997.

[8] 胡振鹏,林玉茹.气候变化对鄱阳湖流域干旱灾害影响及其陈原对策[J].长江流域资源与环境,2012,21(7):897-903.

[9] 周曙东,朱红根.气候变化对中国南方水稻产量的经济影响及其适应策略[J].中国人口·资源与环境,2010,20(10):152-157.

[10] 任国玉,姜彤,李维京,等.气候变化对中国水资源情势影响综合分析[J].水科学进展,2008,19(6):772-779.

[11] 杨丽英,孙素艳,郦建强,等.水资源可持续利用与水资源管理[J].中国水利,2011(23):92-96.

[12] 朱建强,程伦国,张文英,等.几种作物不同生育阶段对持续受渍的敏感性[J].灌溉排水,2002,21(4):9-12.

[13] Cao Guang,Wang Xiugui,Liu Yu,etal. Effect of waterlogging stress on cotton leaf area index and yield[J]. Procedia Engineering,2012,28:202-209.

[14] 水利部农村水利司.新中国农田水利史略[M].北京:中国水利水电出版社,1999.

[15] 水利部科技教育司,水利部科技推广中心,武汉水利电力大学.灌排工程新技术[M].北京:中国地质大学出版社,1993.

[16] 汪志农.灌溉排水工程学[M].北京:中国农业出版社,2000.

[17] 朱建强,乔文军,刘德福,等.农田排水面临的形势、任务及发展趋势[J].灌溉排水学报,2004,23(1):62-65.

[18] 彭成山,杨玉珍,郑存虎,等.黄河三角洲暗管改碱工程技术实验与研究[M].郑州:黄河水利出版社,2006.

[19] 迟道才,程世国,张玉龙,等.国内外暗管排水的发展现状与动态田[J].沈阳农业大学学报,2003,34(3):312-316.

[20] Ritzema H P,Nijland H J,Croon F W. Subsurface drainage practices:from manual installation to large-scale implementation[J]. Agricultural Water Management,2006,86(1/2):60-71.

[21] Stuyt L C P M,Dierickx W. Design and performance of materials for subsurface drainage systems in agriculture[J]. Agricultural Water Management,2006,86(1/2):50-59.

[22] 温季,王少丽,王修贵.农业涝渍灾害防御技术[M].北京:中国农业科技出版社,2000.

[23] 张蔚榛,张瑜芳,沈荣开.排水条件下化肥流失的研究现状与展望[J].水科学进展,1997,8(2):197-204.

[24] 杜军,杨培岭,李云开,等.不同灌期对农田氮素迁移及面源污染产生的影响[J].农业工程学报,2011,27(1):66-73.

[25] 郭元裕.农田水利学[M].第3版.北京:中国水利水电出版社,1995.

[26] Beauchamp K H. A history ofdrainage and drainage methods[M]. U. S. A:Miscellaneous publication—U. S. Department of Agriculture(USA),1987:13-29.

[27] Skaggs R W,Schilfgaarde J Van. Agricultural Drainage[M]. USA:Madison Wisconsin,1994:804-809.

[28] 王少丽,王修贵,丁昆仑,等.中国的农田排水技术进展与研究展望[J].灌溉排水学报,2008,27(1):108-111.

[29] Jury W A,Tuli A,Letey J. Effect of travel time on management of a sequential reuse drainage operation [J]. Soil Science Society of America Journal,2003,67(4):1122-1126.

[30] Stampfli N,Madramootoo C A. Water table management:A technology for achieving more crop per crop. Paper submitted for the nineth international drainage workshop(ICID)[J]. Irrigation and Drainage Systems,2006,20:267-282.

[31] 王少丽.基于水环境保护的农田排水研究新进展[J].水利学报,2010,(06):697-702.

[32] 罗纨,李山,贾忠华,等.兼顾农业生产与环境保护的农田控制排水研究进展[J].农业工程学报,2013,29(16):1-6.

[33] Bendoricchio G,Giardini L. A controlled drainage demonstration project in Italy[C]//Proceedings of the 3rd Congress of European Society for Agronomy,Abano,Padova,Italy. 1994,9(18-22):768-769.

[34] 孙涛,俞双恩,何妙妙,等.控制排水条件下冬小麦水位生产函数的试验研究[J].河海大学学报(自然科学版),2011(6):708-712.

[35] 邢文刚,陈立娜,邵光成,等.控制排水条件下水稻产量影响指标敏感性的通径分析[J].灌溉排水学报,2010(3):41-45.

[36] 景卫华,罗纨,温季,等.农田控制排水与补充灌溉对作物产量和排水量影响的模拟分析[J].水利学报,2009(9):1140-1146.

[37] 罗纨,贾忠华,方树星,等.灌区稻田控制排水对排水量及盐分影响的试验研究[J].水利学报,2006,37(5):608-612.

[38] 田世英,罗纨,贾忠华,等.控制排水对宁夏银南灌区水稻田盐分动态变化的影响[J].水利学报,2006,37(11):1309-1314.

[39] 沈荣开,张瑜芳,黄介生,等.稻田灌溉排水自动控制新技术的研究[J].中国农村水利水电,2001(7):9-12.

[40] 黄介生,沈荣开,张瑜芳.一种全新的水田灌水装置——自动给水栓[J].中国农村水利水电,1998(8):22-23.

[41] 许晓彤,王友贞,李金冰.平原区农田控制排水对水资源的调控效果研究[J].中国农村水利水电,2008(1):66-68.

[42] 朱建强,乔文军,刘德福,等.农田排水面临的形势、任务及发展趋势[J].灌溉排水学报,2004,23(1):62-66.

[43] 焦平金,许迪,朱建强,等.排水循环灌溉下稻田磷素时空分布特征[J].环境科学,2016(10):3842-3849.

[44] 唐致远,解桂英,李磊,等.南方地区农业节水减排试点研究[J].农学学报,2015(5):62-66.

[45] Wesstrom I, Messing I. Effects of controlled drainage on N and P losses and N dynamics in a loamy sand with spring crops[J]. Agricultural Water Management, 2007, 87(3):229-240.

[46] Skaggs R W, Breve M A, Gilliam J W. Hydrologic and water quality impacts of agricultural drainage[J]. Critical reviews in Environmental Science and technology, 1994, 24(1):1-32.

[47] Gilliam J W, Skaggs R W, Weed S B. Drainage control to diminish nitrate loss from agricultural fields[J]. J. Environ. Qual, 1979, 8(1):137-140.

[48] Yan W, Yin C, Tang H. Nutrient retention by multipond systems: mechanisms for the control of nonpoint Source pollution[J]. Journal of Environmental Quality, 1998, 27(5):1009-1017.

[49] 殷国玺,张展羽,郭相平,等.减少氮流失的田间地表控制排水措施研究[J].水利学报,2006(8): 926-931.

[50] 景卫华,罗纨,贾忠华,等.砂姜黑土区多目标农田排水系统优化布置研究[J].水利学报,2012(7): 842-851.

[51] 温季,宰松梅,郭树龙,等.利用DRAINMOD模型模拟不同排水管间距下的作物产量[J].农业工程学报,2008(8):20-24.

[52] Yamanaka T, Mikita M, Lorphensri O, etal. Anthropogenic changes in a confined groundwater flow system in Bangkok basin, Thailand, part II: how much water has been renewed[J]. Hydrological Processes, 2011, 25(17):2734-2741.

[53] 张蔚榛,张瑜芳.渍害田地下排水设计指标的研究[J].水科学进展,1999(3):304-310.

[54] 方正武,朱建强,杨威.灌浆期地下水位对小麦产量及构成因素的影响[J].灌溉排水学报,2012 (3):72-74.

[55] 张瑜芳,张蔚榛,沈荣开,等.以小麦生长受抑制的天数为指标的排水标准试验研究[J].灌溉排水, 1997(3):2-7.

[56] 蒋颖,王学军,罗定贵.流域管理模型的参数灵敏度分析－以WARMF在巢湖地区的应用为例[J]. 水土保持研究,2006(3):165-168.

[57] 朱建强.易涝易渍农田排水应用基础研究[M].北京:科学出版社,2007.

[58] 倪福全.农田水利工程概论[M].北京:中国水利水电出版社,2011.

[59] 周立达,方明,周明耀,等.农田塑料暗管排水技术[M].南京:江苏科学技术出版社,1993.

[60] 邵孝侯,俞双恩,彭世彰.圩区农田塑料暗管埋深和间距的确定方法评述[J].灌溉排水,2000,19 (1):34-36.

[61] 殷国玺,张展羽,张国华,等.基于粒子群优化算法的农田多目标控制排水模型[J].农业工程学报, 2009,25(3):6-9.

[62] 许丁兵,温季,李云京.巴基斯坦明普卡什暗管排水工程设计与施工技术[J].灌溉排水,1995,14 (2):46-49.

[63] 关庆滔,言鸽.四湖地区渍害低产田排水改良研究[J].灌溉排水,1988,3(8):1-8.

[64] 水利部科技司.农田暗管排水工程[M].北京:水利电力出版社,1986.

[65] 张平远.农田暗管排水的新方法[J].灌溉排水,1992,(1):60-61.

[66] 沈荣开,王修贵,张瑜芳.涝渍兼治农田排水标准的研究[J].水利学报,2001,32(12):36-39.

[67] 朱建强.基于作物的农田排水指标及排水调控研究[D].杨凌:西北农林科技大学,2006.

[68] 张蔚榛,张瑜芳.考虑作物产量和化肥流失时排水设计标准的确定方法[J].水利学报,2001,32 (2):44-49.

[69] Breve M, Skaggs R, Parsons L etal. Using the DRAINMOD-N model to study effects of drainage system design and management on crop productivity, profitability and NO₃-N losses in drainage water[J].

Agricultural water management,1998,35(3):227-243.

[70] 王少丽,王兴奎.应用 DRAINMOD 农田排水模型对地下水位和排水量的模拟[J].农业工程学报,2006,22(2):54-59.

[71] 罗纨,SandsGR,景卫华,等.“玉米带”改种多年生草类后对农田排水的水文效应模拟[J].农业工程学报,2010,26(2):89-94.

[72] RAVELO C J. Incorperating crop needs into drainage system design[J]. Trans,ASAE,1982,25(3):623-629.

[73] SKAGGS R W. Optimizing drainage system design forcorn[J]. ASAE,1982,25(1):50-60.

[74] Cooper R L,Fausey N R Streeter J G. Yield potential of soybean grown under a subirrigation/drainage water management system[J]. Agron. J,1991,83(5):884-887.

[75] 张瑜芳.淹灌稻田的暗管排水中氮素流失的试验研究[J].灌溉排水,1999,18(3):12-16.

[76] 丁昆仑.宁夏银北排水项目暗管排水外包滤料试验研究[J].灌溉排水,2000,19(3):30-32.

[77] 王之义.波形薄板排水降渍节地技术的研究与应用[J].中国农村水利水电 1997,(4):12-13.

[78] 王义忠.埃及排水工程的规划与管理[J].灌溉排水,1991,(1):37-41.

[79] 丁昆仑.宁夏银北排水项目暗管排水外包滤料试验研究[J].灌溉排水,2000,19(3):30-32.

[80] 迟道才,程世国,张玉龙,等.国内外暗管排水的发展现状与动态[J].沈阳农业大学学报,2003,34(3):312-316.

[81] 朱建强,潘传柏,郭显平,等.涝渍地暗管排水示范工程建设有关问题研究[J].长江流域资源与环境,2003,12(1):88-92.

[82] 袁念念,黄介生,谢华,等.棉田暗管控制排水和氮素流失研究[J].灌溉排水学报,2011,30(1):103-105,129.